中等职业教育国家规划教材

全国中等职业教育审定委员会审定

数控设备与编程

（数控技术应用专业）

主　编　刘　虹

参　编　贾俊良　赵松涛

　　　　王国良　徐雅玲

主　审　陈洪涛

机　械　工　业　出　版　社

本书着重介绍了数控设备方面的基本内容和基本知识，以及各类常用数控设备的基本编程方法。全书共分七章，内容包括：数控设备的基本知识；数控车床及其程序编制；数控铣床、加工中心及其程序编制；特种加工数控设备及其程序编制；其它数控设备；自动编程；数控设备的应用、维护。本书从培养职业技术型人才的目的出发，注重实用性，强调理论联系实际。教材的各章节内容相对独立，可按模块方式组织教学，以适应当前多种形式、不同层次办学的需要。

本书是中等职业学校数控技术应用专业教材，可作为机电技术应用、机械制造专业的教材，也可供有关专业的师生及从事相关工作的工程技术人员参考。

图书在版编目（CIP）数据

数控设备与编程：数控技术应用专业/刘虹主编. —北京：机械工业出版社，2002.2（2025.8 重印）

中等职业教育国家规划教材

ISBN 978-7-111-09707-5

Ⅰ. 数…　Ⅱ. 刘…　Ⅲ. 数控机床-程序设计-专业学校-教材

Ⅳ. TG659

中国版本图书馆 CIP 数据核字（2001）第 096011 号

机械工业出版社（北京市百万庄大街 22 号　邮政编码 100037）

责任编辑：汪光灿　王世刚　版式设计：冉晓华　责任校对：魏俊云

责任印制：单爱军

北京盛通数码印刷有限公司印刷

2025 年 8 月第 1 版 · 第 25 次印刷

184mm×260mm · 11.75 印张 · 289 千字

标准书号：ISBN 978-7-111-09707-5

定价：36.00 元

电话服务　　　　　　　　　网络服务

客服电话：010-88361066　机　工　官　网：www.cmpbook.com

010-88379833　机　工　官　博：weibo.com/cmp1952

010-68326294　金　书　网：www.golden-book.com

封底无防伪标均为盗版　机工教育服务网：www.cmpedu.com

中等职业教育国家规划教材出版说明

为了贯彻《中共中央国务院关于深化教育改革全面推进素质教育的决定》精神，落实《面向21世纪教育振兴行动计划》中提出的职业教育课程改革和教材建设规划，根据教育部关于《中等职业教育国家规划教材申报、立项及管理意见》（教职成［2001］1号）的精神，我们组织力量对实现中等职业教育培养目标和保证基本教学规格起保障作用的德育课程、文化基础课程、专业技术基础课程和80个重点建设专业主干课程的教材进行了规划和编写，从2001年秋季开学起，国家规划教材将陆续提供给各类中等职业学校选用。

国家规划教材是根据教育部最新颁布的德育课程、文化基础课程、专业技术基础课程和80个重点建设专业主干课程的教学大纲（课程教学基本要求）编写，并经全国中等职业教育教材审定委员会审定。新教材全面贯彻素质教育思想，从社会发展对高素质劳动者和中初级专门人才需要的实际出发，注重对学生的创新精神和实践能力的培养。新教材在理论体系、组织结构和阐述方法等方面均作了一些新的尝试。新教材实行一纲多本，努力为教材选用提供比较和选择，满足不同学制、不同专业和不同办学条件的教学需要。

希望各地、各部门积极推广和选用国家规划教材，并在使用过程中，注意总结经验，及时提出修改意见和建议，使之不断完善和提高。

教育部职业教育与成人教育司

二〇〇一年十月

前言

面向21世纪中等职业学校"数控技术应用"专业教学改革方案研究已于2000年10月通过专家评审，此教学改革方案代表了当今社会需求和中等职业教育的改革方向。《数控设备与编程》作为"数控技术应用"专业的一门主干专业课程，其教学大纲于2000年12月通过专家评审。本书是根据该教学大纲的要求，为中等职业学校数控技术应用专业及机电类专业而编写的，并被确定为面向21世纪中等职业学校国家规划教材。

本书从培养中等职业技术型人才的目的出发，介绍了数控设备方面的基本内容和基本知识及各类常用数控设备的基本编程方法。全书共分七章，内容包括：数控设备的基本知识；数控车床及其程序编制；数控铣床、加工中心及其程序编制；特种加工数控设备及其程序编制；其它数控设备；自动编程；数控设备的应用、维护。本书从培养职业技术型人才的目的出发，注重实用性，强调理论联系实际。教材的各章节内容相对独立，可按模块方式组织教学，以适应当前多种形式、不同层次办学的需要。

本书由重庆工业职业技术学院刘虹主编。其中第一章由华北机电学校徐雅玲编写，第二、五章由刘虹编写，第三、四章由四川工程职业技术学院赵松涛和常州机械工业学校王国良编写，第六、七章由北京市机械工业学校贾俊良编写；由四川工程职业技术学院陈洪涛任本书主审。在审稿会上，河北机电学校刘力群、浙江机电职业技术学院杜红文等提出了许多宝贵的意见。本书又经天津大学朱梦周教授，刘治平副教授和责任主审张世昌教授三位专家的详细审阅，提出了许多宝贵的修改意见，在此深表感谢。

因编者水平和经验有限，本书难免有不妥或错误之处，敬希读者指正。

编　者

于重庆

目　　录

第一章　数控设备基本知识

第一节　数控技术的应用与发展

一、数控技术及应用

数控技术是指用数字信号构成的控制程序对某一对象进行控制的一门技术，简称 NC (Numerical　Control)。它所控制的一般是位移、角度、速度等机械量，也可以是温度、压力、流量、颜色等物理量。

数控设备则是采用了数控技术的机械设备，就是采用数字信号对该设备的工作过程进行自动控制。随着数控技术的发展，数控技术不仅在宇航、造船、军工等领域广泛使用，而且也进入了汽车、机床等民用机械制造行业，例如造船行业的数控火焰切割机、飞机制造行业的数控弯管机、机械制造行业的数控机床以及数控绘图机、数控测量机、数控雕刻机、电脑绣花机、衣料开片机、工业机器人等等。

现代数控设备综合应用了微电子技术、计算机、自动控制、精密检测、机械设计与制造技术等多方面的最新成果，是典型的机电一体化产品。这些高新技术的结合，相对于常规工艺在横向上有了明显的拓宽。而且数控技术是计算机技术在设备上的应用，它由信息技术替代人工操作，使传统的机械加工技术在纵向上有了质的飞跃和提高。

二、数控技术的发展

1. 数控设备的产生

随着科学技术和生产力的发展，机械产品日趋精密、复杂，而且改型频繁。长期以来，这类产品都在通用机床上加工，基本上是由人工操作，劳动强度大，而且难以提高生产效率和保证产品质量。对一些复杂的曲线、曲面所构成的零件，手工操作甚至根本无法加工。

数控机床就是为了解决单件、小批量、精度高、复杂型面零件加工的自动化要求而产生的。数控机床的研制最早始于 20 世纪 40 年代末的美国帕森斯公司和麻省理工学院。1952 年研制出第一台三坐标直线插补连续控制的立式数控铣床。该铣床的研制成功是机械制造行业中的一次技术革命，使机械制造业的发展进入了一个新的阶段。

2. 数控技术的发展状况

从第一台数控机床问世至今的 40 多年中，随着微电子技术的不断发展，特别是计算机技术的发展，数控系统也在不断更新换代，先后经历了电子管（1952 年）、晶体管（1959 年）、小规模集成电路（1965 年）、大规模集成电路及小型计算机（1970 年）和微处理机或微型计算机（1974 年）等五代系统。其中前三代称作硬接线数控，简称 NC 系统；后二代称作计算机软件数控，也称 CNC 系统（Computerized　NC）。

NC 系统的控制逻辑（数控功能），是由固定接线的硬件电路组成的专用计算机来实现的，制成后就不易改变，柔性差。CNC 系统是由硬件和软件组成。通过改变软件很容易更改或扩展其功能，NC 系统被 CNC 系统所代替是一个总的趋势。

在系统不断更新换代的同时，数控设备中的典型代表——数控机床的品种得以不断发展，几乎所有品种的机床都实现了数控化。1956 年日本富士通公司研制成功数控转塔式冲床，美国帕克工具公司研制成功数控转塔钻床，1958 年美国 K&T 公司研制出带自动刀具交换装置的加工中心 MC（Machining Center）。随着 CNC 技术、信息技术、网络技术以及系统工程学的发展，为单机数控化向计算机控制的多机制造系统自动化发展创造了必要的条件，在 20 世纪 60 年代出现了由一台计算机直接管理和控制一群数控机床的计算机群控系统，即直接数控系统 DNC（Direct NC）；1967 年出现了由多台数控机床联接成可调加工系统，这就是最初的柔性制造系统 FMS（Flexible Manufacturing System）。1978 年以后加工中心迅速发展，各种加工中心相继问世。80 年代初又出现以 1～3 台加工中心或车削中心为主体，再配上工件自动装卸的可交换工作台及监控检验装置的柔性制造单元 FMC（Flexible Manufacturing Cell）。近 10 多年来 MC、FMC、FMS 发展迅速，在 1989 年第 8 界欧洲国际机床展览会上，展出的 FMS 超过 200 条。目前，已经出现了包括生产决策、产品设计及制造和管理等全过程均由计算机集成管理和控制的计算机集成制造系统 CIMS（Computer Iutegrated Manufacturing System），以谋求实现整个企业生产管理的现代化，实现工厂自动化。目前，世界数控机床的年产量近 15 万台，产值超过 200 亿美元，数控机床总拥有量达 100 万台以上，品种已超过 1500 种，几乎覆盖全部机床的品种类别。

我国数控机床的研制始于 1958 年，到 1985 年我国的数控机床的品种累计达 80 多种，包括加工中心、数控车床、铣床、磨床等。数控机床进入了实用阶段。

近 10 年（1986 年～1995 年）是我国数控机床大发展时期。目前我国已有几十个厂家在从事不同层次的数控机床的生产和开发，形成了具有小批量生产能力的生产基地。数控机床的品种已超过 500 种，其中金属切削机床品种的数控化率达 20%。

在数控机床全面发展的同时，数控技术在其它机械行业中得以迅速发展，数控绘图机、数控坐标测量机、数控激光与火焰切割机等数控设备得到广泛的应用。

我国数控机床近年来确已取得重大进展，但在产品水平和技术水平方面与国外先进水平相比，仍有一定差距。为了赶超世界先进水平，国家在“十五”期间，再一次把“数控技术”确定为国家高技术重点研究项目，这一重大决策必将大大增强我国在国际经济竞争中的实力和地位。

第二节　数控设备的组成及工作原理

一、数控设备的组成及作用

数控设备主要由输入输出设备、数控装置、伺服系统和受控设备四部分组成，基本结构框图如图 1-1 所示。

1. 输入输出设备

输入输出设备的主要功能是编制程序、输入程序和数据、打印和显示。这一部分的硬件，简单的可能只有键盘和发光二极管显示器，一般的可再加上纸带、光电读带机、磁带、磁盘输入机、人机对话

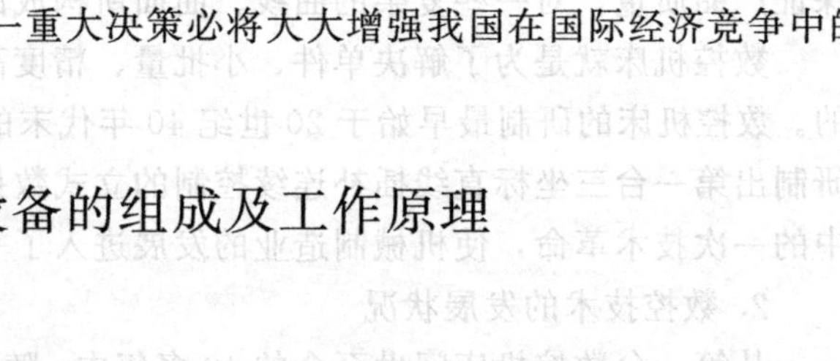

图 1-1　数控设备基本结构框图

编程操作键盘和CRT显示器，高级的可能还包含有一套自动编程机或CAD/CAM系统。

2. 数控装置

数控装置是数控设备的控制指挥中心。它是根据输入的程序和数据，完成数值计算、逻辑判断、输入输出控制、轨迹插补等功能。目前数控设备的数控装置一般采用微型计算机控制。

3. 伺服系统

伺服系统是数控装置与受控设备之间的电传动联系环节。其主要功能是将数控装置插补产生的脉冲信号，经系统功率放大器放大后，驱动伺服电动机运转，从而通过机械传动装置拖动受控设备的执行机构运动。伺服系统由伺服控制电路、功率放大电路、伺服电动机组成。常用的伺服电动机有步进电动机、直流伺服电动机和交流伺服电动机。伺服系统的性能是决定数控设备加工精度和生产效率的主要因素之一。

4. 受控设备

受控设备是被控制的对象，是数控设备的主体，一般都需要对它进行位移、角度和各种开关量的控制。

受控设备包括机床行业的各种机床和其它行业的许多设备，如火焰切割机、电火花加工机、冲剪机、压力机、绘图机、弯管机、雕刻机等等。在受控设备上一般装有检测装置，以便将位置和各种状态信号反馈给数控装置，实现闭环控制。

二、数控设备的工作原理

数控设备工作时，都是根据所输入的工作程序，由数控装置控制该设备的执行机构的运动轨迹，并使其满足给定的图样要求。执行机构的运动轨迹取决于所输入的工作程序，而输入的工作程序是根据图样要求编制的。

不同的数控设备，其执行机构以及由执行机构所完成的轨迹运动均有所不同，如数控机床的执行机构使刀具相对于工件运动完成零件的切削加工，达到零件图样的要求；数控切割机的执行机构带动切割枪嘴相对于板材运动，切割出图样所要求的板材；数控绘图仪的执行机构带动绘图笔相对于图纸运动，绘出所要求的图样。下面以数控机床加工零件的过程为例，介绍其工作原理。

1. 工作程序编制

数控机床的工作程序编制就是零件加工程序编制，即加工前，首先根据被加工零件工作图中所规定的零件的形状、尺寸、材料及技术要求等，确定零件加工的工艺过程、工艺参数(包括加工顺序、切削用量和位移数据)，然后根据编程手册规定的代码和程序格式编写零件加工程序单（即程编卡片)。

对于较简单的零件，通常采用手工编程；对于形状复杂的零件，则要在编程机上进行自动编程或计算机编程。

2. 程序输入

要将编制好的加工程序单输入数控装置，必须把程序单中的全部数据和指令，制作在一个信息载体上，这种信息载体又被称为控制介质，它是联系人与机床之间的桥梁。常见的控制介质有穿孔纸带、数据磁带、软磁盘等。根据控制介质不同，程序输入的方式也不同。

3. 轨迹插补

加工程序输入到数控装置后，在数控装置内部的控制软件支持下，进行一系列的处理与计算（如轨迹插补运算等）。同时，将结果以脉冲信号的形式送往机床的伺服系统。

一个零件的轮廓图形往往由直线、圆弧或其它非圆弧曲线组成，刀具在加工过程中必须按零件形状和尺寸的要求进行运动，即按图形轨迹移动，但输入的零件加工程序只能是各线段的轨迹的起点和终点的坐标值等有限数据。所谓轨迹插补，就是在线段的起点和终点坐标值之间进行“数据点的密化”，求出一系列中间点的坐标值，并向相应坐标输出脉冲信号。

4. 伺服控制和机床加工

伺服控制的作用是根据不同的控制方式（如开环、闭环等），把来自数控装置插补输出的脉冲信号经过功率放大器放大，通过驱动元件（如步进电动机、直流伺服电动机等）和机械传动机构，使机床的执行机构（运动部件）带动刀具相对于工件按规定的轨迹和速度进行加工。

第三节　数控设备的分类及特点

一、数控设备的分类

数控设备的品种规格繁多，分类方法不一，各行业都有自己的数控设备和分类方法。在机床行业，根据数控机床的功能和结构，通常按下面四种方法进行分类。

1. 按机床运动的控制轨迹分类

(1) 点位控制数控机床　其特点是只要求控制机床移动部件从一点移动到另一点的准确定位，至于点与点之间移动的轨迹（路径和方向）并不严格要求，各坐标轴之间的运动是不相关的，并且在移动过程中刀具不进行切削。为了实现既快又精确的定位，两点间位置的移动一般是先以快速移动到终点附近位置，然后以低速准确移动到终点定位位置，以保证良好的定位精度。这类机床主要有数控钻床、数控镗床、数控冲床和数控测量机等。

(2)直线控制数控机床　其特点是除了控制移动部件从一点到另一点之间的准确定位外，还要控制两相关点之间的移动速度和路线(即轨迹),但其路线只是与机床坐标轴平行的直线，也就是说同时控制的坐标轴只有一个（即数控系统内不必具有插补运算功能），且在移动过程中刀具能以指定的进给速度进行切削，一般只能加工矩形，台阶形零件。这类机床主要有数控车床、数控铣床、数控磨床等。

(3) 轮廓控制数控机床　轮廓控制数控机床也称为连续控制机床，其控制特点是能够对两个或两个以上运动坐标的位移和速度同时进行连续相关的控制。在这类控制方式中，要求数控装置具有插补运算的功能，即根据程序输入的基本数据（如直线的终点坐标、圆弧的终点坐标和圆心坐标或半径），通过数控系统内插补运算器的数学处理，把直线或曲线的形状描述出来。并一边运算，一边根据计算结果向各坐标轴控制器分配脉冲，从而控制各坐标轴的联动位移量与所要求轮廓相符，在运动过程中刀具对工件表面连续进行切削，可以进行各种斜线、圆弧、曲线的加工。这类机床主要有数控车床、数控铣床、数控切割机、加工中心等。

2. 按伺服控制方式分类

(1) 开环控制数控机床　图 1-2 是开环控制系统框图。这类机床的进给伺服驱动是开环的，即没有检测反馈装置，指令信号单方向传送，并且指令发出后，不再反馈回来，故称开环控制。其驱动电动机采用步进电动机，这类电动机的主要特征是控制电路每变换一次指令脉冲信号，电动机就转动一个步距角，通过齿轮、丝杠传动使工作台移动一定距离。因此，工作台的位移量与步进电动机转动角位移成正比，即与进给脉冲的数目成正比。改变进给脉冲的数目和频率，就可以控制工作台的位移量和速度。因此，该控制方式的最大特点是控制方便，结构简单，容易维修，价格便宜，但由于机械传动误差不经过反馈校正，位移精度一般不高。目前，国内大力发展的经济型数控机床或旧设备数控改造，普遍采用开环数控系统。

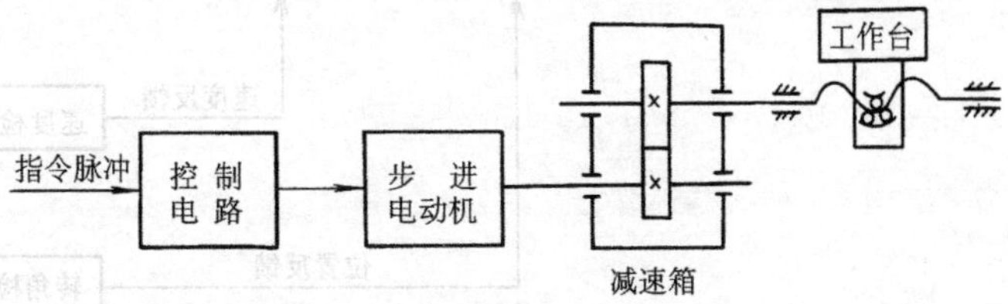

图 1-2　开环控制系统框图

（2）闭环控制数控机床　图 1-3 是闭环控制系统框图。闭环控制系统是在机床移动部件工作台上直接装有直线位置检测元件，将检测到的实际位移反馈到数控装置的比较器中，与所要求的位置指令进行比较，用比较后的差值进行控制，直到差值消除为止，达到精确定位，从而使位移精度大大提高。速度检测元件的作用是将伺服电动机的实际转速变换成电信号送到速度控制电路中，进行反馈校正，保证电动机转速保持恒定不变。常用速度检测元件是测速发电机。

闭环控制系统的特点是定位精度高（一般可达±0.01mm，最高可达 0.001mm），主要用于精度要求很高的数控坐标镗床、数控精密磨床等。由于这类系统采用直流伺服电动机或交流伺服电动机作为驱动元件，电动机的控制线路比较复杂，检测元件价格昂贵，因而结构复杂，调试和维修比较困难，成本高。

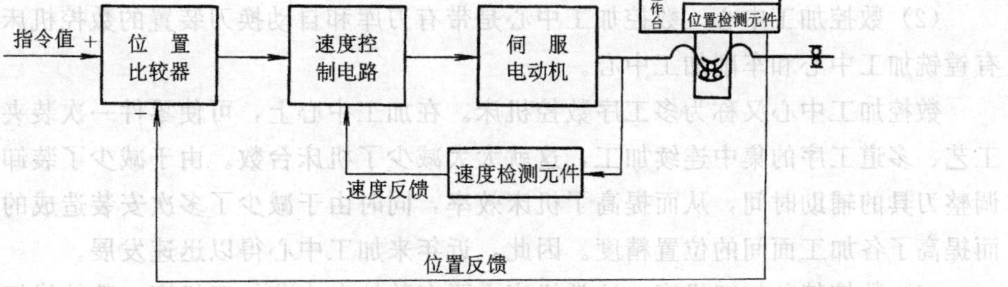

图 1-3　闭环控制系统框图

（3）半闭环控制数控机床　图 1-4 是半闭环控制系统框图。半闭环控制系统不直接检测工作台的位移量，而是采用转角检测元件，该元件直接安装在伺服电动机或滚珠丝杠端部，通过检测伺服电动机的转角或滚珠丝杠的转角，推算出工作台的实际位移量，然后反馈到数控装置的比较器中，与输入原指令位移值进行比较，用比较后的差值进行控制，直到差值消除为止。由于半闭环控制系统没有将工作台和滚珠丝杠包括在内，所以滚珠丝杠螺母副的误差仍然会影响移动部件的位移精度，但可获得较稳定的控制特性。

半闭环控制精度较闭环控制差，但稳定性好，成本低，调试维修也较容易，兼顾了开环控制和闭环控制两者的特点，目前应用比较广泛。

3. 按数控系统的功能水平分类

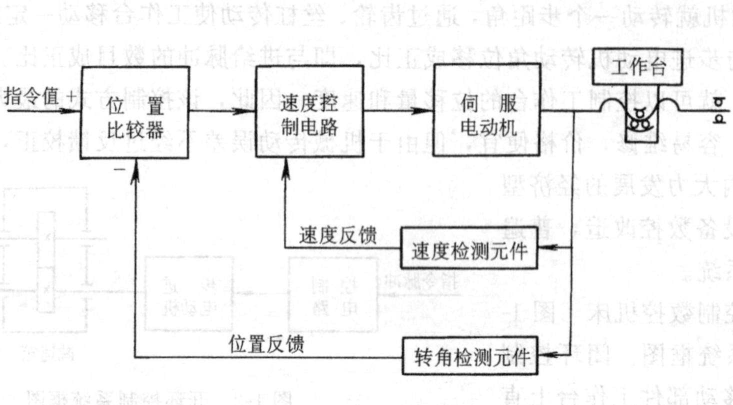

图 1-4　半闭环控制系统框图

按数控系统的功能分类，通常把数控系统分为低、中、高档三类。这种分类方法，在我国用的较多。低、中、高三档的界线是相对的，不同时期，划分的标准也会不同。

目前中、高档一般称为全功能或标准型数控机床。经济型数控属于低档数控，是指由单片机和步进电动机组成的数控系统，或其它功能简单、价格低的数控系统。

4. 按工艺用途分类

（1）普通型数控机床　为了不同的工艺需要，与传统的通用机床一样，有数控车床、数控铣床、数控磨床、数控钻、镗床等，而且每一类又有很多品种，例如数控铣床就有立铣、卧铣、工具铣及龙门铣等。这类机床的工艺性能与通用机床相似，所不同的是它能自动地加工精度更高、形状更复杂的零件。

（2）数控加工中心　数控加工中心是带有刀库和自动换刀装置的数控机床。典型的机床有镗铣加工中心和车削加工中心。

数控加工中心又称为多工序数控机床。在加工中心上，可使零件一次装夹后，进行多种工艺、多道工序的集中连续加工，这就大大减少了机床台数。由于减少了装卸工件、更换和调整刀具的辅助时间，从而提高了机床效率，同时由于减少了多次安装造成的定位误差，从而提高了各加工面间的位置精度。因此，近年来加工中心得以迅速发展。

（3）数控特种加工机床　这类机床主要有数控电火花加工机床、数控线切割机床、数控火焰切割机床、数控激光切割机床等。

二、数控设备的特点

1. 适应性强

在数控设备上改变加工工件时，只需要重新编制新工件的加工程序，就能实现新工件的加工。数控设备加工工件时，只需要简单的夹具，所以改变加工工件后，也不需要制作特别的工装夹具，更不需要重新调整机床。因此，数控设备特别适合单件、小批量及试制新产品的工件加工。

2. 加工精度高

由于数控设备是按照预定的程序自动加工，加工过程不需要人工干预，这就消除了操作者人为产生的误差，使同一批工件的尺寸一致性好，加工质量稳定。而且数控设备的传动系统和机床结构都具有很高的刚度和热稳定性，进给系统采用消除间隙措施，并对反向间隙与丝杠螺距误差等由计算机软件实现自动补偿，所以加工精度高。

3. 生产率高

工件加工所需时间包括机动时间和辅助时间，数控设备能有效地减少这两部分时间。

数控设备（如数控机床）主轴转速和进给量的调整范围都比普通设备的范围大，机床刚性好，可采用较大的切削用量，快速移动和停止采用了加速、减速措施，因而既能提高空行程运动速度，又能保证定位精度，有效地降低了加工时间。

数控设备更换工件时，不需要调整机床，同一批工件加工质量稳定，无需停机检验，故辅助时间大大缩短。特别是使用自动换刀装置的数控加工中心，可以在同一台机床上实现多工序连续加工，生产效率的提高更加明显。

4. 劳动强度低

数控设备的工作是按照预先编制好的加工程序自动连续完成的，操作者除输入加工程序或操作键盘、装卸工件、关键工序的中间测量及观看设备的运行之外，不需要进行繁重的重复手工操作，这就使工人的劳动条件大为改善。

5. 良好的经济效益

虽然数控设备的价格昂贵，分摊到每个工件上的设备费用较大，但是使用数控设备可节省许多其它费用。特别是不需要设计制造专用工装夹具，加工精度稳定，废品率低，减少了调度环节等，所以整体成本下降，可获得良好的经济效益。

6. 有利于生产管理的现代化

采用数控设备能准确地计算产品生产的工时，并有效地简化检验、工夹具和半成品的管理工作。数控设备使用数字信息与标准代码处理、传递信息，特别是在数控设备上使用计算机控制，为实现生产过程自动化创造了条件。

三、数控设备的应用范围

数控设备与普通设备比较具有许多优点，应用范围还在不断扩大。但是，数控设备初始投资费用较高，技术复杂，对操作维修人员和管理人员的素质要求也较高。在实际选用时，一定要充分考虑其技术经济效益。根据国内外数控机床应用实践，数控加工的适用范围可用图1-5和图1-6进行定性分析。

图1-5所示为随零件复杂程度和生产批量的不同，三种机床的应用范围的变化，图1-6表明了随生产批量的不同，采用三种机床加工时，总加工费用的比较。由两图可知，在多品种、中小批量生产情况下，使用数控机床可获得较好的经济效益。零件批量的增大，对选用数控机床是不利的。

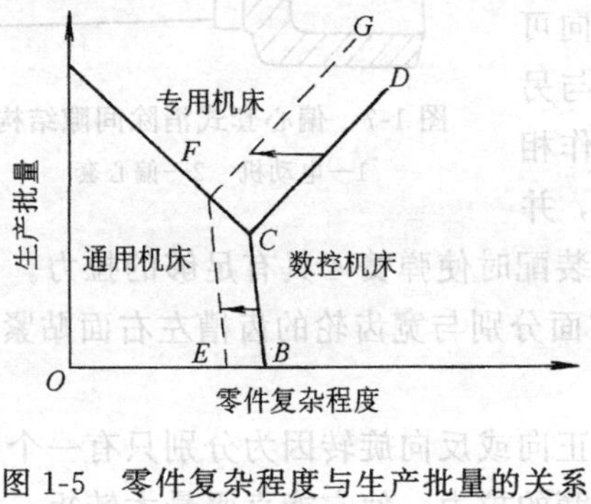

图 1-5　零件复杂程度与生产批量的关系

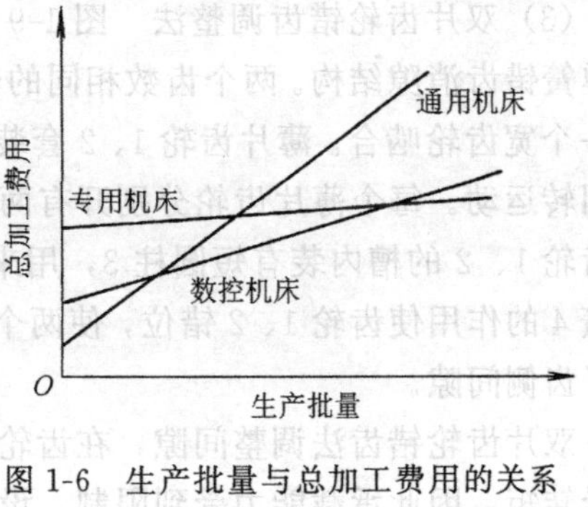

图 1-6　生产批量与总加工费用的关系

第四节　数控设备的机械装置

数控设备的机械系统是指数控设备的主机部分，它包括主运动传动系统、进给运动传动系统、刀具系统、工作台、床身、导轨及立柱等。数控设备发展的最初阶段，是在普通的机械设备上进行改装或局部的改进设计，再装备上数控装置。但随着现代数控设备的工作特点的变化和工作性能的提高，它在外观造型、整体布局、传动系统、刀具系统、辅助系统及操作机构等方面都发生了很大变化，对主机性能、结构设计等方面提出了更高的要求。因此，普通机械设备的一些弱点（如结构刚性不足、抗振性差、滑动面的摩擦阻力较大及传动元件中的间隙等）就越来越明显地暴露出来，它的某些基本结构限制着数控设备技术性能的发挥。近年来，数控设备已经由原来的改装设计转变为针对数控设备的要求对其主机进行全新的设计，出现了不少完全新颖的结构及元件，以满足数控设备机械系统的高刚度、高灵敏度、高抗振性、良好的热稳定性、高的可靠性和高效率等方面要求。本节将讨论数控设备机械系统中的一些共性典型机构和部件。

一、齿轮传动副

在数控设备的进给驱动系统中，考虑到惯量、转矩或脉冲当量的要求，有时要在电动机到丝杠之间加入齿轮传动副，而齿轮传动副存在的齿侧间隙，会造成进给运动反向时丢失指令脉冲，使运动滞后于指令信号，并产生反向死区而影响其传动精度和系统的稳定性。因此，为了提高进给系统的传动精度，必须消除齿轮副的间隙。下面介绍几种实践中常用的减小或消除齿轮传动间隙的结构形式。

(1) 偏心套调整法　图 1-7 所示为偏心套消隙结构。电动机 1 通过偏心套 2 安装到机床壳体上，通过转动偏心套 2，就能够方便的调整两齿轮的中心距，从而消除齿侧间隙。

(2) 锥度齿轮调整法　图 1-8 所示为带有锥度的齿轮来消除间隙的结构。在加工相互啮合的两个齿轮 1 和 2 时，将假想的分度圆柱面制成带有小锥度的圆锥面，使齿轮齿厚在轴向稍有变化，调整时，只需要改变垫片 3 的厚度，使齿轮 2 作轴向移动，调整两齿轮在轴向的相对位置，从而达到消除齿侧间隙的目的。

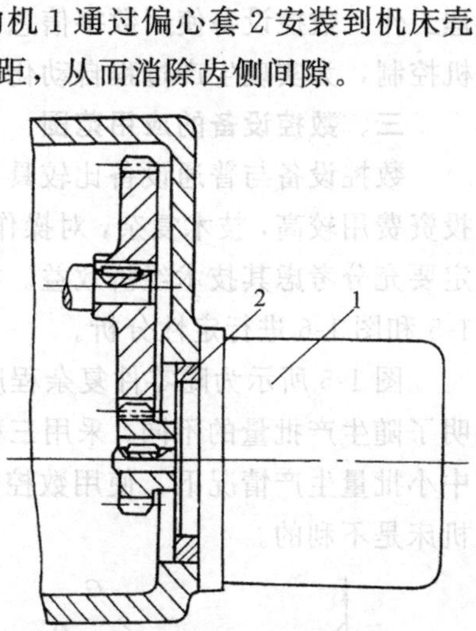

图 1-7　偏心套式消除间隙结构
1—电动机　2—偏心套

以上两种调整方法的特点是结构比较简单，传动刚度好，能传递较大的扭矩，但齿轮磨损后齿侧间隙不能自动补偿，这种调整法又称为刚性调整法。

(3) 双片齿轮错齿调整法　图 1-9 是双片齿轮周向可调弹簧错齿消隙结构。两个齿数相同的薄片齿轮 1、2 与另外一个宽齿轮啮合。薄片齿轮 1、2 套装在一起，并可作相对回转运动。每个薄片齿轮分别开有两条周向圆弧槽，并在齿轮 1、2 的槽内装有短圆柱 3，用来安装弹簧 4。装配时使弹簧 4 具有足够的拉力。由于弹簧 4 的作用使齿轮 1、2 错位，使两个薄齿轮的左右面分别与宽齿轮的齿槽左右面贴紧，消除了齿侧间隙。

双片齿轮错齿法调整间隙，在齿轮传动时，无论正向或反向旋转因为分别只有一个齿轮承受转矩，因此承载能力受到限制，设计时须计算弹簧的拉力，使它能克服最大转矩。

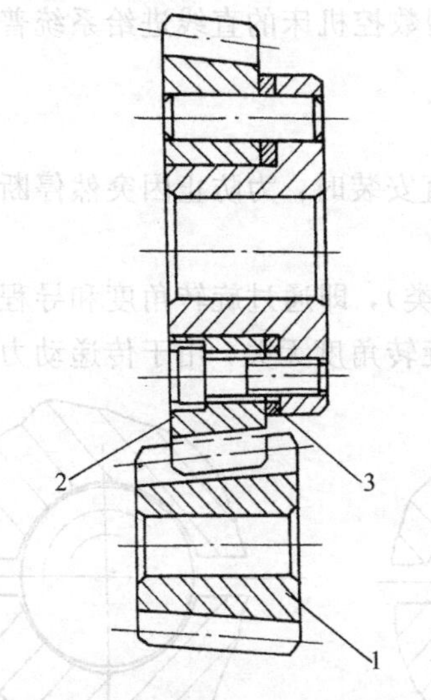

图 1-8 锥度齿轮消除间隙机构

1、2—齿轮 3—垫片

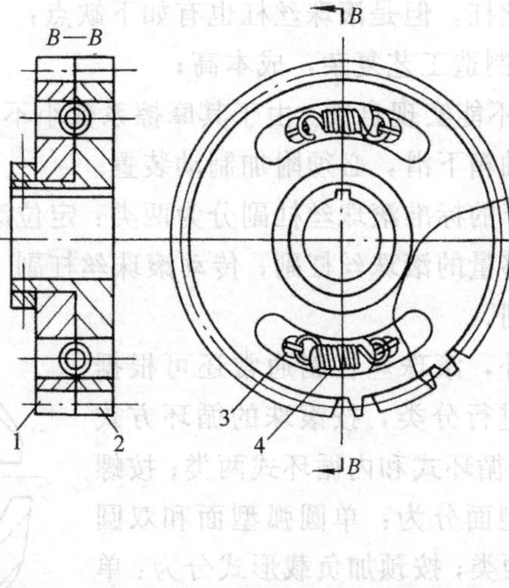

图 1-9 双片齿轮周向弹簧错齿消隙结构

1、2—薄齿轮 3—短圆柱 4—弹簧

这种调整法结构较复杂，传动刚度低，不宜传递大转矩，但结构装配好后齿侧间隙能自动消除（补偿），可始终保持无间隙啮合，这种调整法又称为柔性调整法。

直齿圆柱齿轮，斜齿圆柱齿轮、锥齿轮、齿轮齿条等传动副均能对传动间隙进行调整。

二、滚珠丝杠副

滚珠丝杠副是在丝杠和螺母间以钢球为滚动体的螺旋传动元件。它可将旋转运动转变为直线运动，或者将直线运动转变为旋转运动。因此，滚珠丝杠副是直线运动与旋转运动相互转换的新型理想传动装置，在数控设备上得到了广泛的应用。

1. 滚珠丝杠副的工作原理、特点及类型

图 1-10 是滚珠丝杠副的结构原理示意图，当丝杠相对于螺母旋转时，滚珠在滚道内既自转又沿滚道循环转动，因而迫使螺母（丝杠）轴向移动。

在传动时，滚珠与丝杠、螺母之间基本上是滚动摩擦，所以具有很多优点：

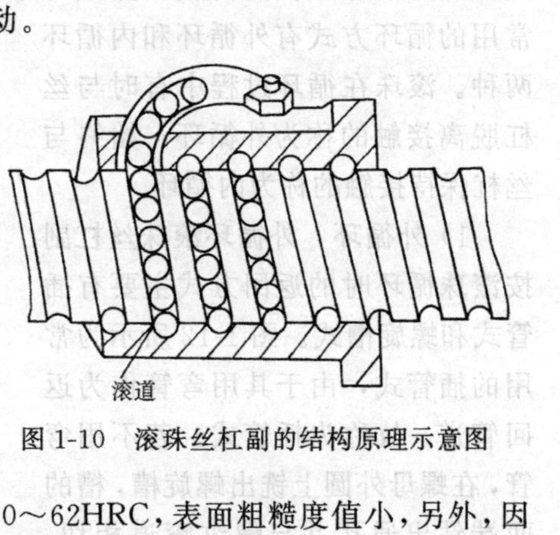

图 1-10 滚珠丝杠副的结构原理示意图

1）摩擦损失小，传动效率高。滚珠丝杠副的传动效率很高可达 92%～98%，是普通丝杠传动的 2～4 倍；

2）摩擦力小。因为动、静摩擦系数相差小，因而传动灵敏，运动平稳、低速不易产生爬行现象，随动精度和定位精度高；

3）磨损小，使用寿命长，精度保持性好。滚珠丝杠副采用优质合金钢制成，其滚道表面淬火硬度高达 60～62HRC，表面粗糙度值小，另外，因为是滚动摩擦，故磨损很小；

4）丝杠螺母之间预紧后，可以完全消除间隙，传动精度高、刚度好；

5）运动具有可逆性。不仅可以将旋转运动转变为直线运动，也可以将直线运动转变为旋转运动。

因为滚珠丝杠副具有这些优点，所以现在各类中、小型数控机床的直线进给系统普遍采用滚珠丝杠。但是滚珠丝杠也有如下缺点：

1）制造工艺复杂，成本高；

2）不能实现自锁。由于其摩擦系数小不能自锁，当垂直安装时，为防止因突然停断电而造成主轴箱下滑，必须附加制动装置。

国产的标准滚珠丝杠副分为两类：定位滚珠丝杠副（P 类），即通过旋转角度和导程控制轴向位移量的滚珠丝杠副；传动滚珠丝杠副（T 类），即与旋转角度无关，用于传递动力的滚珠丝杠副。

此外，滚珠丝杠副通常还可根据其特征进行分类，按滚珠的循环方式分为：外循环式和内循环式两类；按螺旋滚道型面分为：单圆弧型面和双圆弧型面两类；按预加负载形式分为：单螺母无预紧、单螺母变位导程预紧、单螺母加大钢球径向预紧、双螺母垫片预紧、双螺母齿差预紧、双螺母螺纹预紧六种。

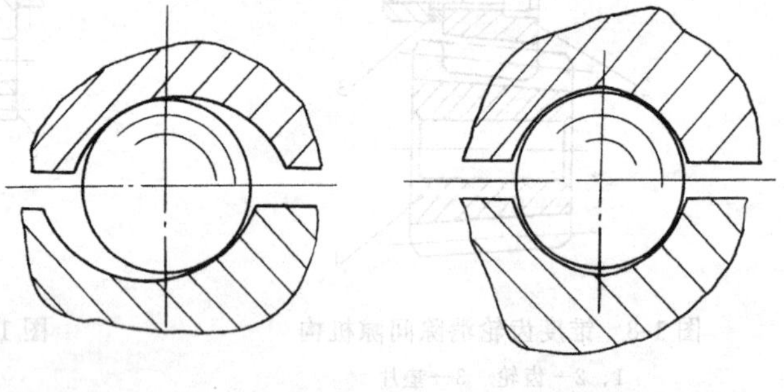

图 1-11　滚珠丝杠副螺旋滚道型面 的形状

a）单圆弧型面　b）双圆弧型面

2. 滚珠丝杠副的结构

目前国内外生产的滚珠丝杠副，尽管在结构上各种各样，其主要区别是在螺旋滚道型面的形状、滚珠的循环方式以及轴向间隙的调整和预加负载的方法等方面。

（1）螺纹滚道型面的形状　螺旋滚道型面（即滚道法向截面）的形状有多种，常见的截面形状有单圆弧型面和双圆弧型面两种，如图 1-11 所示。

单圆弧型面，工艺简单，应用较少。双圆弧型面，性能较好，应用较广。

（2）滚珠丝杠副的循环方式

常用的循环方式有外循环和内循环两种。滚珠在循环过程中有时与丝杠脱离接触的称为外循环；始终与丝杠保持接触的称为内循环。

1）外循环　外循环滚珠丝杠副按滚珠循环时的返回方式主要有插管式和螺旋槽式。图 1-12 所示为常用的插管式，由于其用弯管作为返回管道，故称为插管式。若不用弯管，在螺母外圆上铣出螺旋槽，槽的两端钻出通孔并与螺纹滚道相切，形成返回通道，则称为螺旋槽式，外循环式使用较广，其缺点是滚道接缝处很难做得平滑，影响滚珠滚动的平稳性。

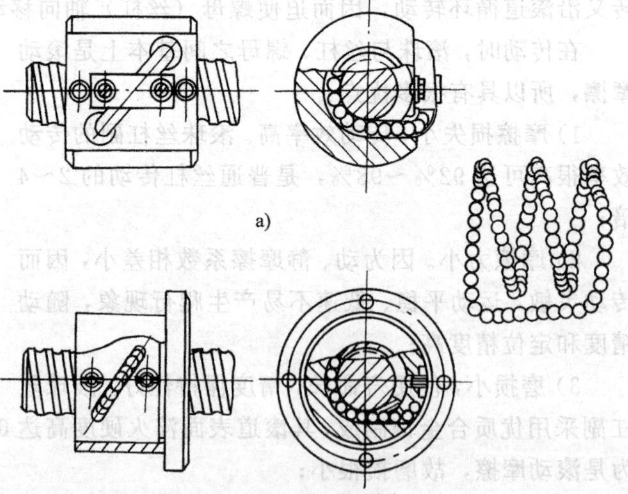

图 1-12　插管式外循环方式原理图

a）插管式　b）螺旋槽式

2）内循环　内循环均采用反向器实现滚珠循环，反向器有两种型式，如图 1-13 所示。反向器铣有 S 形回珠槽，将相邻两螺纹滚道联接起来，滚珠从螺纹滚道进入反向器，借助反向器迫使滚珠越过丝杠顶牙进入相邻滚道，实现循环。

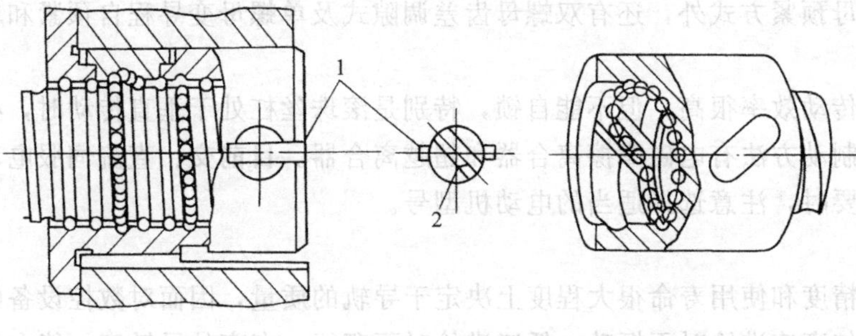

a)　　　　　　b)

图 1-13　内循环方式原理图

a）圆柱凸键反向器　b）扁圆镶块反向器

1—凸键　2、3—反向槽

内循环和外循环相比，其结构紧凑、定位可靠、刚性好、且不易磨损、返回滚道短、不易发生滚珠堵塞、摩擦损失也小。其缺点是反向器结构复杂、制造困难、且不能用于多头螺纹传动。

(3) 滚珠丝杠副轴向间隙的调整和预紧方法　滚珠丝杠副的轴向间隙，是指负载时滚珠与滚道型面接触的弹性变形所引起的螺母位移量和螺母原有间隙的总和。滚珠丝杠副的轴向间隙直接影响其传动刚度和传动精度，尤其是反向传动精度。因此，滚珠丝杠副除了对本身单一方面的进给精度有要求外，对其轴向间隙也有严格的要求。滚珠丝杠副轴向间隙的调整和预紧，通常采用双螺母预紧方式，其结构形式有三种。基本原理是使两个螺母间产生轴向位移，以达到消除间隙和产生预紧力的目的。

1）垫片调隙式　图 1-14 所示结构是通过改变垫片的厚度，使螺母产生轴向位移。这种结构简单可靠、刚性好、装卸方便，但调整费时，很难在一次修磨中调整完成，且不能在工作中随意调整，调整精度不高，仅适用于一般精度的数控机床。

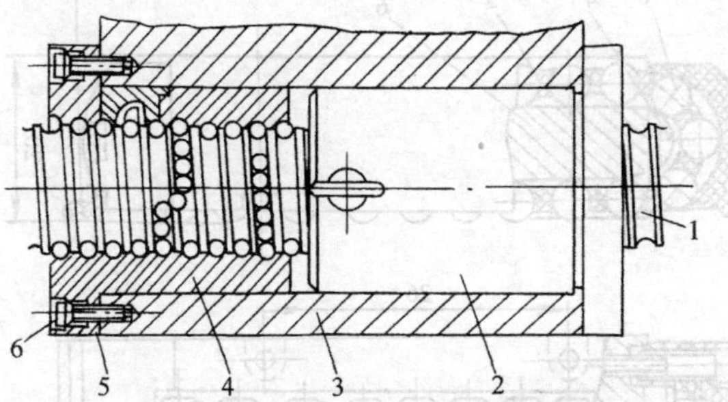

图 1-14　双螺母垫片调隙式结构

1—丝杠　2、4—螺母　3—螺母座　5—垫片　6—螺钉

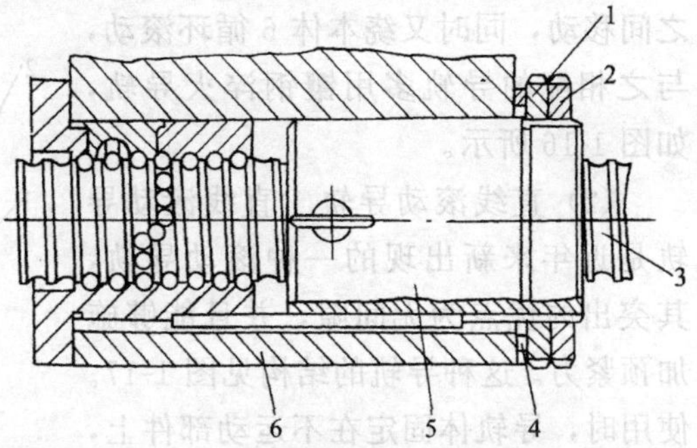

图 1-15　双螺母螺纹调隙式结构

1、2—圆螺母　3—丝杠　4—垫片　5—螺母　6—螺母座

2）螺纹调隙式　图 1-15 所示为利用螺纹来实现预紧的结构，左右两个螺母以平键与螺母座相联，平键可限制螺母在螺母座内转动。其中右边的一个螺母外伸部分制有螺纹，并用两

个圆螺母1、2固定着。调整时，只要拧动圆螺母1即可消除间隙并产生预紧力，然后用螺母2锁紧。这种调整方法具有结构简单、工作可靠、调整方便的优点，但预紧量不很准确，调整精度较差。

除上述二种双螺母预紧方式外，还有双螺母齿差调隙式及单螺母变导程自预紧和单螺母钢球过盈预紧方式。

滚珠丝杠螺母副传动效率很高，但不能自锁，特别是滚珠丝杠处于垂直传动时，必须装有制动装置。常用的制动方法有电磁摩擦离合器和超越离合器。目前交、直流伺服电动机本身带有制动装置，需要时，注意选择适当的电动机型号。

三、导轨副

数控设备的加工精度和使用寿命很大程度上决定于导轨的质量，因而对数控设备的导轨提出了更高的要求，如高速进给时不振动、低速进给时不爬行、有高的灵敏度、能在重负载下长期连续工作、耐磨性要高、精度保持性好等。为防止低速爬行，提高运动精度和定位精度，在数控设备上普遍采用了摩擦系数小，动、静摩擦系数相差甚微，运动轻便灵活的导轨副，如滚动导轨和静压导轨及塑料导轨。

1. 滚动导轨

滚动导轨就是在导轨工作面之间安排滚动体，使导轨面之间为滚动摩擦。滚动导轨具有摩擦系数低（一般在0.003左右），动、静摩擦系数相差小，且几乎不受运动速度变化的影响，定位精度和灵敏度高，精度保持性好等优点。滚动导轨的滚动体可以是滚珠、滚柱和滚针。滚珠导轨的承载能力小，刚度低，适用于运动部件重量不大、切削力和颠覆力矩都较小的机床。滚柱导轨的承载能力和刚度都比滚珠导轨大，适用于载荷较大的机床。滚针导轨的特点是滚针尺寸小，结构紧凑，适用于导轨尺寸受到限制的机床。现代数控设备常用的滚动导轨有两种：

（1）滚动导轨支承块（简称滚动导轨块）这是一种滚动体作循环运动的滚动导轨。目前滚动导轨块已做成独立的标准部件，由专业厂生产，有各种规格、型式供用户选用，具有刚度高、承载能力大及便于拆装等优点。使用时，导轨块装在运动部件上，当运动部件移动时，滚柱3在支承部件的导轨面与本体6之间移动，同时又绕本体6循环滚动，与之相配的导轨多用镶钢淬火导轨，如图1-16所示。

（2）直线滚动导轨　直线滚动导轨是近年来新出现的一种滚动导轨，其突出的优点为无间隙，并且能够施加预紧力。这种导轨的结构见图1-17。使用时，导轨体固定在不运动部件上，滑块固定在运动部件上。当滑块沿导轨体移动时，滚珠在导轨体和滑块之间的圆弧直槽内滚动，并通过端盖内的滚道，从工作负荷区到非工作负荷区，然后再滚动回工作负荷区，不断循

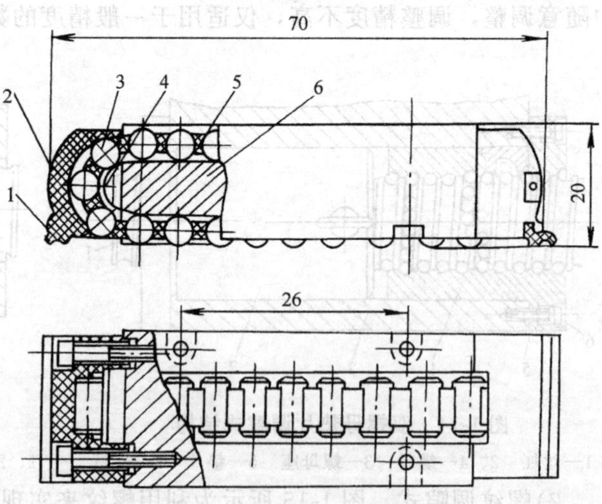

图1-16　滚动导轨块的应用结构示意图

1—防护板　2—端盖　3—滚柱　4—导向片　5—保护架　6—本体

环，从而把导轨体和滑块之间的移动变成了滚珠的滚动。为防止灰尘和脏物进入导轨滚道，滑块两端及下部均装有塑料密封垫。滑块上还有润滑油注油杯。

目前在国外，特别是在日本，在新设计的中、小型数控机床上广泛采用这种导轨；在国内，这类直线导轨也已在数控电加工机床和冲压机上较多地被采用。

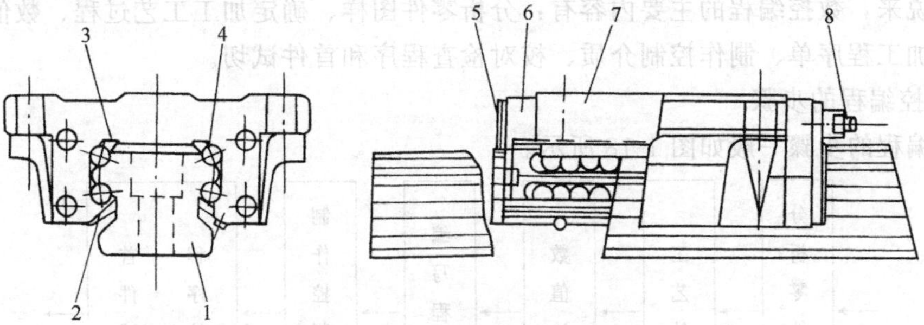

图 1-17 直线滚动导轨的结构

1—导轨体 2—侧面密封垫 3—保持器 4—承载球列 5—端部密封垫 6—端盖 7—滑块 8—润滑油杯

预紧可以提高滚动导轨的刚度，但预紧力应选择适当，否则，会使牵引力显著增加。

2. 塑料导轨

为了减少导轨的磨损和提高运动性能，近年来出现了新型的塑料导轨。在与床身导轨相配的滑座导轨上粘接上静、动摩擦系数基本相同且耐磨、吸振的塑料软带，或者在定、动导轨之间采用注塑的方法制成塑料导轨。塑料导轨具有良好的摩擦特性、耐磨性及吸振性，目前在数控机床上广泛使用。

塑料软带材料是以聚四氟乙烯为基体，加入青铜粉、二硫化钼和石墨等填充剂混合烧结并做成软带状，国内已有牌号为 TSF 导轨软带生产，以及配套用的 DJ 胶粘剂。由于这类导轨软带用粘接方法，习惯上称为"粘塑导轨"。

导轨注塑的材料是以环氧树脂和二氧化钼为基体，加入增塑剂，混合成膏状为一组份和固化剂为另一组份塑料，国内牌号为 HNT。导轨注塑工艺简单，在调整好固定导轨和运动导轨间相关位置精度后注入双组份塑料，固化后将定动导轨分离即成塑料导轨副，这种方法制作的塑料导轨习惯上又称"注塑导轨"。

第五节 数控设备程序编制的基本知识

一、数控编程的概念

在普通机床上加工零件，一般要由工艺员按照零件图样制定零件的加工工艺规程。然后由操作者按工艺规程进行零件加工。也就是说零件的加工过程是由人来完成的。而在数控设备上加工零件时，则首先要进行程序编制，将加工零件的加工顺序，工件与刀具相对运动轨迹的尺寸数据，工艺参数（主运动和进给运动速度、背吃刀量等）以及辅助操作（换刀、主轴正反转、切削液开关、工件夹紧与松开等）等加工信息，用规定的数字、符号组成的代码，按照一定的格式编写成加工程序单，并将程序单的信息记录在控制介质上，然后输入到数控装置。数控装置再将输入的信息进行运算处理后转换成驱动伺服机构的指令信号（脉冲信号），最后由伺服机构控制机床的各种动作，自动地加工出零件来。

我们将从零件图的分析到制成控制介质的全部过程称为数控程序的编制，简称数控编程。

二、数控编程的内容与步骤

1. 数控编程的内容

一般说来，数控编程的主要内容有：分析零件图样、确定加工工艺过程、数值计算、编写零件的加工程序单、制作控制介质、校对检查程序和首件试切。

2. 数控编程的步骤

数控编程的步骤一般如图 1-18 所示。

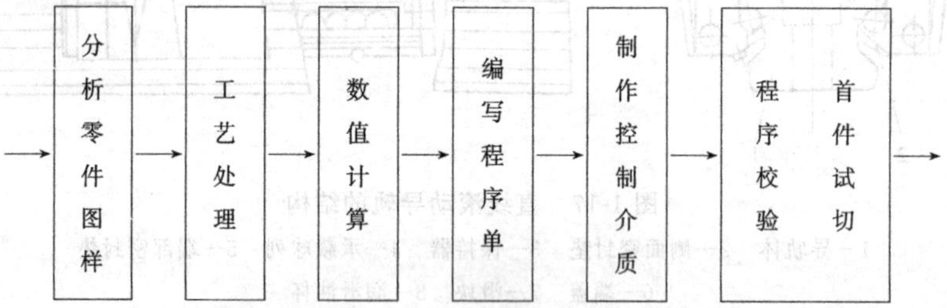

图 1-18　数控编程的步骤

(1) 零件的分析　分析零件的材料、形状、尺寸、精度及毛坯形状和热处理要求等，以便确定该零件是否适合在数控机床上加工，或适合在哪种类型的数控机床上加工，同时要明确加工的内容和要求。

(2) 确定加工工艺过程　在对零件图样作了全面分析的前提下，确定零件的加工方法(如采用的工夹具、装夹定位方法等)、加工路线（如对刀点、换刀点、进给路线）及切削用量等工艺参数（如进给速度、主轴转速、切削宽度和背吃刀量等)。制定数控加工工艺时，除考虑数控机床使用的合理性及经济性外，还须考虑所用夹具应便于安装，便于协调工件和机床坐标系的尺寸关系，对刀点应选在容易找正、并在加工过程中便于检查的位置，进给路线尽量短，并使数值计算容易，加工安全可靠等因素。

(3) 数值计算　在确定了加工工艺方案后，下一步需要根据零件的几何尺寸、加工路线及设定的坐标系，计算刀具中心运动轨迹，以获得刀位数据。一般的数控系统均具有直线插补与圆弧插补的功能，对于加工由直线和圆弧组成的较简单的平面零件，只需要计算出零件轮廓上相邻几何元素的交点或切点的坐标值，得出各几何元素的起点、终点、圆弧的圆心坐标值。如果数控系统无刀具补偿功能，还应计算出刀具运动的中心轨迹。对于较复杂的零件或零件的几何形状与控制系统的插补功能不一致时，就需要较复杂的数值计算。例如对非圆曲线（如渐开线、阿基米德螺旋线等）需要用直线段或圆弧段来逼近，在满足加工精度的条件下，计算出曲线各节点的坐标值。对于列表曲线、空间曲面的程序编制，其数学处理更为复杂，一般需要使用计算机辅助计算，否则难以完成。

(4) 编写零件加工程序单　加工路线、工艺参数及刀位数据确定以后，编程人员可根据数控系统规定使用的指令代码及程序段格式，逐段编写零件加工程序单。此外，还应填写有关的工艺文件，如数控加工工序卡片、数控刀具卡片、数控刀具明细表、工件安装和零点设定卡片、数控加工程序单等。

(5) 制作控制介质　即把编写好的程序单上的内容记录在控制介质上，以便将加工信息输入给数控装置。通常制作成穿孔纸带或存放在软磁盘内，简单程序可以直接使用键盘输入

（即手动数据输入 MDI）至数控装置。

(6) 程序校验与首件试切　程序单和制作好的控制介质必须经过校验和试切才能正式使用。校验的方法是直接将控制介质上的内容输入到数控装置中，让机床空运转，即以笔代刀，以坐标纸代替工件，画出加工路线，以检查机床的运动轨迹是否正确。在有 CRT 图形显示屏的数控设备上，用模拟刀具与工件切削过程的方法进行检验更为方便，但这些方法只能检验出运动轨迹是否正确，不能查出被加工零件的加工精度。因此有必要进行零件的首件试切。当发现有加工误差时，应分析误差产生的原因，找出问题所在，加以修正。

三、数控编程的分类方法

数控编程的方法有手工编程和自动编程两种。

1. 手工编程

从零件图样分析、工艺处理、数值计算、编写程序单、制作控制介质直至程序校验等各步骤均由人工完成即称为手工编程。对几何形状较为简单的工件，坐标计算也比较简单，程序又不长，使用手工编程既经济又及时。因此，手工编程在点位直线加工及直线圆弧组成的轮廓加工中仍被广泛应用。对于几何形状复杂，尤其是由空间曲面组成的零件，使用手工编程时数值计算繁琐，所需时间长，且易出错。因此，必须解决程序编制的自动化问题。

2. 自动编程

自动编程也称为计算机（或编程机）辅助编程，即程序编制工作的大部分或全部由计算机完成。自动编程又分为数控语言编程、图形交互式编程。

自动编程大大减轻了编程人员的劳动强度，提高效率几十倍乃至上百倍，同时解决了手工编程无法解决的许多复杂零件的编程难题。工件表面形状愈复杂，工艺过程愈繁锁，自动编程的优势愈明显。

四、数控设备的坐标系和运动方向的规定

1. 坐标系的确定原则

(1) 刀具相对于静止工件而运动的原则　这一原则使编程人员能在不知道是刀具移近工件还是工件移近刀具的情况下，就可依据零件图样，确定设备的加工过程。

(2) 标准坐标系的规定　在数控设备上，机床执行机构的动作是由数控装置来控制的，为了确定机床上的运动方向和移动的距离，这就需要建立一个坐标系，这个坐标系就称为标准坐标系，也叫机床坐标系。

标准坐标系是一个右手笛卡儿直角坐标系，如图 1-19 所示。图中规定了 X、Y、Z 三个直角坐标轴的方向，这个坐标系的各个坐标轴与设备的主要导轨相平行。

(3) 运动的正方向　数控设备的某一部件运动的正方向，是增大工件和刀具之间距离的方向。

2. 各坐标轴运动方向的确定

(1) Z 坐标轴　Z 坐标轴是由传递切削力的主轴所决定，与主轴轴线相平行的坐标轴即为 Z 坐标轴，如图 1-20、图 1-21 所示。

Z 坐标的正方向为增大工件与刀具之间距离的方向。如在钻、镗加工中，钻入和镗入工件的方向为 Z 坐标的负方向，而退出为正方向。当机床有几根主轴时，则选取一个垂直于工件装夹表面的主轴为 Z 轴（如龙门铣床）。对于没有主轴的机床则规定垂直于工件表面的轴为 Z 轴（如刨床）。

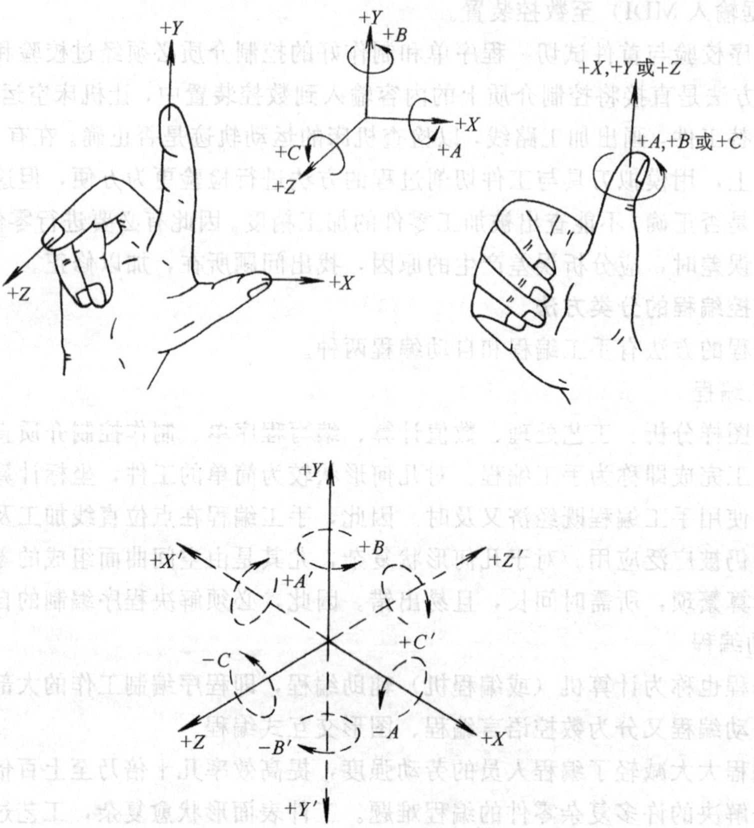

图 1-19　右手直角笛卡儿坐标系统

图 1-20　卧式车床

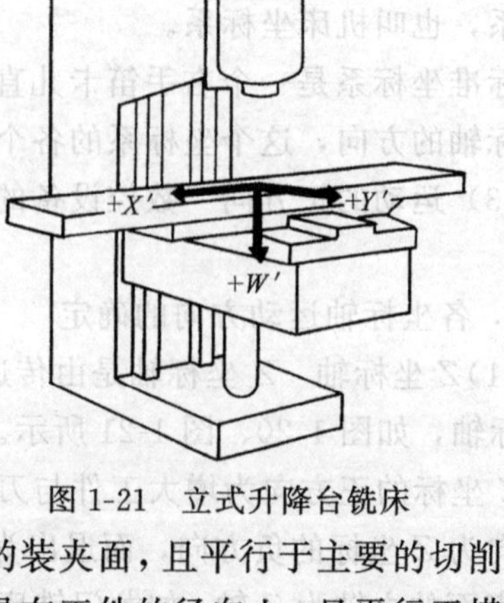

图 1-21　立式升降台铣床

(2) X 坐标轴　X 坐标轴是水平的，它平行于工件的装夹面，且平行于主要的切削方向。对于工件旋转的机床（如车床、磨床等），X 坐标的方向是在工件的径向上，且平行于横滑座。刀具离开工件旋转中心的方向为 X 轴正方向，如图 1-20 所示。对于刀具旋转的机床（如铣床、镗床、钻床等)，如 Z 轴是垂直的（立式)，当从刀具主轴向立柱看时，X 运动的正方向指向右，如图 1-21 所示。如 Z 轴（主轴）是水平的（卧式)，当从主轴向工件方向看时，X 运动的正方向指向右方，如图 1-22 所示。

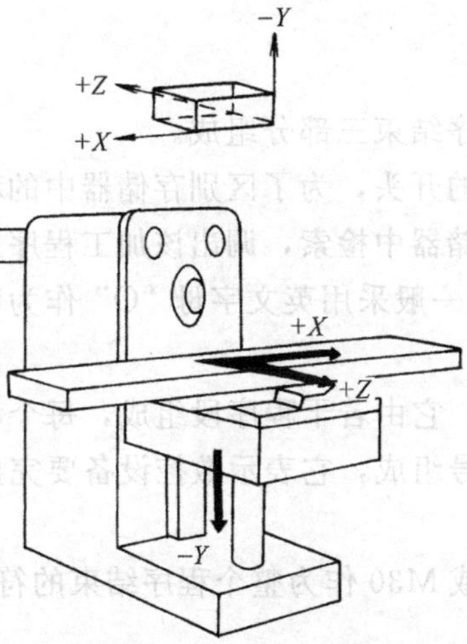

图 1-22　卧式升降台铣床

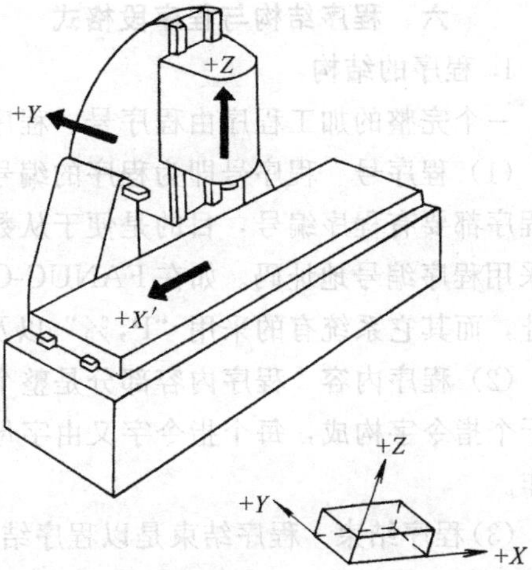

图 1-23　曲面和轮廓铣床

(3) Y 坐标轴　Y 坐标轴垂直于 X、Z 坐标轴。当 Z 轴、X 轴确定之后，按右手直角笛卡儿坐标系判断 Y 轴的正方向，这样 Y 轴的方向就是唯一地被确定了。

(4) 旋转运动 A、B、C 相应地表示其轴线平行于 X、Y 和 Z 坐标的旋转运动。A、B、C 的正方向，相应地表示在 X、Y 和 Z 坐标正方向上按照右手螺旋前进的方向，如图 1-19 所示。

(5) 附加坐标轴　如果在 X、Y、Z 主要坐标以外，还有平行于它们的坐标，可分别指定为 U、V、W。如还有第三组运动，则分别指定为 P、Q 和 R。

(6) 主轴旋转运动的方向　如果正对主轴端面看主轴旋向，逆时针方向为正向（正转)，顺时针方向为负向（反转)。

(7) 对于工件运动的机床坐标系的规定　对于工件运动而不是刀具运动的机床，必须将前述为刀具运动所作的规定，作相反的安排。用带“′”的字母表示，如 $+X'$，表示工件相对于刀具正向运动指令。而不带“′”的字母，如 $+X$，则表示刀具相对于工件的正向运动指令。二者表示的运动方向正好相反。图 1-20～图 1-24 给出了不同类型的机床坐标系简图。对于编程人员、工艺人员，只考虑不带“′”的运动方向。

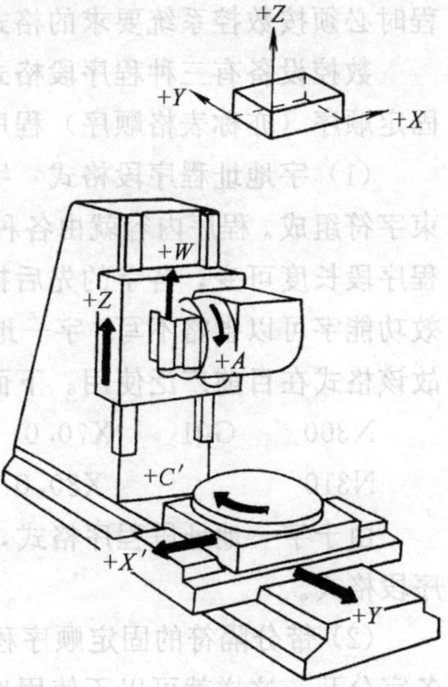

图 1-24　五坐标摆动式铣头曲面和轮廓铣床

五、数控编程中的有关标准及代码

目前国际上已形成了两种通用数控的标准，即 ISO（International Standard Organization）国际标准化组织标准及 EIA（Electronic Industries Association）美国电子工业协会标准。我国以等效采用或参照采用 ISO 的有关标准为主，根据我国的实际情况修改制定了相应的数控标准。但是由于各个数控设备生产厂家所用的标准尚未完全统一，其所用的代码、指令及其含义不完全相同，因此在编程时必须按所用数控设备编程手册中规定进行。而国际上通用的代码有ISO和EIA代码两种。

六、程序结构与程序段格式

1. 程序的结构

一个完整的加工程序由程序号、程序的内容和程序结束三部分组成。

(1) 程序号　程序号即为程序的编号，位于程序的开头，为了区别存储器中的程序，每个程序都要有程序编号，目的是便于从数控装置的存储器中检索，调出该加工程序。在编号前采用程序编号地址码。如在FANUC-OTE系统中，一般采用英文字母“O”作为程序编号地址，而其它系统有的采用“P,%”以及“:”等。

(2) 程序内容　程序内容部分是整个程序的核心，它由若干程序段组成，每个程序段由若干个指令字构成，每个指令字又由字母、数字、符号组成，它表示数控设备要完成的全部动作。

(3) 程序结束　程序结束是以程序结束指令M02或M30作为整个程序结束的符号，来结束整个程序。

2. 程序段格式

程序段的格式是指在同一个程序段中关于字母、数字和符号等各个信息代码的排列顺序和含义的规定表示方法。不同的数控系统往往有完全不同的或相近的程序段格式。所以，编程时必须按数控系统要求的格式编写每个程序段。否则，会出错报警。

数控设备有三种程序段格式：字—地址程序段格式、固定顺序程序段格式和带分隔符的固定顺序（亦称表格顺序）程序段格式。

(1) 字地址程序段格式　字—地址程序段格式是由程序段序号字、程序内容和程序段结束字符组成。程序内容就由各种指令字组成，每个指令字又由字母（地址）、数字和符号表示。程序段长度可变，各字的先后排列顺序要求不严格，不需要的字以及与上一程序段相同的续效功能字可以省略不写，字—地址程序段格式的优点是程序简短、直观以及容易检验、修改，故该格式在目前广泛使用。下面列出某程序中的二个程序段：

```
N300    G01    X70.0    Z-40.0    F50    S250    T0101    M03    LF
N310           X80.0
```

由于字—地址段程序格式，在一个程序中每个程序段的长短不一样，故又称其为可变程序段格式。

(2) 带分隔符的固定顺序程序段格式　这种格式的程序段用分隔符“HT”或“TAB”将各字分开，这样就可以不使用地址符，只要按规定的顺序把相应的数字跟在分隔符后面就可以了。

使用分隔符的程序段与字—地址程序段的区别在于用分隔符代替了地址符。在这种格式中，如果本段程序内某字与上一程序段内相应字完全相同，则相应的分隔符保留，而数据省略不写。若程序中出现连在一起的分隔符，表明中间略去一个数据字。使用分隔符程序段格式，程序不直观，容易出错，一般用于功能不多且较固定的数控系统中。

(3) 固定顺序程序段格式　这种程序段既无地址码也无分隔符，各字的顺序及位数是固定的。重复的字不能省略，所以每个程序段的长度都是一样的。这种格式的程序段长且不直观，目前很少使用。

七、功能字

1．准备功能字 G

该功能的作用，主要是指定数控机床的加工方式，为数控机床的插补运算、刀补运算、固定循环等作好准备。G 功能由字母 G 和后面的两位数字组成，从 G00～G99 共 100 种。表 1-1 为我国 JB/T3208—1983 标准中规定的 G 功能的定义。

表 1-1 JB/T 3208—1983 常用准备功能 G 代码表

代码	功能	代码	功能
G00	点定位	G44	刀具负偏置
G01	直线插补	G54	沿 *X* 轴直线偏移
G02	顺时针方向圆弧插补	G55	沿 *Y* 轴直线偏移
G03	逆时针方向圆弧插补	G56	沿 *Z* 轴直线偏移
G04	暂停	G57	*XY* 平面直线偏移
G08	自动加速	G58	*XZ* 平面直线偏移
G09	自动减速	G59	*YZ* 平面直线偏移
G17	*XY* 面选择	G63	攻螺纹
G18	*ZX* 面选择	G80	取消固定循环
G19	*YZ* 面选择	G81～G89	固定循环
G33	切削等螺距螺纹	G90	绝对值输入方式
G34	切削增螺距螺纹	G91	增量值输入方式
G35	切削减螺距螺纹	G92	预置寄存
G40	取消刀具补偿或刀具偏置	G94	每分钟进给
G41	刀具补偿—左	G95	主轴每转进给
G42	刀具补偿—右	G96	主轴横线速度
G43	刀具正偏置	G97	主轴每分钟转速注销 G96

2．辅助功能字 M

辅助功能字 M，由字母 M 和其后的两位数字组成，从 M00～M99 共 100 种。与 G 指令一样，M 指令在实际使用中的标准化程度也不高。M 指令常因生产厂家及机床结构和规格不同而各异。表 1-2 为我国 JB/T3208—1983 标准中规定的 M 指令的定义。

3．进给功能字 F

它的功能是用来指定各运动坐标轴及其任意组合的进给量或螺纹导程。该指令是续效（模态）代码，它们一般有两种表示方法。

（1）代码法　即 F 后跟二位数字，这些数字不直接表示进给速度的大小，而是机床进给速度数列的序号，进给速度数列可以是算术级数，也可以是几何级数。

（2）直接指定法　即 F 后跟的数字就是进给速度的大小，例如 F100 表示进给速度是 100mm/min。这种指定方法较为直观，因此现在大多数机床均采用这一指定方法。

4．主轴速度功能字 S

它的功能是表示主轴转速或速度。单位分别为 r/min 或 m/min。该指令也是模态（续效）代码。S 功能一般也有两种表示方法，即其后面的数字有时表示具体的主轴速度值，有时代表某种主轴速度的代码。

5. 刀具功能字 T

它的功能是用来表示选择刀具和刀补号的。刀具功能用字母 T 及其后面的两位数字或四位数字表示。由于不同的数控系统有不同的指定方法和含义，具体应用时应参照所用数控机床说明中的有关规定进行。

表 1-2 JB/T 3208—1983 常用辅助功能 M 代码表

代码	功能	代码	功能
M00	程序停止	M08	1 号切削液开
M01	计划停止	M09	切削液关
M02	程序结束	M10	夹紧
M03	主轴顺时针转动	M11	夹紧松开
M04	主轴逆时针转动	M13	主轴顺时针转，切削液开
M05	主轴停止	M14	主轴逆时针转，切削液开
M06	换刀	M19	主轴定向停止
M07	2 号切削液开	M30	纸带结束

习题与思考题

1-1 数控设备有何特点？适用于加工何种类型的零件？

1-2 数控设备由哪几部分组成？各部分的基本功能是什么？

1-3 何谓点位控制、直线控制、轮廓控制？三者有何区别？

1-4 数控设备伺服系统分为几类？各有何特点？

1-5 数控系统的档次是如何划分的？什么是经济型数控机床？

1-6 说明下列英文缩写词的含义：CNC、FMC、FMS、CIMS。

1-7 数控设备的进给传动齿轮为什么要消除齿侧间隙？消除齿侧间隙的措施有哪些？各有何特点？

1-8 滚珠丝杠副有何特点？其滚珠循环方式及常用的结构形式有哪些？

1-9 试述滚珠丝杠副轴向间隙调整和预紧的基本原理，常用哪几种结构形式？

1-10 什么是滚动支承块？有何特点？目前常用的类型有哪些？

1-11 什么是塑料导轨？有何特点？通常是如何使用的？

1-12 何谓数控加工的程序编制？什么是手工编程？什么是自动编程？手工编程要经过哪些步骤？各过程的作用如何？

1-13 常用进给速度代码是哪两种？举例说明。

1-14 准备功能指令（G 代码）与辅助功能指令（M 代码）在数控编程中的作用如何？

1-15 MDI 表示什么意思？

第二章　数控车床及其程序编制

第一节　概　　述

数控车床，其总体布局和结构形式与普通车床类似，主要还是由床身、主轴箱、刀架、进给系统、液压、冷却、润滑系统等部分组成。由于应用了计算机数控系统、动力源采用了伺服电动机，使得主运动和进给运动系统机械结构大大简化。特别是数控车床的进给系统与普通车床有质的区别，它没有传统的进给箱、溜板箱和挂轮架，而是直接用伺服电动机通过滚珠丝杠驱动溜板和刀架，实现进给运动，它可以连续控制刀具的纵向（Z 轴）和横向（X 轴）运动，从而完成各类回转体工件内外型面加工。

一、数控车床的布局形式、用途及分类

1．数控车床的布局

所谓机床的布局是指根据工件的工艺分类所需运动及主要技术参数而确定的相对位置，并完成工件和刀具的相对运动，保证加工精度，方便操作、调整和维修，且要求外形美观、结构紧凑。

（1）床身和导轨的布局　床身底座是整个机床的基础，它的结构形式决定了机床的总体布局。按照床身导轨面与水平面的相对位置，床身可分为平床身、斜床身，平床身斜滑板和立床身 4 种布局形式，见图 2-1 所示。经济型数控车床一般与普通车床结构形式相同，多采用水平床身。水平床身工艺性好，易于加工制造，但床身下部空间小、排屑困难，且床身宽度尺寸较大，影响外观。平床身斜滑板结构，再配置倾斜的导轨防护罩，既保持了床身工艺性好的特点，床身宽度也不会太大。斜床身和平床身斜滑板结构在现代数控车床中被广泛应用，其优点是容易实现机电一体化、机床外形简洁、美观、占地面积小，容易实现封闭防护、排屑容易，便于安装自动排屑器，便于操作，宜人性好等。而立床身采用的较少。

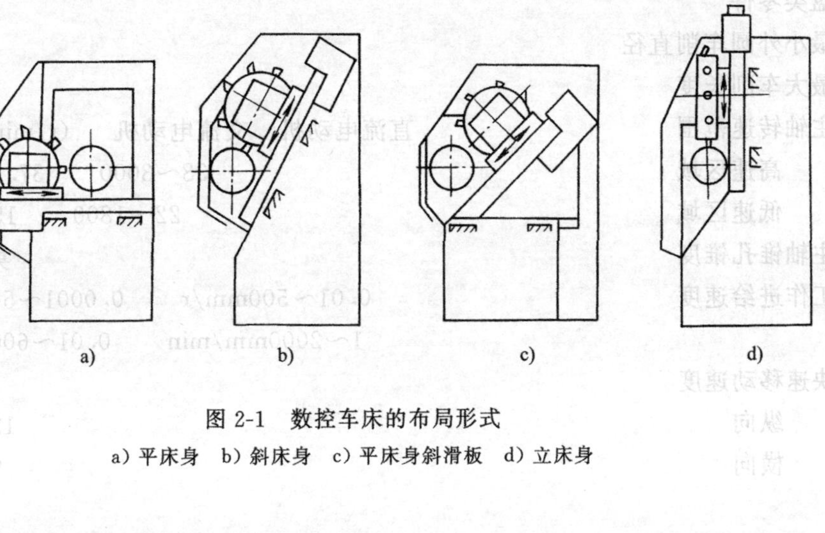

图 2-1　数控车床的布局形式

a）平床身　b）斜床身　c）平床身斜滑板　d）立床身

(2) 刀架的布局　刀架是数控车床的重要部件，它对机床整体布局影响很大。目前，两坐标联动数控车床多采用回转刀架，它在机床上的布局主要有两种：一种是适用于加工轴类和盘类零件的回转刀架，其回转轴与主轴平行，另一种是专门用于加工盘类零件的刀架，其回转轴与主轴垂直。此外，还有分别加装在两个滑板上的回转刀架的结构，称为双刀架四坐标数控车床，每个独立刀架的切削进给可分别控制。因此，两刀架可以切削同一工件的不同部位，既扩大加工范围，还能提高加工效率。这种机床适合加工曲轴、石油钻头、飞机零件等形状复杂，批量较大的零件。

2. 数控车床的用途

数控车床主要用来加工轴类或盘类的回转零件。能车削内外圆柱面、圆锥面、圆弧面和各种成形回转表面、车削螺纹以及对盘类零件的钻、扩、铰和镗孔等加工。所以，数控车床特别适合于加工形状复杂的轴类、盘类零件。

3. 数控车床的分类

(1) 按数控系统功能分类　分为全功能型数控车床和经济型数控车床两种。全功能型分辨率高、进给速度快，进给多采用半闭环直流或交流伺服系统，机床精度也相对较高，多采用 CRT 显示。不但有字符，而且有图形、人机对话、自诊断等功能。经济型数控车床大多数采用步进电动机实现进给，用单片机控制，用数码管或 CRT 显示。

(2) 按数控车床的主轴轴线是处于水平位置或垂直位置分类　分为卧式和立式数控车床。如果有两根主轴，则为双轴数控车床。一般数控车床为两坐标控制，具有两个独立回转刀架的数控车床为四轴控制。车削中心和柔性制造单元，则需要增加其它的附加坐标轴。目前应用较多的是中等规格的两坐标连续控制的数控车床。

二、数控车床的主要技术参数和数控系统功能

下面以 CK7815 型数控车床为例介绍数控车床的主要技术参数和数控系统功能。CK7815 型数控车床的外形如图 2-2 所示。

1. 数控车床的主要技术参数

最大回转直径（床身上/床鞍上）		540mm/260mm
最大切削直径		
轴类零件		150mm
盘类零件		400mm
最小外圆车削直径		10mm
最大车削长度		500mm
主轴转速范围	直流电动机	交流电动机　(r/min) 无级
高速区域	38～3000	37.5～5000
低速区域	22～1800	15～2000
主轴锥孔锥度		莫氏 5#
工作进给速度	0.01～500mm/r	0.0001～50m/min
	1～2000mm/min	0.01～600m/min
快速移动速度		
纵向		12m/min
横向		9m/min

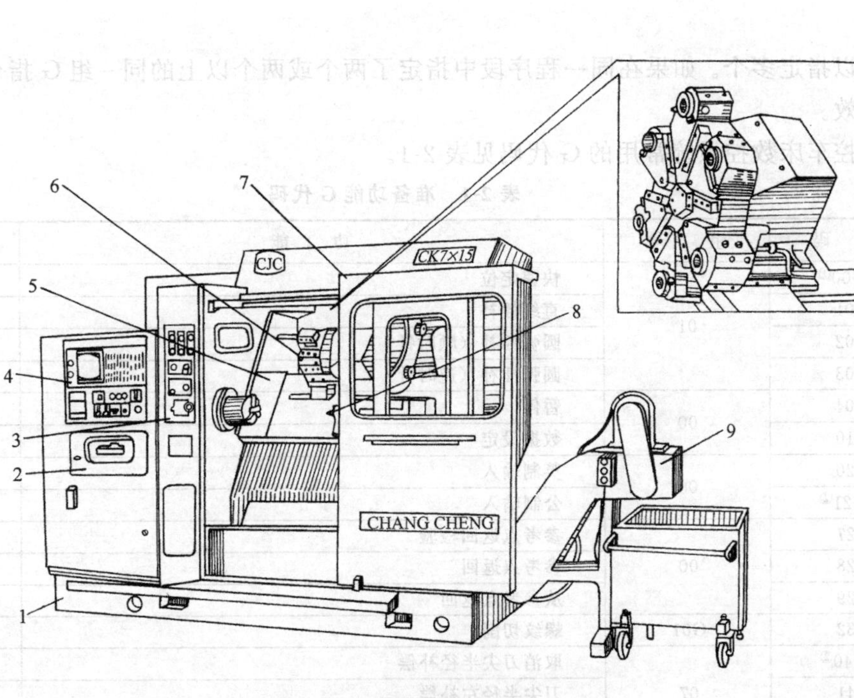

图 2-2　CK7815 型数控车床

1—床体　2—光电读带机　3—机床操作面板　4—数控系统操作面板
5—倾斜 60°导轨　6—刀盘　7—防护门　8—尾座　9—排屑装置

刀架行程	
纵向	660mm
横向	240mm
刀具数	12 或 8
尾架驱动方式	液压
预紧力	1600～5000N
行程	90mm
尾架锥孔锥度	莫氏 4#
主轴电动机功率	
连续	5.5kW
30min	7.5kW
伺服电动机	
额定功率	1.4kW
额定转速	1500r/min
外形尺寸（长×宽×高）	2395mm×1385mm×1860mm

2. 数控系统的功能

目前，该数控车床可配备 FANUC-OT、OTC、OTD、OTE-A-2 等 CNC 系统。此外，也可配用美国 A-B 公司 A-B8400GLC、德国西门子公司 SIENUMERIK810T 等系统。

(1) 准备功能 G 代码　该指令的作用主要是指定数控机床的加工方式。

G 指令有两种：①非模态 G 指令。这种 G 指令只有在被指定的程序段才有意义；②模态 G 指令。这种 G 指令在同组其它的 G 指令出现以前一直有效。不同组的 G 指令，在同一程序段中可以指定多个。如果在同一程序段中指定了两个或两个以上的同一组 G 指令，则最后指定的有效。

数控车床数控系统常用的 G 代码见表 2-1。

表 2-1 准备功能 G 代码

代 码	组 号	功 能	OTE-A
*G00①	01	快速定位	B③
G01		直线插补	B
G02		圆弧插补（顺时针）	B
G03		圆弧插补（逆时针）	B
G04	00	暂停	B
G10		数据设定	0①
G20	06	英制输入	0
*G21②		公制输入	0
G27	00	参考点返回检验	B
G28		参考点返回	B
G29		从参考点返回	B
G32	G01	螺纹切削	B
*G40②	07	取消刀尖半径补偿	B
G41		刀尖半径左补偿	B
G42		刀尖半径右补偿	B
G50	00	1. 坐标系设定 2. 主轴最大速度限定	BB
G65		调用宏指令	0
G70	00	精加工循环	0
G71		外圆粗加工循环	0
G72		端面粗加工循环	0
G73		固定形状粗加工循环	0
G74		端面钻孔循环	0
G75		外径切槽循环	0
G76		复合螺纹切削循环	0
G90	01	外圆切削循环	0
G92		螺纹切削循环	0
G94		端面切削循环	0
G96	02	主轴恒线速控制	B
*G97②		取消主轴恒线速控制	B
G98	05	每分钟进给量	B
*G99②		每转进给量	B

① 00 组的 G 代码为非模态，其它均为模态 G 代码。

② 标有“*”的代码为数控系统通电后状态。

③ 标有 B 的为基本功能，标有 0 的为选择功能。

(2) 辅助功能 M 代码　该指令主要用于机床加工操作时的工艺性指令。由字母 M 和其后的两位数字组成，从 M00～M99 共 100 种。常用的 M 代码见表 2-2。

表 2-2 辅助功能 M 代码

代码	功 能	说 明
M00	程序暂停	在完成编有 M00 代码的程序段中的其它指令后，主轴停止、进给停止、切削液关断、程序停止。当重新按下控制面板上的“循环启动按钮”，继续执行下一程序段（当测量工件和需要排除切屑时经常使用）

（续）

代码	功 能	说 明
M01	任选停止	该代码的作用与M00相似。所不同的是，必须在操作面板上预先按下“任选停止开关”，当执行完编有M01代码的程序段的其它指令后，程序停止；如果不按下“任选停止开关”，则M01代码不起作用，程序继续执行
M02	程序结束	用于程序全部结束，切断机床所有动作。常用于程序复位即卷回纸带到“程序开始”字符
M03	主轴正转	从尾座方向看，该代码启动主轴以逆时针方向旋转
M04	主轴反转	从尾座方向看，该代码启动主轴以顺时针方向旋转
M05	主轴停止	该代码停止主轴转动。当主轴需要改变旋转方向时，要用M05代码先停止主轴旋转，然后再规定M03或M04代码
M06	换刀	
M08	切削液开	
M09	切削液停	
M23	自动螺纹倒角	在螺纹切削循环（G92）中，该代码自动实现螺纹倒角
M24	螺纹倒角关断	消除M23代码
M30	程序结束	在程序逻辑的最后编入该代码，使程序返回到到开头，机床运行全部停止
M98	调用子程序	将主程序转至子程序
M99	子程序结束	使子程序返回到主程序

第二节　数控车床的机械结构特点

一、主传动系统及主轴部件

1．主运动传动系统

数控车床的主传动系统一般采用直流或交流主轴伺服电动机，通过皮带带动主轴旋转，实现自动无级调速及恒速切削控制，即切削圆盘形工件时，随着刀具在端平面上的移动，随距离回转中心半径的改变，主轴的转速自动改变，以保持切削速度的恒定。为了增大调速范围，满足主轴的工作需要，在主轴箱内可以增加两对变速齿轮，使主轴转速范围分为高速及低速两种，机械变挡一般采用液压缸推动滑移齿轮实现，主轴在低转速下，不停车即可使滑移齿轮进入啮合状态。有些小型的或调速范围不需太大的数控车床，也常采用电动机直接带动主轴旋转。

CK7815型数控车床的传动系统如图2-3所示。

主轴由AC-6型5.5kW交流调速电动机或DC-8型直流调速电动机通过两级塔式带轮直接带动，由电气系统实现无级调速。因为该传动链中没有齿轮，故噪声很小，其主轴的正、反转、启动与停止是直接由控制电动机来实现的。

经济型数控车床的主传动系统与普通车床几乎完全相同，为了适应经济型数控车床在加工中自动变速的要求，在传动中采用双速电动机及电磁离合器，可得到4～8级转速，编入程序能达到加工中自动变速的要求。

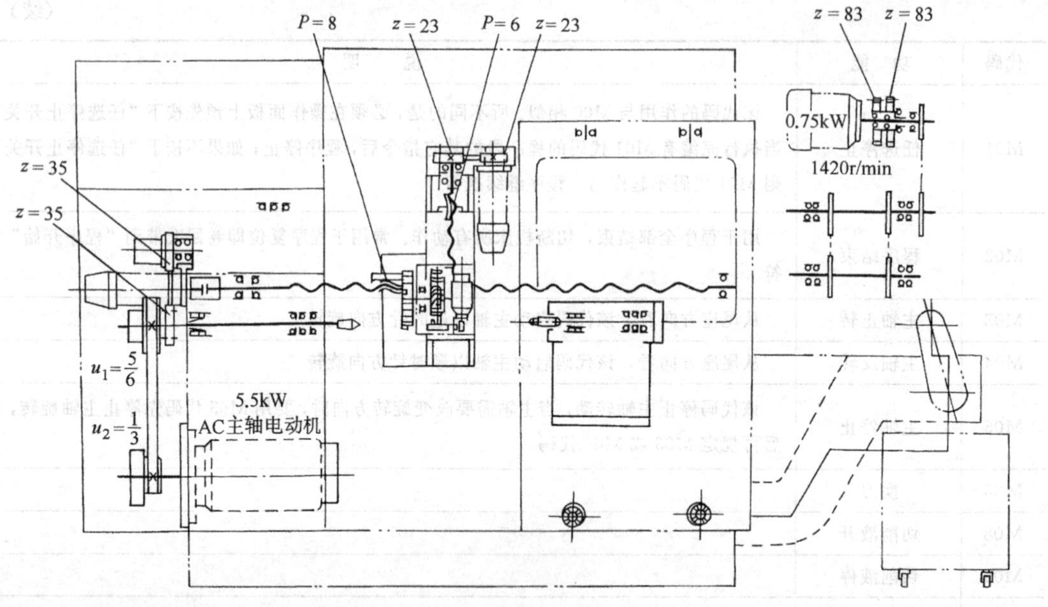

图 2-3　CK7815 型数控车床传动系统

2. 主轴部件

主轴部件是机床的主要部件，它的回转精度影响工件的加工精度；它的功率大小与回转速度影响加工效率；它的自动变速、换刀等影响机床的自动化程度。因此，合理选择主轴部件的结构十分重要。不论采用何种主轴部件结构，都应当满足传动精度高、刚性好、抗振性好、耐磨性好、温升低的要求。在结构上，必须很好地解决工件的装夹、轴承的配置、轴承间隙调整、润滑和密封等问题。

主轴部件上的主轴脉冲发生器，用于螺纹加工。这是因为数控车床主轴与纵向丝杠间虽然没有机械传动联接，但由于安装有与主轴同步回转的脉冲编码器，从它发出检测脉冲信号，使主轴回转与进给丝杠的回转运动相匹配，这是实现螺纹切削的必要条件。为了防止乱扣，脉冲编码器在发出进给脉冲时，还要发出同步脉冲（每转发一个脉冲）以保证每次走刀时刀具都从工件同一点切入。脉冲编码器一般不直接安装在主轴上，而是通过一对齿轮或同步齿形带（传动比 1∶1）同主轴联系起来（见图 2-3）。

二、进给传动系统

1. 横向进给系统和传动装置

如图 2-3 所示，CK7815 型数控车床的横向进给系统，是由直流伺服电动机通过一对同步带轮和同步带带动滚珠丝杠（导程为 6mm）驱动刀架完成横向（X 轴）的进给运动。其传动方式和结构特点与普通车床截然不同。由于采用了宽调速伺服电动机与伺服系统，快速移动和进给传动均经过同一条传动路线，进给范围广，快速移动速度快，还能实现准确定位。

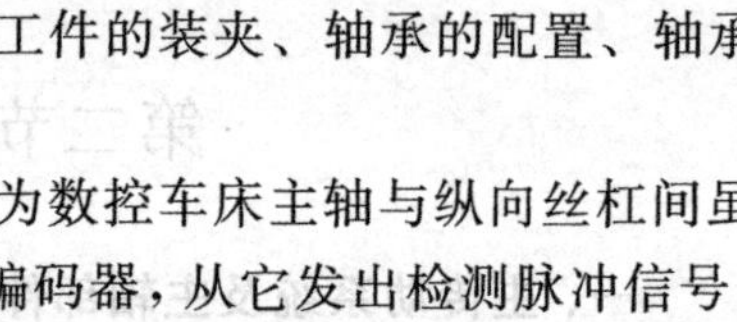

图 2-4　锥环无键联接

1—螺钉　2—法兰　3、4—内外锥环

5—带轮　6—电动机轴

该机床的带轮与伺服电动机轴采用锥环无键联接（见图 2-4）。当拧紧螺钉 1 时，经过法兰 2 压内、外锥环 3、4，由于相配合的锥面的作用，结果使外锥环的外径膨胀，内锥环的内孔收缩，靠摩擦力使电动机轴与带轮联接在一起。根据所传递转矩的大小，选择锥环的对数。这种联接件之间的相对角度可任意调节，配合无间隙，故对中性好。

2. 纵向进给系统和传动装置

由图 2-3 可知，CK7815 型的纵向传动系统是由直流伺服电动机直接带动滚珠丝杠（导程为 8mm）驱动刀架完成纵向（Z 轴）进给运动的。丝杠前端与直流伺服电动机之间采用精密十字滑块联轴节联接，可以补偿电动机轴与丝杠的同轴度误差。

数控机床进给系统的传动要求准确、无间隙，因此，要求进给传动链中的各环节，如伺服电动机与丝杠的联接，丝杠与螺母的配合及支撑丝杠两端的轴承等都要消除间隙。如果经调整后仍有间隙，可通过数控系统进行间隙补偿，但补偿的间隙量最好不超过 0.05mm。因为传动间隙太大，对加工精度影响很大，特别是在对称切削方式下车削圆弧和锥面时，传动间隙对精度的影响更大，此外，进给系统的传动还要求传动效率高、传动灵敏。

三、自动回转刀架

刀架是数控车床的重要功能部件，其结构形式很多，主要取决于机床的形式、工艺范围以及刀具的种类和数量等。自动回转刀架是数控车床目前普遍采用的刀架形式。它用转塔头各刀座来安装各种不同的刀具，通过转塔头的旋转、分度、定位来实现机床的自动换刀工作。自动回转刀架分度准确、定位可靠、重复定位精度高、转位速度快、夹紧刚性好，可以保证数控车床的高精度和高效率。

回转刀架分为立式和卧式两种。立式回转刀架的回转轴与机床主轴成垂直布置，刀位数有四位与六位两种，结构简单，在经济型数控车床中得到广泛应用，其外形简图如图 2-5 所示。

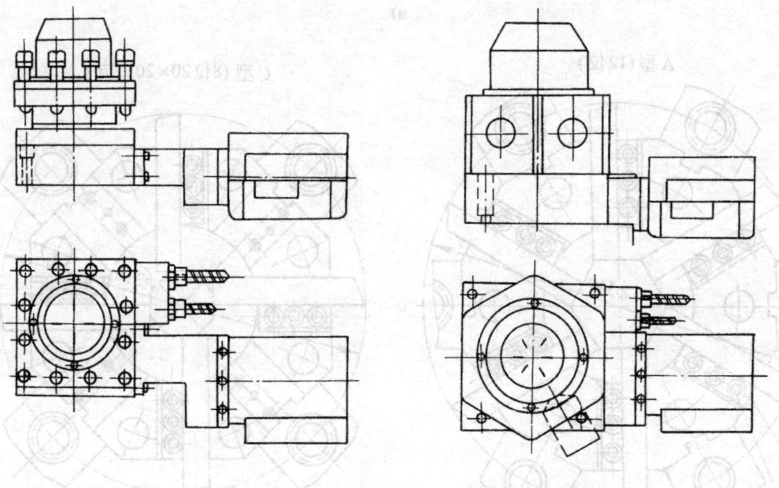

a) b)

图 2-5　数控车床立式自动回转刀架外形简图

a）四方刀架外形图　b）六方刀架外形图

卧式回转刀架的回转轴与机床主轴平行，可以在其径向与轴向安装刀具。径向刀具多用作外圆及端面加工；轴向刀具多用作内孔加工。回转刀架工位数最多可达 20 个，但最常用的有 8、10、12、14 工位四种。

图 2-6 为CK7815型数控车床采用的BA200L刀架结构图，该刀架可配置12位（A型或B型）、8位（C型）刀盘。

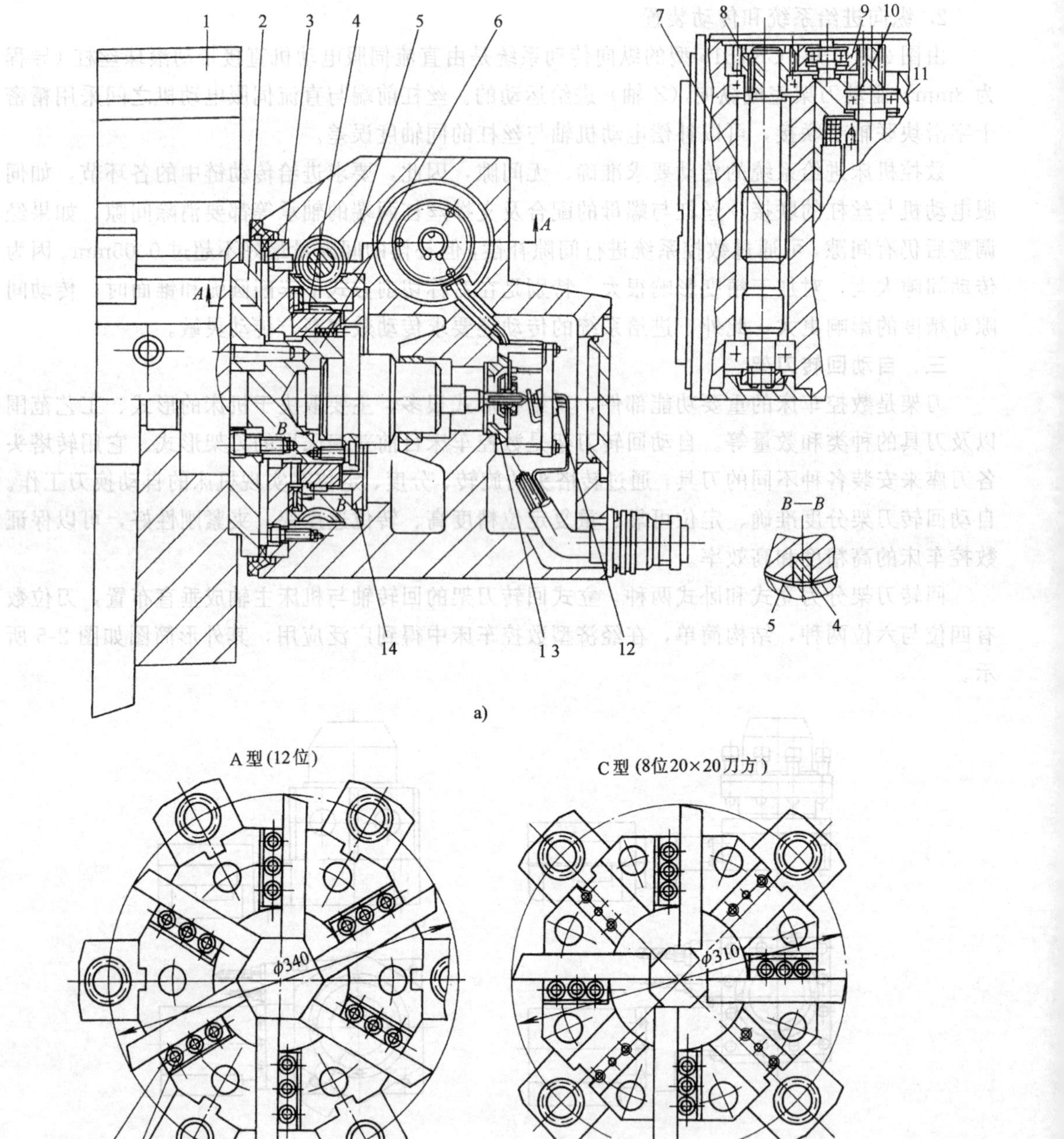

图 2-6　卧式自动回转刀架

a）自动回转刀架结构图　b）12和8位刀盘布置图

1—刀架　2、3—鼠牙盘　4—滑块　5—蜗轮　6—轴　7—蜗杆　8、9、10—传动齿轮　11—电动机　12—微动开关　13—小轴　14—圆盘　15—压板　16—楔铁

刀架转位为机械传动。转位开始时，电磁制动器断电，电动机 11 通电转动，通过齿轮 10、9、8 带动蜗杆 7 旋转，使蜗轮 5 转动。蜗轮内孔有螺纹，与轴 6 上的螺纹配合。此时轴 6 不能回转，当蜗轮转动时，使轴 6 沿轴向向左移动，因为刀架 1 与轴 6、活动鼠牙盘 2 固定在一起，故刀盘和鼠牙盘 2 也一起向左移动，于是鼠牙盘 2 与 3 脱开。在轴 6 上有两个圆周方向对称槽，内装滑块 4，在鼠牙盘脱开后，蜗轮转到一定角度的时候，与蜗轮固定在一起的圆盘 14 上的凸块便碰到滑块 4，蜗轮便通过 14 上的凸块带动滑块，连同轴 6、刀盘一起进行转位。当转到要求位置后，电刷选择器发出信号，使电动机 11 反转，这时圆盘 14 上的凸块与滑块脱离，不再带动轴 6 转动。蜗轮与轴 6 上的螺纹使轴 6 右移，鼠牙盘 2、3 结合定位，电磁制动器通电，维持电动机轴上的反转力矩，以保持鼠牙盘之间有一定的压紧力。最后，电动机断电，同时轴 6 右端的小轴 13 压下微动开关 12，发出转位结束信号。整个刀架控制是一个纯电气系统，结构简单。

刀具在刀盘上由压板 15 及调节楔铁 16 来夹紧，更换和对刀十分方便。

四、尾座

CK7815 型数控车床的尾座结构如图 2-7 所示。手动移动尾座到所需的位置后，先用螺钉 16 进行预定位，此时，拧紧螺钉 16，使两个楔块 15 上的斜面将销轴 14 顶出，使尾座紧贴在

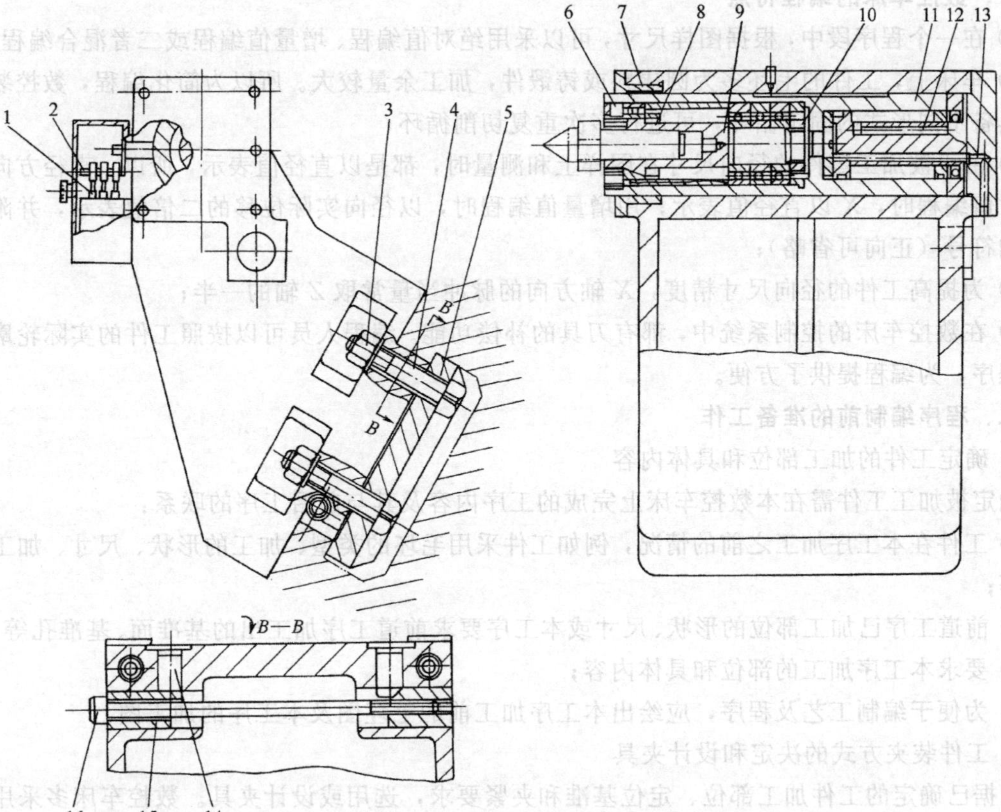

图 2-7 尾座

1—开关 2—挡头 3、6、8、10—螺母 4、16—螺钉 5—压板 7—锥套 9、11—套筒内轴 12、13—油孔 14—销轴 15—楔块

矩形导轨的两个内侧面上，然后，再用螺母3、螺钉4和压板5将尾座固定。使用这种结构，可以保证尾座的定位精度。

尾座套筒内轴9上装有顶尖，因为轴9能够在尾座套筒内的轴承上转动，故顶尖是活顶尖，前轴承的径向间隙用螺母8和6调整，后轴承由防松螺母10来固定。

尾座套筒与尾架孔的配合间隙，用内、外锥套7来作微量调整。尾座套筒的驱动采用液压系统。预紧力的大小用液压系统的压力来调整，移动的最大行程为90mm。尾座套筒移动的行程，用安装在套筒11上的档铁2通过行程开关1来控制。尾座套筒的伸缩由操作面板上的按钮来操纵。在电路上尾座套筒的动作与主轴互锁，只有在主轴停止时，按动退出按钮，尾座套筒才退出，在主轴转动时，套筒不能动作，以保证安全。为了装卸工件，双手托住工件，尾座套筒的退出常设有一脚踏开关。

第三节　数控车床的程序编制

对于数控车床来说，采用不同的数控系统，其编程方法也不同。现以FANUC-OTE控制系统为例，介绍数控车床的程序编制。

一、数控车床的编程特点

1）在一个程序段中，根据图样尺寸，可以采用绝对值编程、增量值编程或二者混合编程；

2）车床上，工件的毛坯多为圆棒料或铸锻件，加工余量较大。所以为简化编程，数控装置常具备不同形式的固定循环，可进行多次重复切削循环；

3）由于被加工零件的径向尺寸在图样上和测量时，都是以直径值表示，所以，直径方向用绝对值编程时，X 以直径值表示；用增量值编程时，以径向实际位移的二倍值表示，并附上方向符号（正向可省略）；

4）为提高工件的径向尺寸精度，X 轴方向的脉冲当量常取 Z 轴的一半；

5）在数控车床的控制系统中，都有刀具的补偿功能。编程人员可以按照工件的实际轮廓编制程序，为编程提供了方便。

二、程序编制前的准备工作

1. 确定工件的加工部位和具体内容

确定被加工工件需在本数控车床上完成的工序内容及其与前后工序的联系：

1）工件在本工序加工之前的情况，例如工件采用毛坯的类型、加工的形状、尺寸、加工余量等；

2）前道工序已加工部位的形状、尺寸或本工序要求前道工序加工出的基准面、基准孔等；

3）要求本工序加工的部位和具体内容；

4）为便于编制工艺及程序，应绘出本工序加工前的毛坯图及本工序的加工图。

2. 工件装夹方式的决定和设计夹具

根据已确定的工件加工部位、定位基准和夹紧要求，选用或设计夹具。数控车床多采用三爪自定心卡盘夹持工件进行车削，轴类零件还可使用尾座顶尖支持工件。由于数控车床转速较高，为便于工件夹紧，多采用液压高速动力卡盘，具有高转速（极限转速可达4000～6000r/min）、大夹紧力（最大推拉力为2000～8000N）、高精度、调爪方便、使用寿命长等优点。还可使用软爪夹持工件，软爪弧面由操作者随机配制，可以获得理想的夹持精度。卡盘的夹紧力，可通过调整液压缸的压力来改变，以满足夹持各种薄壁和易变形工件的特殊需要。为减少细长轴加工时的受力变形，提高加工精度，以及在加工带孔轴类工件内孔时，可采用液压自动定心中心架。

3. 工艺文件的编制

主要是编制工艺卡片。工艺卡片是程序编制、刀具选择、确定所选机床的依据。工艺卡片所包含的内容，主要有工步顺序、工步内容、刀具种类和牌号以及切削参数等。

工步顺序是否合理，对被加工工件的加工精度、加工效率及经济效益等有直接影响。工步顺序应遵循从粗到精的原则，并尽量减少换刀次数。

为充分发挥数控车床的特点，所选择的切削参数要合理，所选择的刀具应适应高速切削并保证刀具使用寿命。

三、坐标系统

数控车床以车床主轴轴线方向为 Z 轴方向，刀具远离工件的方向为 Z 轴的正方向。在水平面内与车床主轴轴线垂直的方向为 X 轴，且规定刀具远离主轴旋转中心的方向为正方向。

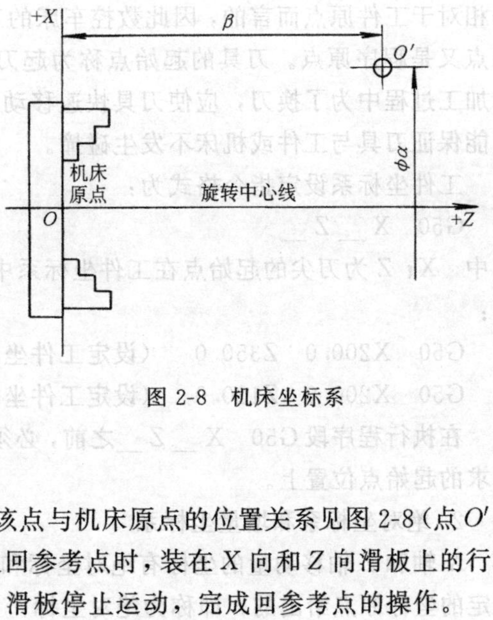

图 2-8 机床坐标系

1. 机床坐标系

(1) 机床原点 机床原点为机床上的一个固定点，车床的机床原点定义为主轴旋转中心线与卡盘后的端面的交点（见图 2-8 中的 O 点）。

以机床原点为坐标原点建立起来的 X、Z 轴直角坐标系，称为机床坐标系。机床坐标系是机床固有的坐标系，在机床出厂前已调整好，一般情况下，不允许用户随意改变。

(2) 参考点 它也是机床上的一个固定点。该点与机床原点的位置关系见图 2-8（点 O' 即为参考点），其位置由机械档块来确定。当刀架返回参考点时，装在 X 向和 Z 向滑板上的行程开关碰到相应的档块后，向数控系统发出信号，滑板停止运动，完成回参考点的操作。

机床回参考点的目的是建立机床坐标系的绝对零点。机床通电以后，不论刀架处于什么位置，此时，CRT 显示器上的 X、Z 坐标值均为 0；当完成返回机床参考点的操作后，则显示器上立即显示出刀架中心在机床坐标系中的坐标，即建立了机床坐标系。

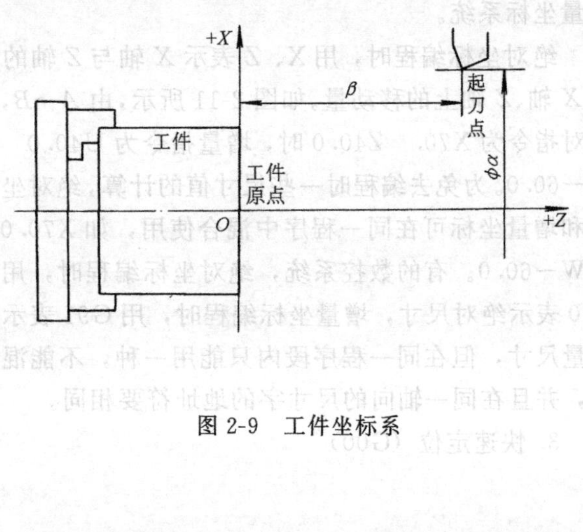

图 2-9 工件坐标系

2. 工件坐标系

(1) 工件原点 工件图样给出以后，首先应找出图样上的设计基准点，其它各项尺寸均是以此点为基准进行标注，则该基准点称为工件原点。

(2) 工件坐标系（见图 2-9） 以工

件原点为坐标原点建立的 X、Z 轴直角坐标系，称为工件坐标系。工件原点是人为设定的，从理论上讲，工件原点选取在任何位置都可以，但在实际工作中，为了符合图样尺寸的标注习惯及编程方便，应尽量合理选择工件原点的位置。在车床上进行工件原点的选择时，通常将工件原点取在工件左端面、右端面或卡爪的前端面与主轴轴线的交点上。工件坐标系的 Z 轴一般与主轴轴线重合，X 轴随工件原点位置不同而不同。各轴的正方向与机床坐标系相同。将工件安装在卡盘上，则机床坐标系与工件坐标系是不重合的。

四、主要功能指令

1. 工件坐标系的设定

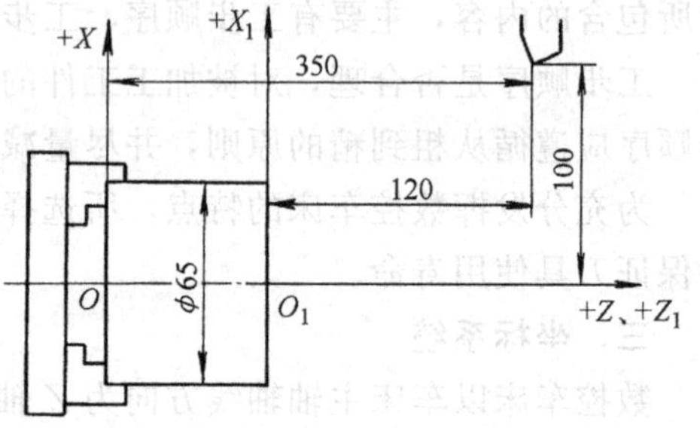

图 2-10 工件坐标系设定

设定工件坐标系就是以工件原点为坐标原点，确定刀具的起刀点（或换刀点）相对于工件原点的距离。编程时，工件的各尺寸的坐标值都是相对于工件原点而言的，因此数控车床的工件原点又是程序原点。刀具的起始点称为起刀点。在加工过程中为了换刀，应使刀具快速移动到一个指定的点，该点称为换刀点，在此点上换刀能保证刀具与工件或机床不发生碰撞。

工件坐标系设定指令格式为：

G50　X＿Z＿

式中　X、Z 为刀尖的起始点在工件坐标系中的位置。现以图 2-10 为例，说明 G50 指令的应用：

G50　X200.0　Z350.0　（设定工件坐标系为 XOZ）

G50　X200.0　Z120.0　（设定工件坐标系为 $X_1O_1Z_1$）

在执行程序段 G50　X＿Z＿之前，必须先进行对刀，通过调整机床，将刀尖放在程序所要求的起始点位置上。

2. 绝对坐标系和增量坐标系

X 轴和 Z 轴移动量的坐标有绝对坐标和增量坐标两种。刀具运动位置的坐标值是相对于固定的坐标原点给出的，即称为绝对坐标，该坐标系称为绝对坐标系。刀具运动位置的坐标值是相对于前一位置，而不是相对于固定的坐标原点给出的即称为增量坐标，该坐标系称为增量坐标系统。

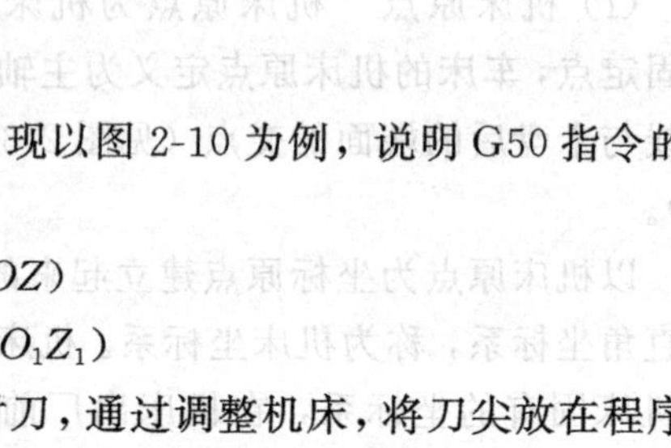

图 2-11 绝对坐标与增量坐标

绝对坐标编程时，用 X、Z 表示 X 轴与 Z 轴的坐标值；增量坐标编程时，用 U、W 表示在 X 轴、Z 轴上的移动量。如图 2-11 所示，由 A→B，绝对指令为 X70.　Z40.0 时，增量指令为 U40.0　W－60.0。为免去编程时一些尺寸值的计算，绝对坐标和增量坐标可在同一程序中混合使用，如 X70.0　W－60.0。有的数控系统，绝对坐标编程时，用 G90 表示绝对尺寸，增量坐标编程时，用 G91 表示增量尺寸，但在同一程序段内只能用一种，不能混用，并且在同一轴向的尺寸字的地址符要相同。

3. 快速定位（G00）

指令格式为：G00　X　(U)＿Z（W）＿

当刀具快速移动时，用G00指令，该指令用于刀具趋近工件，或在切削完毕后使刀具撤离工件。执行该指令时，刀具的进给路线可能为一折线，这与参数设定的各轴快速进给速度有关。

1）工件采用卡盘夹持、不用尾座时，见图2-12所示。若 X 轴的快速进给为2000mm/min，Z 轴的快速进给速度为4000mm/min。例如：

G50　X200.0　Z200.0　（坐标系设定）

G00　X100.0　Z0.2　　($a \rightarrow b$)

2）工件采用卡盘夹持，使用尾座顶尖时，见图2-13。因有尾座顶尖干涉，此时，两个轴应分别移动。例如：

G50　X200.0　Z100.0　（坐标系设定）

G00　Z2.0　　　　　($a \rightarrow b$)

G00　X80.0　　　　　($b \rightarrow c$)

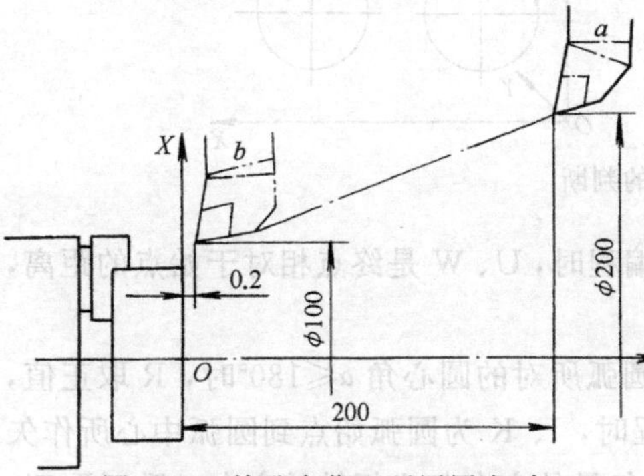

图2-12　快速定位（不用尾座时）

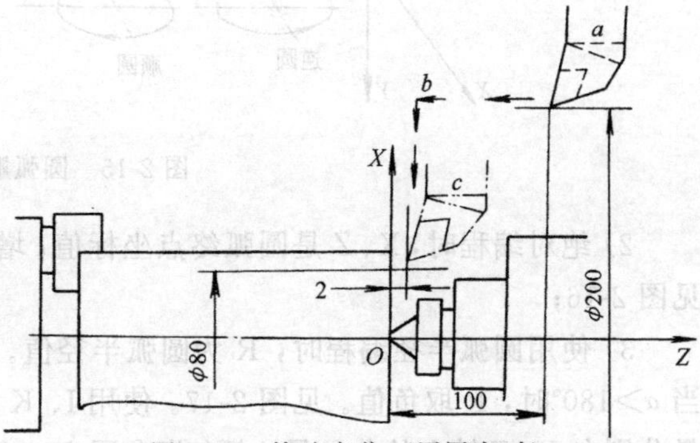

图2-13　快速定位（用尾座时）

4．直线插补（G01）

指令格式为：G01　X（U）＿Z（W）＿F＿

直线插补指令是直线运动指令，采用绝对编程时，刀具以F指令的进给速度移至坐标值为X、Z的点上；采用增量编程时，刀具则移至距当前点的距离为U、W值的点上。F为切削进给速度。程序中一旦指定了进给速度后，此速度一直有效，只有新的值输入后原来的值才取消。故不必在每一个含有G01的程序段中都写上F值。但如果在G01程序段之前的程序段没有F指令，而现在的G01程序段也没有F指令，则机床不运动。

例如，对图2-14：

绝对编程：

G01　X50.0　Z−35.0　F50

增量编程：

G01　U20.0　W−35.0　F50

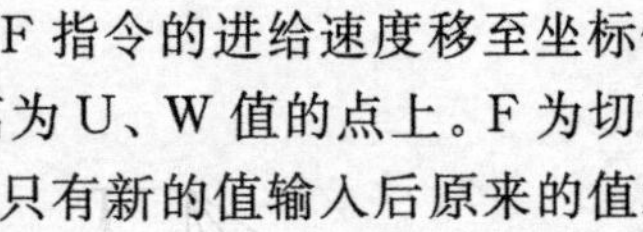

图2-14　直线插补

5．圆弧插补（G02、G03）

指令格式为：G02/G03　X（U）＿Z（W）＿I＿　K＿F＿

　　　　　　G02/G03　X（U）＿Z（W）＿R＿　F＿

当进行圆弧加工时，刀具按圆弧插补指令G02或G03、以F指令所给的进给速度从始点向终点进行圆弧插补。圆弧插补程序由以下几部分组成。

1）圆弧顺、逆方向的判别方法是：沿着不在圆弧平面的坐标由正方向向负方向看去，顺时针方向为 G02，逆时针方向为 G03。数控车床是两坐标的机床，只有 X 轴和 Z 轴，判断圆弧的方向时，应按右手定则的方法将 Y 轴也加上去考虑，如图 2-15 所示；

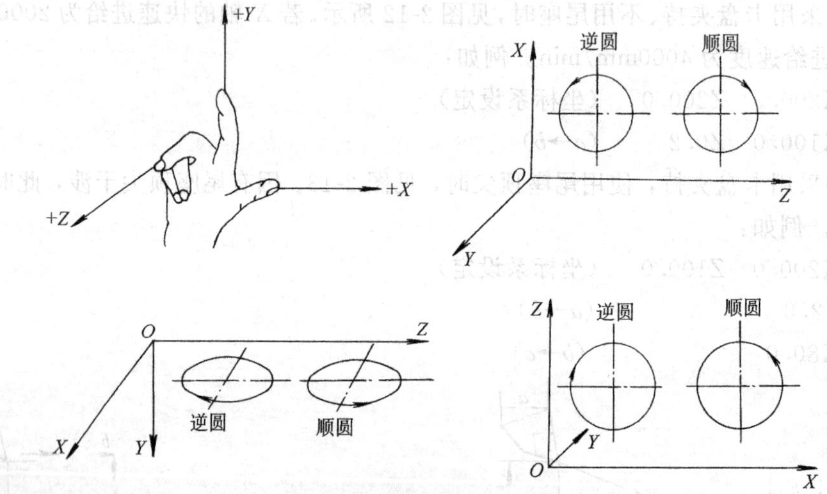

图 2-15　圆弧顺逆的判断

2）绝对编程时，X、Z 是圆弧终点坐标值；增量编程时，U、W 是终点相对于始点的距离，见图 2-16；

3）使用圆弧半径编程时，R 为圆弧半径值。当圆弧所对的圆心角 $\alpha \leqslant 180°$时，R 取正值，当 $\alpha > 180°$时，R 取负值。见图 2-17。使用 I、K 编程时，I、K 为圆弧始点到圆弧中心所作矢量分别在 X、Z 轴上的分矢量（方向指向圆心）。当分矢量的方向与坐标轴的方向一致时取正，反之取负，见图 2-16。当 I、K 为零时可以省略。用半径 R 指定圆心位置时，不能描述整圆。

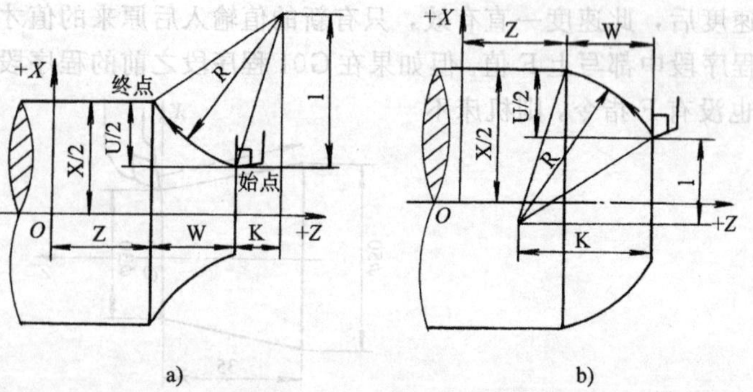

图 2-16　圆弧插补

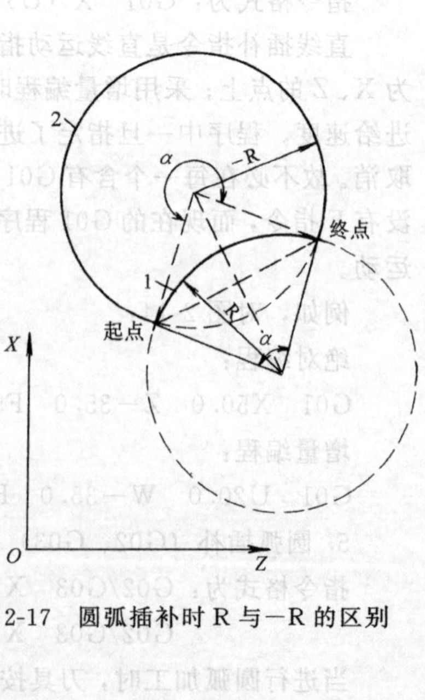

图 2-17　圆弧插补时 R 与−R 的区别

4）F 指圆弧插补的进给速度

例 2-1 （图 2-18）

……

绝对值编程：

G00 X20.0 Z2.0 （快速到达 X＝20.0mm、Z＝2mm 的点）

G01 Z－30.0 F80 （车 ϕ20mm 外圆）

G02 X40.0 Z－40.0 I10.0 K0 F60 （车 *R*10mm 的圆弧）

……

增量值编程：

……

G00 U－80.0 W－98.0 （快速到达 X＝20.0mm、Z＝2mm 的点）

G01 U0 W－32.0 F80 （车 ϕ20mm 外圆）

G02 U20.0 W－10.0 I10.0 K0 F60 （车 *R*10mm 的圆弧）

……

另一种方法用 R 表示圆心位置，用绝对值编程：

……

G02 X40.0 Z－40.0 R10.0 F60 （车 *R*10mm 的圆弧）

例 2-2 （图 2-19）

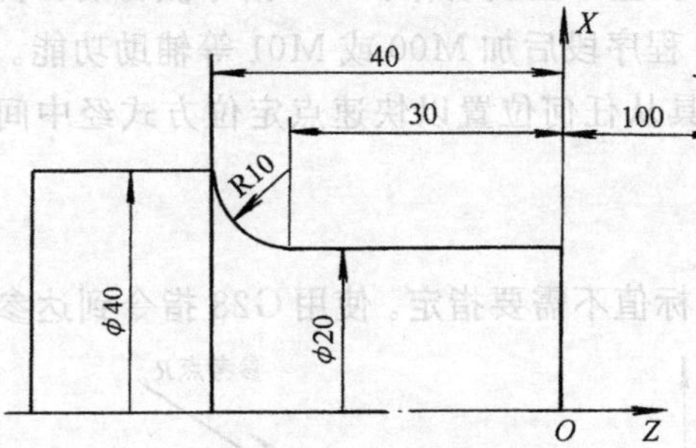

图 2-18 顺圆插补

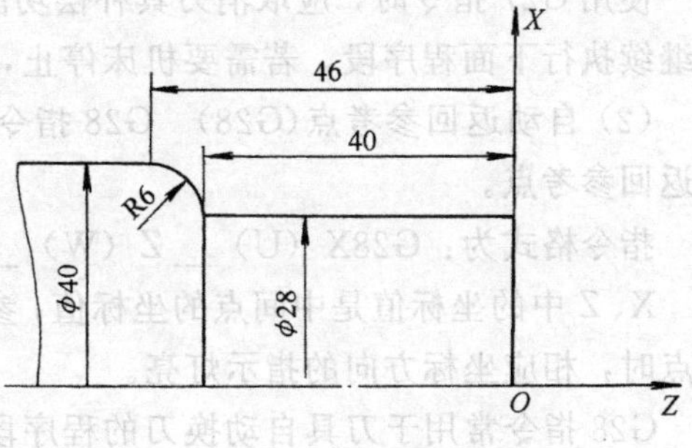

图 2-19 逆圆插补

绝对值编程：

……

G00 X28.0 Z2.0 （快速到达 X＝28.0mm、Z＝2.0mm 的点）

G01 Z－40.0 F80 （车 ϕ28mm 外圆）

G03 X40.0 Z－46.0 I0 K－6.0 F60 （车 *R*6mm 圆弧）

……

增量值编程：

……

G00 U－150.0 W－98.0 （快速到达 X＝28.0mm、Z＝2.0mm 的点）

G01 W－42.0 F80 （车 ϕ28mm 外圆）

G03 U12.0 W－6.0 I0 K－6.0 F60 （车 *R*6mm 圆弧）

……

另一种方法，用R表示圆心位置，绝对值编程：

……

G03　X40.0　Z−46.0　R6.0　F60　　（车 R6mm 圆弧）

……

6. 暂停（G04）

G04指令可使刀具作短暂停留，以获得圆整而光滑的表面。

指令格式为：G04　X __或：G04　P __

X、P均为暂停的时间，其中X后面的数字为带小数点的数，单位为s；P后面的数字为整数，单位为ms。

例如，暂停1.8s的程序如下：

G04　X1.8　或G04　P1800。

7. 返回参考点指令（G27、G28、G29）

（1）回参考点检验(G27)　G27用于检查 X 和 Z 坐标轴是否能准确返回参考点。

指令格式为：G27　X（U）__ Z（W）__

执行该指令时,其前提是机床必须返回过一次参考点(手动返回或用G28返回)。执行G27指令时,各坐标轴以快速定位的方式返回各坐标轴的参考点。定位结束后,参考点的指示灯亮,说明各轴正确回到了参考点,反之,如指令中所给的参考点坐标值不对或机床定位误差过大,则报警。

使用G27指令时，应取消刀具补偿功能，否则会发生不正确动作。G27指令执行后，机床继续执行下面程序段，若需要机床停止，应在G27程序段后加M00或M01等辅助功能。

（2）自动返回参考点(G28)　G28指令可以使刀具从任何位置以快速点定位方式经中间点返回参考点。

指令格式为：G28X（U）__ Z（W）__

X、Z中的坐标值是中间点的坐标值，参考点的坐标值不需要指定。使用G28指令到达参考点时，相应坐标方向的指示灯亮。

G28指令常用于刀具自动换刀的程序段，执行前取消刀具补偿功能。

（3）从参考点返回（G29）

指令格式为：G29X（U）__ Z（W）__

执行G29指令时，各轴从参考点快速移到G28指令设定的中间点，再从中间点快速移到G29指令的指令点。指令值U、W是从中间点到指令点位移在 X、Z 轴方向的坐标增量。

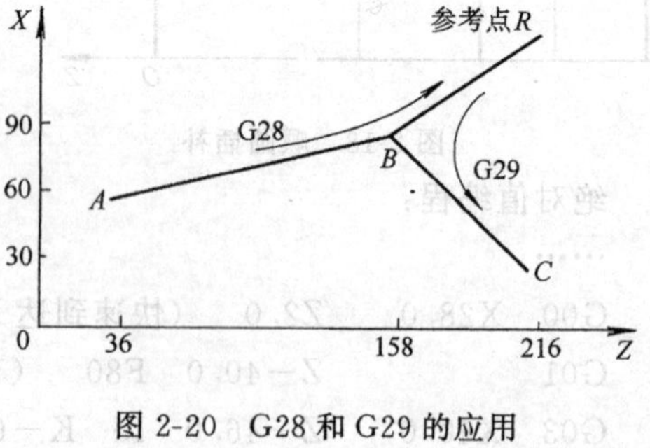

图2-20　G28和G29的应用

机床刀架在参考点完成自动换刀时，常使用G28、G29功能。

例2-3　（图2-20）

G28　X90.0　Z158.0　T0200　（A→B→R）

T0303　　（换刀）

G29　X30.0　Z216.0　（R→B→C）

8. 速度控制（G96、G97、G50）

(1) 恒线速度控制(G96)　车削端面时,如果转速不变,车刀越接近中心,线速度越低,往往影响工件端面的加工质量。只要在程序中编入G96,车削时可保持恒切削速度。

例如:G96　S180　表示控制主轴转速,使切削点的线速度始终保持在180m/min。

(2) 恒线速度取消(G97)　G97是取消恒线速度控制的指令。这时,S指定的数值表示主轴每分钟的转速。

例如:G97　S1500　(表示主轴转速为1500r/min。)

(3) 主轴最高转速限制 (G50)　用恒线速度控制编程时,必须编入一个限制主轴转速的代码。这是因为用G96加工端面、锥度和圆弧时,X坐标不断变化。当刀具逐渐接近主轴旋转中心时,主轴转速会越来越高,当车至中心时,主轴转速为无穷大,会造成工件从卡盘飞出,因此,为了防止事故的发生,使用G50限制主轴的最高转速。

例如:G50　S2500　(表示主轴的最高转速为2500r/min)。

9. 固定循环功能

(1) 单一固定循环(G90、G94)　将一个固定循环,例如切入→切削→退刀→返回等一系列的连续的动作,用一个循环指令完成,从而简化编程。

1) 外圆切削循环(G90)　该指令可以实现内外圆柱面和圆锥面的自动固定循环。

切削圆柱面指令格式为:

G90　X (U) __ Z (W) __ F __

循环过程如图2-21所示,图中虚线表示快速移动,实线表示按F指定的工件进给速度移动。X、Z为圆柱面切削终点坐标值,U、W为圆柱面切削终点相对于循环起点的坐标分量。

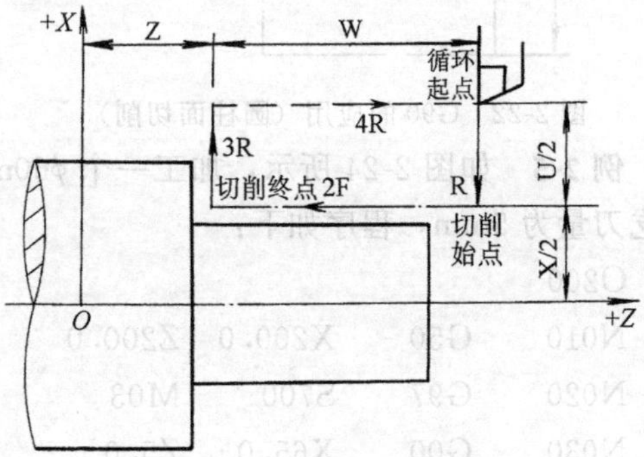

图 2-21　圆柱面切削循环

例 2-4　如图2-22所示,加工一个ϕ50mm的工件,起始点在X55.0、Z2.0,背吃刀量为2.5mm。程序如下:

```
0100
N10    G50    X200.0   Z200.0                  (建立工件坐标系)
N020   G97    S700     M03                     (主轴正转,转速700r/min)
N030   G00    X55.0    Z5.0   M08              (快速到达准备点,切削液开)
N040   G01    G96   Z2.0   F50   S120          (到达循环起点,恒线速度切削)
N050   G90    X45.0    Z—25.0                  (图2-22中轨迹①)
N060   X40.0                                   (图2-22中轨迹②)
N070   X35.0                                   (图2-22中轨迹③)
N080   G00   G97   X200.0   Z200.0   S700      (回起始点,取消恒线速度切削)
N90    ……
```

G90是一种模态代码,一旦指定,以下程序段一直有效,在完成固定切削循环后,用另一个G代码(例如G00)来取消G90。

切削圆锥面指令格式为:

G90 X (U) _Z (W) _R_ F_

如图 2-23 所示，R 为圆锥面切削始点与切削终点的半径差。若工件锥面起点坐标值大于终点坐标值时，（*X* 轴方向），R 代码后的数值符号取正，反之取负。图 2-23 中 R 值取负。

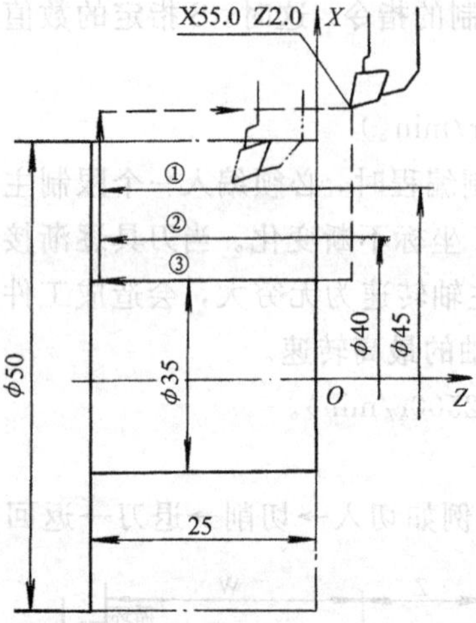

图 2-22 G90 的应用（圆柱面切削）

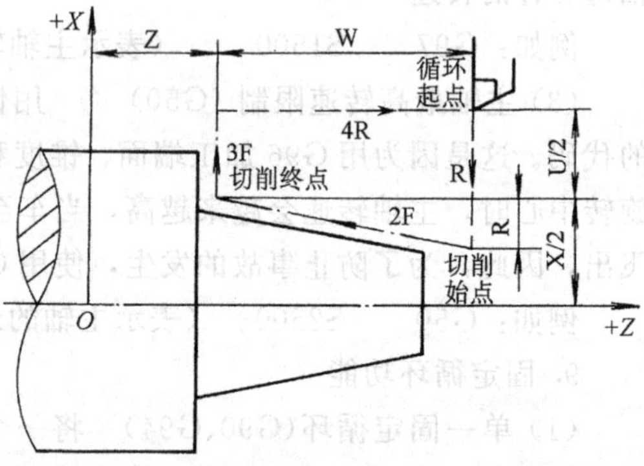

图 2-23 圆锥面切削循环

例 2-5 如图 2-24 所示，加工一个 ϕ60mm 的工件，固定循环的起始点为 X65.0、Z2.0，背吃刀量为 5mm，程序如下：

O200

N010 G50 X200.0 Z200.0 （建立工件坐标系）

N020 G97 S700 M03 （主轴正转，转速 700r/min）

N030 G00 X65.0 Z5.0 （快速到达准备点）

N040 G01 G96 Z2.0 F50 S120 （到达循环起点，恒线速度切削）

N050 G90 X60.0 Z−35.0 R-5.0 （图 2-24 中轨迹①）

N060 X50.0 （图 2-24 中轨迹②）

N070 G00 G97 X200.0 Z200.0 S700 （回起始点，取消恒线速度切削）

N80 ……

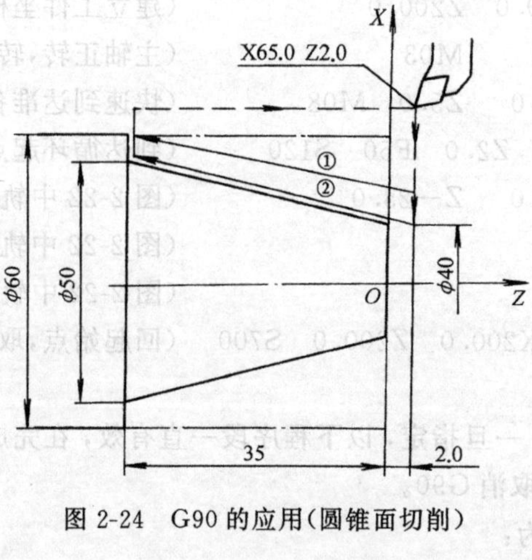

图 2-24 G90 的应用（圆锥面切削）

2）端面切削循环(G94)　G94 可以进行端面和侧面的圆柱面或锥面加工。

切削端平面指令格式为：

G94　X（U）＿Z（W）＿F＿

如图 2-25 所示，X、Z 为端平面切削终点坐标值，U、W 为端面切削终点相对循环起点的坐标分量。

例 2-6　（图 2-26）

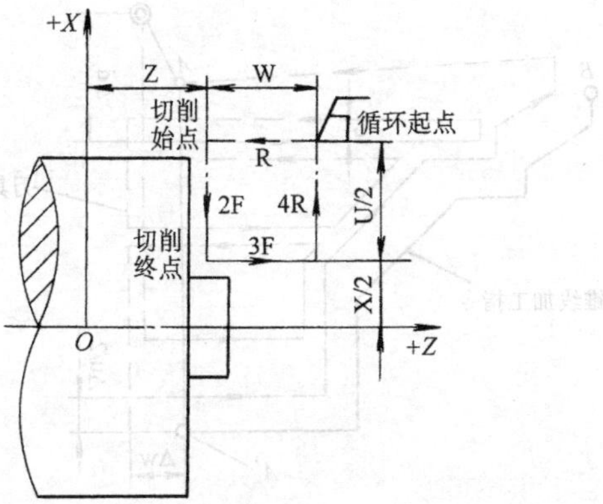

图 2-25　端面切削循环

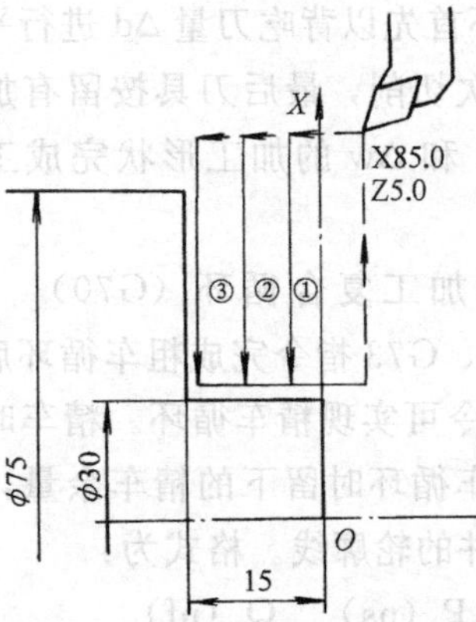

图 2-26　G94 的用法（端平面加工循环）

O100						
N010	G50	X200.0	Z200.0	T0100		（建立工件坐标系，换 1 号刀）
N020	G97	S450	M03			（主轴正转，转速 450r/min）
N030	G00	X85.0	Z10.0	M08		（快速到达加工准备点，切削液开）
N040	G01	G96	Z5.0	F50	S120	（到达循环起点，恒线速度切削）
N050	G94	X30.0	Z−5.0	F40		（图 2-25 中轨迹①）
N060			Z−10.0			（图 2-25 中轨迹②）
N070			Z−15.0			（图 2-25 中轨迹③）
N080	G00	G97	X200.0	Z200.0	S450	（回起始点，取消恒线速度切削）

……

G94 是一种模态指令，因此，只要规定一次，下一程序继续有效，在完成固定切削循环后用另一个 G 代码（例如 G00）取消 G94。

G94 还可用于带有锥度的端面切削。

(2) 多重复合循环(G70～G75)　应用 G90、G94 时，已经使程序得到了一些简化。但由于在数控车床上加工的工件毛坯通常是棒料或铸、锻件，需要多次重复切削，加工余量较大。即便是按照固定循环指令编程，程序也很复杂。如果采用多重复合循环，能使程序得到更进一步的简化。

1）外圆粗加工循环(G71)　G71 指令用于切除棒料毛坯的大部分余量。格式为：

G71　U(Δd)　R(e)

G71　P(ns)　Q(nf)　U(Δu)　W(Δw)　F(f)　S(s)

其中：Δd——背吃刀量（半径值），无正负号；

e——退刀量；

ns——指定精加工路线的第一个程序段顺序号；

nf——指定精加工路线的最后一个程序段顺序号；

Δu——*X* 轴方向上的精加工余量（直径值）；

Δw——*Z* 轴方向上的精加工余量。

如图 2-27 所示，刀具起始点为 A，如果在某一段程序中指定了由 A→A′→B 的精加工路线，只要使用 G71 指令，就可以实现背吃刀量为 Δd、精加工余量为 Δu/2 和 Δw 的粗加工循环。该循环首先以背吃刀量 Δd 进行平行于 *Z* 轴的多次切削，最后刀具按留有加工余量为 Δu/2 和 Δw 的加工形状完成工件加工。

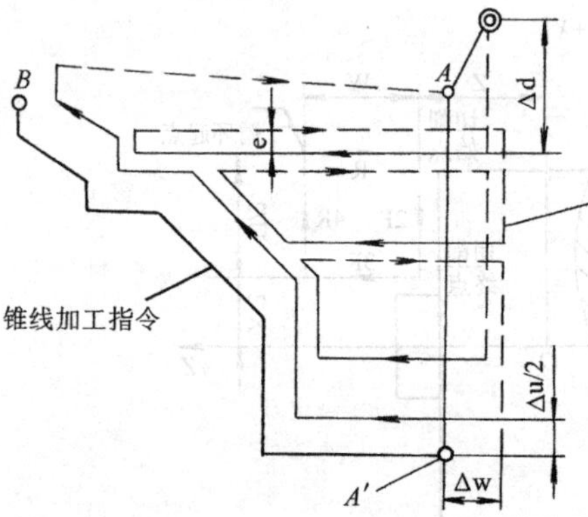

图 2-27　外圆粗加工循环

2）精加工复合循环（G70）　使用 G71、G72、G73 指令完成粗车循环后，使用 G70 指令可实现精车循环。精车时的加工量是粗车循环时留下的精车余量，加工轨迹是工件的轮廓线。格式为：

G70　P（ns）　Q（nf）

ns 和 nf 的含义与前述相同。

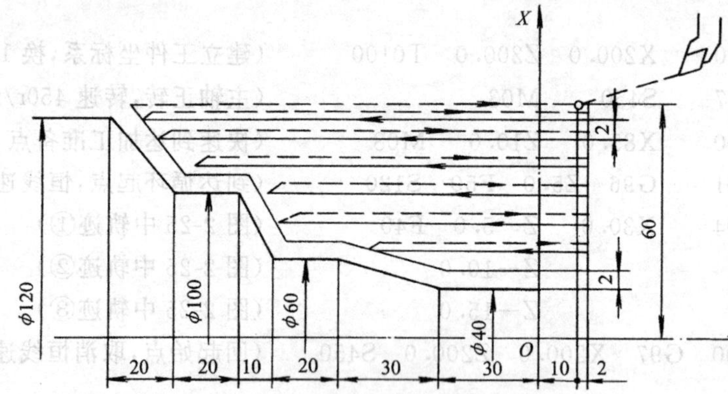

图 2-28　G71 的应用

例 2-7　如图 2-28 所示，其程序为：

O111

N010　G50　X200.0　Z150.0　（建立工件坐标系）

N020　G97　S240　M03　（主轴正转，转速 240r/min）

N030　G00　X120.0　Z10.0　（快速到达 X=120.0mm、Z=10.0mm 的点）

N040　G96　S120　（设置恒线速度切削）

N050　G71　U4.0　R0.1　（使用 G71 循环，背吃刀量为 4.0mm，退刀量为 0.1mm）

N060　G71　P070　Q130　U4.0　W2.0　F0.3

N070　G00　X40.0　S150　（快速到达 X=40.0mm、Z=10.0mm 的点）

N080　G01　Z−30.0　F0.15　（车 φ40mm 外圆）

N090　X60.0　Z−60.0　（车锥面）

N100　Z－80.0　　　　　　（车ϕ60mm 的外圆）

N110　X100.0　Z－90.0　（车锥面）

N120　Z－110.0　　　　　（车ϕ110mm 的外圆）

N130　X120.0　Z－130.0　　（车锥面）

N140　G70　P070　Q130　（精车循环）

N150　G00　G97　X200.0　Z150.0　S500（回起始点，取消恒线速度切削）

N160　M02　　　　　　　（程序结束）

%

3）端面粗加工循环(G72)　与 G71 指令相似，先进行平行于 *X* 轴的多次切削，最后按留有加工余量为 $\Delta u/2$ 和 Δw 的加工形状完成工件加工。格式为：

G72　W(Δd)　R(e)

G72　P(ns)　Q(nf)　U(Δu)　W(Δw)　F(f)　S(s)

如图 2-29 所示，其中各参数的含义与 G71 相同。

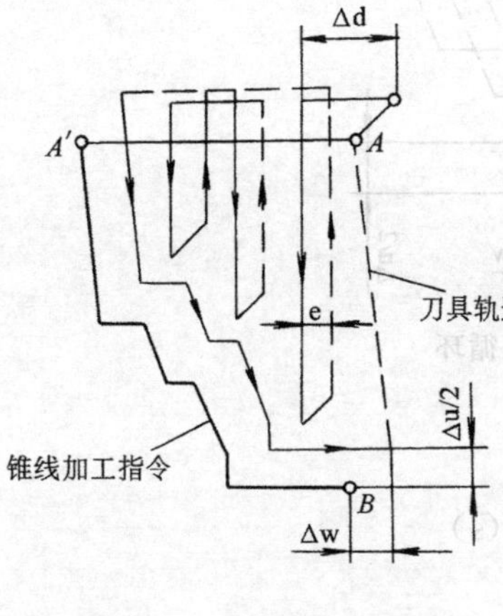

图 2-29　端面粗加工循环

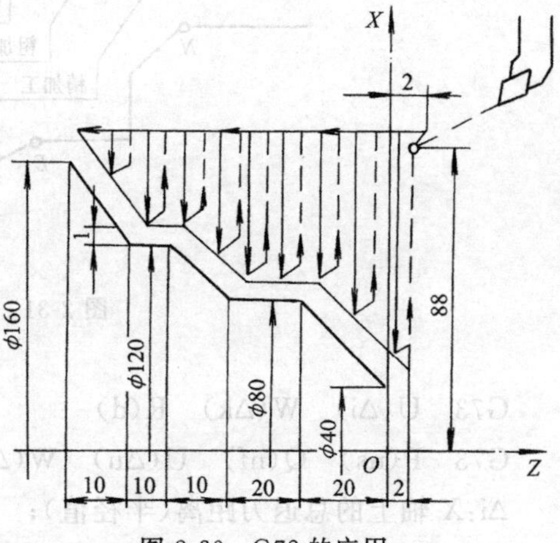

图 2-30　G72 的应用

例 2-8　如图 2-30 所示，其程序为：

O222

N010　G50　X200.0　Z200.0　　　　（建立工件坐标系）

N020　G97　S220　　M03　　　　　（主轴正转，转速 220r/min）

N030　G00　X176.0　Z2.0　　　　　（快速到达 X＝176.0mm、Z＝2.0mm 的点）

N040　G96　S120　　　　　　　　　（恒线速度切削）

N050　G72　W2.0　R0.1（使用 G72 循环，背吃刀量为 2.0mm，退刀量为 0.1mm）

N060　G72　P070　Q120　U2.0　W0.5　F0.3

N070　G00　Z－70.0　S150　　　　（快速到达 Z＝－70.0mm 的点）

N080　G01　X120.0　Z－60.0　F0.15（车锥面）

N090　　　　　　　Z－50.0　　　　（车ϕ120mm 外圆）

N100　X80.0　　　Z－40.0　　　　（车锥面）

N110　Z－20.0　　　　　　　　　　（车ϕ80mm 外圆）

N120　X36.0　　　Z2.0　　　　　　（车锥面）

N130　G70　P070　　Q120　　　　　　(精车循环)
N140　G00　G97　X200.0　Z200.0　S500 (回起始点,取消恒线速度切削)
N150　M02　　　　　　　　　　　　　(程序结束)
%

4) 固定形状粗加工循环(G73)　G73 指适用于已基本铸造或锻造成形的工件的高效率加工,该功能可以重复执行一个具有逐渐偏移的固定切削模式,如图 2-31 所示。格式为:

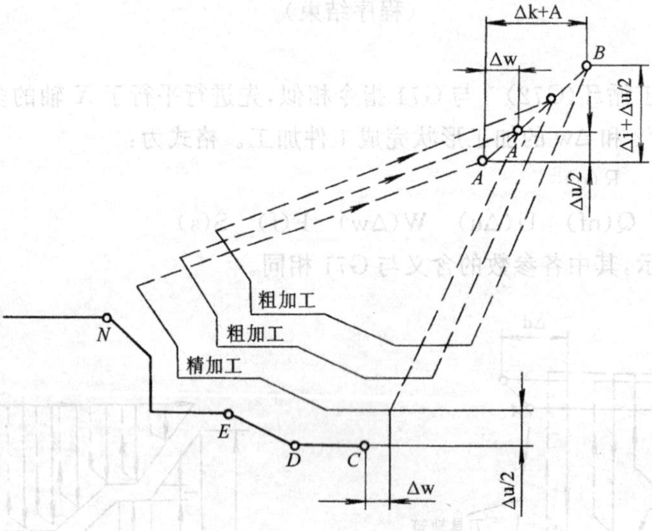

图 2-31　固定形状粗加工循环

G73　U(Δi)　W(Δk)　R(d)
G73　P(ns)　Q(nf)　U(Δu)　W(Δw)　F(f)　S(s)
Δi:X 轴上的总退刀距离(半径值);
ΔK:Z 轴上的总退刀距离;
d:重复加工次数。
其余各参数的含义与 G71 相同。

例 2-9　如图 2-32 所示,其程序为:
O333
N010　G50　X200.0　Z100.0　　　　　(建立工件坐标系)
N020　G97　S400　M03　　　　　　　(主轴正转速 400r/min)
N030　G00　X140.0　Z40.0　　　　　(快速到达 A 点)
N040　G96　S120　　　　　　　　　(恒线速度切削)
N050　G73　U9.5　W9.5　R3　　　　(使用 G73 功能)
N060　G73　P070　Q120　U1.0　W0.5　F0.3
N070　G00　X20.0
N080　G01　Z−20.0　F0.15　S150　　(车 ϕ20mm 外圆)
N090　X40.0　Z−30.0　　　　　　　(车锥面)
N100　Z−50.0　　　　　　　　　　　(车 ϕ40mm 外圆)

N110　G02　X80.0　Z－70.0　I20.0　（车圆弧）
N120　G01　X100.0　Z－80.0　（车锥面）
N130　G70　P070　Q120　（精车循环）
N140　G00　G97　X200.0　Z100.0　S400　（回起始点，取消恒线速度切削）
N150　M02　（程序结束）
%

在上述程序中（见图 2-32），刀尖从起始点（200.0、100.0）出发，执行 N030 段走到 A 点（X140.0，Z40.0）。接下去从 N050 开始进入 G73 循环。首先刀尖从 A 点退到 B 点，退出距离是 X 方向上为 $\Delta i+\Delta u/2(9.5+0.5)=10$mm，$Z$ 方向是 $\Delta k+\Delta w(9.5+0.5)=10$mm。第一刀从 B 点起刀、快速接近工件轮廓后开始切削。轮廓形状是由 N070～N120 段程序运动指令给定的。第一刀后剩余量为从 A 点退到 B 点时的移动量，从第二刀起粗加工每刀切削余量相同。每一刀的切削余量为 R 指令的次数减 1 再平分 Δi 和 Δk。在上述程序中，粗加工共走三刀，第一刀后留有粗加工余量 9.5mm，剩下二刀平分 9.5mm，每刀 4.75mm，走完第三刀后刀尖回到 A 点，循环结束。以下执行 G70 程序段，以完成精加工。G70 指令与 G71、G72、G73 配合使用时，不一定紧跟在粗加工程序之后立即进行。通常可以更换刀具，另用一把精加工的刀具来执行 G70 的程序段。但中间不能用 M02 或 M30 指令来结束程序。

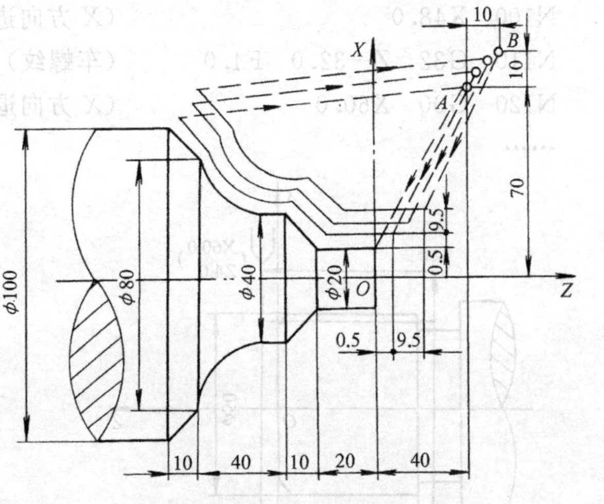

图 2-32　G73 的应用

应注意的是，在使用 G71、G72、G73 进行粗加工循环时，只有在 G71、G72、G73 程序段中的 F、S、T 功能才有效。而包含在 N(ns)～N(nf)程序段中的 F、S、T 功能无效。使用精加工循环指令 G70 时，在 G71、G72、G73 程序段中的 F、S、T 指令都无效，只有在 N(ns)～N(nf)程序段中的 F、S、T 功能才有效。

10. 螺纹加工

(1) 螺纹切削(见图 2-33)(G32)　用 G32 指令可加工圆柱螺纹、端面螺纹和圆锥螺纹。

指令格式为：G(32)　X(U)__ Z(W)__ F__

当 X(U)省略时为圆柱螺纹切削，Z(W)省略时为端面螺纹切削，X(U)、Z(W)为螺纹的终点坐标，F 为螺纹的导程。

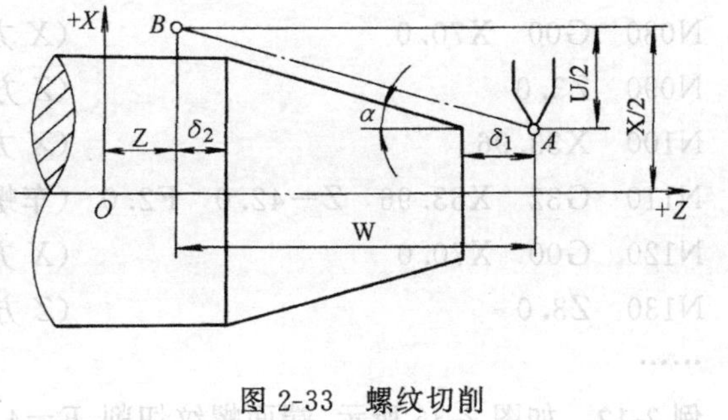

图 2-33　螺纹切削

螺纹加工时应注意在两端设置足够的升速进刀段 δ_1 和降速退刀段 δ_2，如果螺纹牙型深度较深、螺距较大时，可分数次进给。

例 2-10　如图 2-34 所示，圆柱螺纹切削，F=4.0mm。

```
……
N050  G00  X60.0  Z4.0  M03    （快速到达 X=60.0mm、Z=4.0mm 的点，主轴正转）
N060  X49.12                   （X 方向进刀）
N070  G32  Z-32.0  F4.0        （车螺纹）
N080  X60.0                    （X 方向退刀）
N090  Z4.0                     （Z 方向退刀）
N100  X48.0                    （X 方向进刀）
N110  G32  Z-32.0  F4.0        （车螺纹）
N120  G00  X60.0               （X 方向退刀）
……
```

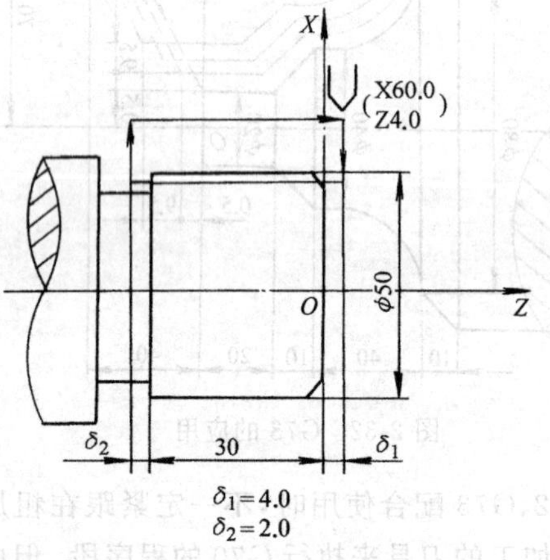

图 2-34　G32 应用（圆柱螺纹切削）

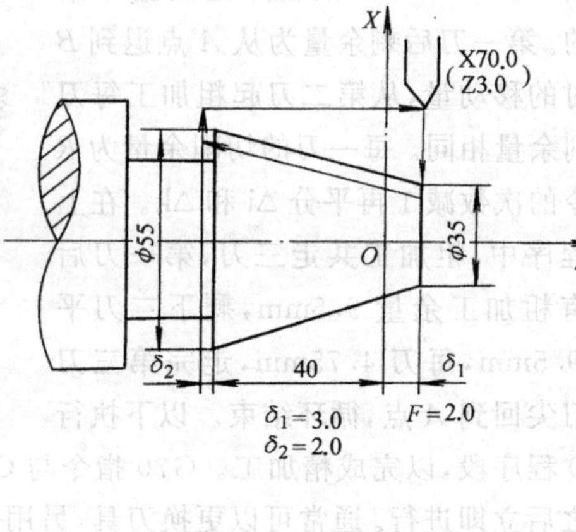

图 2-35　G32 应用（圆锥螺纹切削）

例 2-11　如图 2-35 所示，圆锥螺纹切削，F=2.0mm。

```
……
N050  G00  X70.0  Z3.0  M03          （快速到达 X=70.0mm、Z=3.0mm 的点，主轴正转）
N060  X34.33                         （X 方向进刀）
N070  G32  X54.33  Z-42.0  F2.0      （车螺纹）
N080  G00  X70.0                     （X 方向退刀）
N090  Z3.0                           （Z 方向退刀）
N100  X33.96                         （X 方向进刀）
N110  G32  X53.96  Z-42.0  F2.0      （车螺纹）
N120  G00  X70.0                     （X 方向退刀）
N130  Z3.0                           （Z 方向退刀）
……
```

例 2-12　如图 2-36 所示，端面螺纹切削，F=4.0mm。

……

N050　G00　X106.0　Z2.0　M03　　（快速到达 X=106.0mm、Z=2.0mm 的点，主轴正转）

N060　Z−0.5　　（Z 方向进刀）

N070　G32　X67.0　F4.0　　（车螺纹）

N080　G00　Z20.0　　（Z 方向退刀）

N090　X106.0　　（X 方向退刀）

N100　Z−1.0　　（Z 方向进刀）

N110　G32　X67.0　F4.0　　（车螺纹）

N120　G00　Z20.0　　（Z 方向退刀）

N130　X106.0　　（X 方向退刀）

……

注意 G32 指令不允许循环操作，故螺纹加工前或加工后使用 G00 或 G01 退刀程序和返回程序。

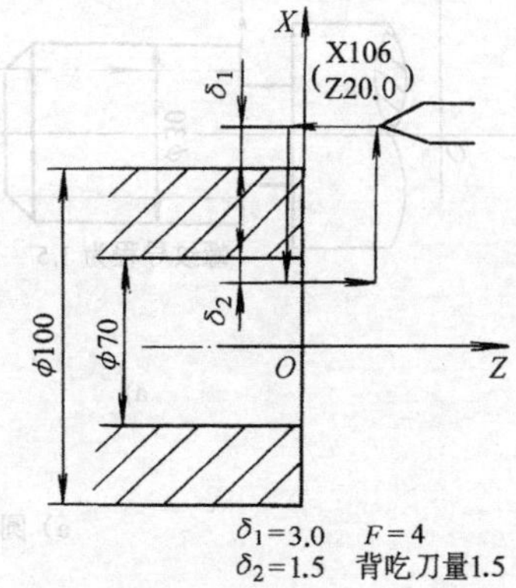

图 2-36　G32 应用（端面螺纹切削）

(2) 螺纹切削循环(G92)　G92 指令可加工圆锥螺纹和圆柱螺纹，格式为：

G92　X(u)__ Z(w)__ I __ F __

如图 2-37 所示，利用 G92，在螺纹切削过程中，可以将从始点出发“切入—切螺纹—让刀—返回始点”的 4 个动作作为一个循环用一个程序段指令。X、Z 为螺纹终点的坐标值，U、W 为螺纹终点相对循环起点的坐标增量，I 为锥螺纹始点与终点的半径差。I 数值的正负判断与 G90 的用法一致。

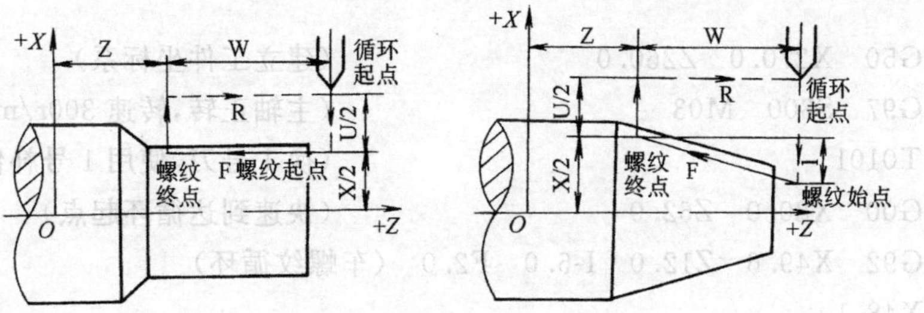

图 2-37　螺纹切削循环

a) 圆柱螺纹切削循环　b) 圆锥螺纹切削循环

例 2-13　如图 2-38a 所示，圆柱螺纹切削循环，其程序为：

O150

N010　G50　X270.0　Z260.0　　（建立工件坐标系）

N020　G97　S300　M03　　（主轴正转，转速 300r/min）

N030　T0101　　（换 1 号刀，使用 1 号补偿）

N040　G00　X35.0　Z104.0　　　　　　　　　　（快速到达循环起点）
N050　G92　X29.2　Z55.0　F1.5　　　　　　　　（车螺纹循环）
N060　X28.6
N070　X28.2
N080　X28.04
N090　G00　X270.0　Z260.0　T0100　M05　（快速回起始点，取消刀补，主轴停止）
N100　M02　　　　　　　　　　　　　　　　　　（程序结束）
%

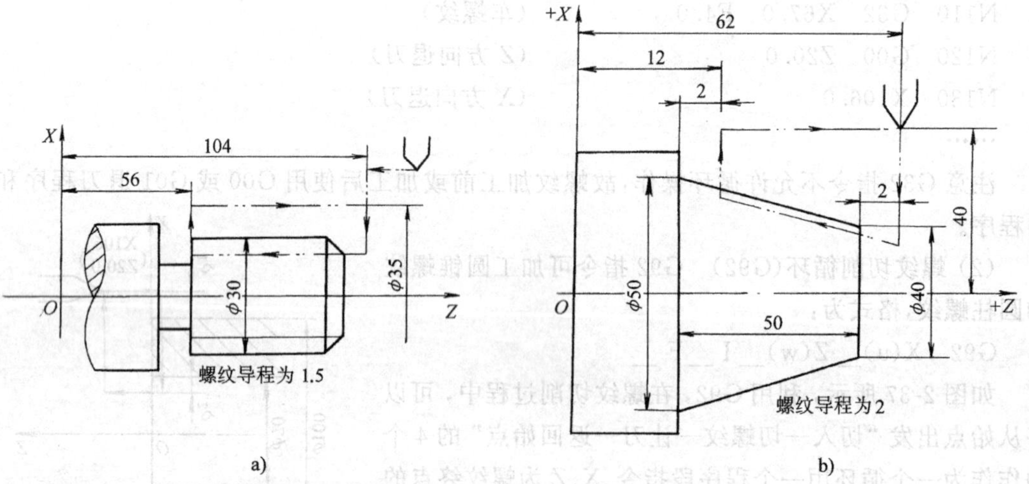

图 2-38　G92 应用

a）圆柱螺纹切削循环　b）圆锥螺纹切削循环

例 2-14　如图 2-38b 所示，圆锥螺纹切削循环，其程序为：

O160
N010　G50　X270.0　Z260.0　　　　　　　　（建立工件坐标系）
N020　G97　S300　M03　　　　　　　　　　　（主轴正转，转速 300r/min）
N030　T0101　　　　　　　　　　　　　　　　（换 1 号刀，使用 1 号补偿）
N040　G00　X80.0　Z62.0　　　　　　　　　（快速到达循环起点）
N050　G92　X49.6　Z12.0　I-5.0　F2.0　（车螺纹循环）
N060　X48.1
N070　X47.1
N080　X47
N090　G00　X270.0　Z260.0　T0100　M05　（快速回起始点，取消刀补，主轴停止）
N100　M02　　　　　　　　　　　　　　　　　（程序结束）
%

11．刀具补偿功能

（1）刀具的几何位置及磨损补偿　我们在编程时，一般以其中的一把刀作基准，并以该刀的刀尖位置为依据来建立工件坐标系（如图 2-39 中 *A* 点）。在加工过程中，当其它的刀位转到加工位置时，刀尖的位置 B 会发生变化，不可能和 A 点完全重合，故原设定的工件坐标系对这些刀具就不适应。另外，在加工过程中每把刀具都有不同程度的磨损，其刀具的位置也会发生变化，因此，应对实际刀具刀尖的位置相对于标准刀具刀尖的位置在 X、Z 方向上进行补偿，使补偿后的刀尖位置由 B 点移至 A 点。

刀具的补偿功能由 T 代码来实现。T 后面跟四位数值，前两位为刀具号，后两位为刀具补偿号。刀具补偿号中存有刀具的几何位置补偿和磨损补偿，当刀具补偿呈为 00 时，表示不进行补偿或取消刀具补偿。

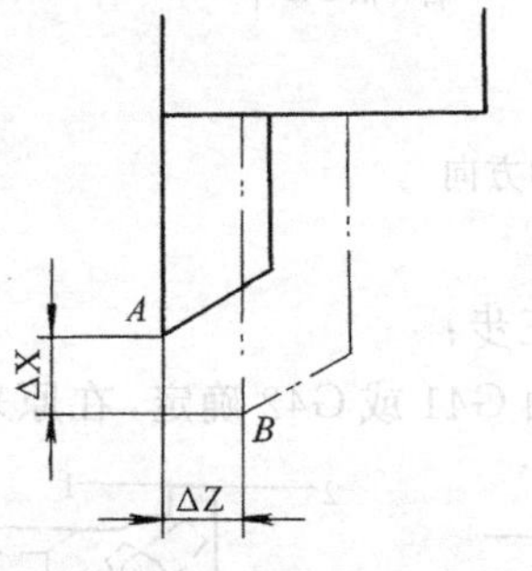

图 2-39 刀具几何位置补偿

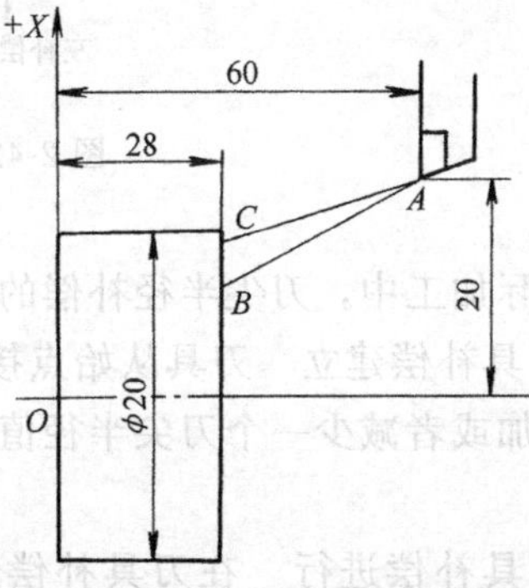

图 2-40 刀具几何位置补偿应用

例 2-15 如图 2-40 所示，补偿号 01 寄存器中存有 X 轴补偿量 ΔX，Z 轴补偿量 ΔZ，刀具的移动路线为：

G00 U−20.0 W−30.0 T0100 　　$A \rightarrow B$（无补偿）

G00 U−20.0 W−30.0 T0101 　　$A \rightarrow C$（有补偿）

（2）刀尖半径补偿　在编程中，我们常将刀尖看作是一个点，但实际上刀尖是有圆弧的，在加工内孔、外孔及端面时，刀尖圆弧不影响加工尺寸和形状，但在加工圆弧或锥面时，就会造成过切或少切（见图 2-41）。为避免这种现象的发生就需要使用刀尖半径补偿功能。

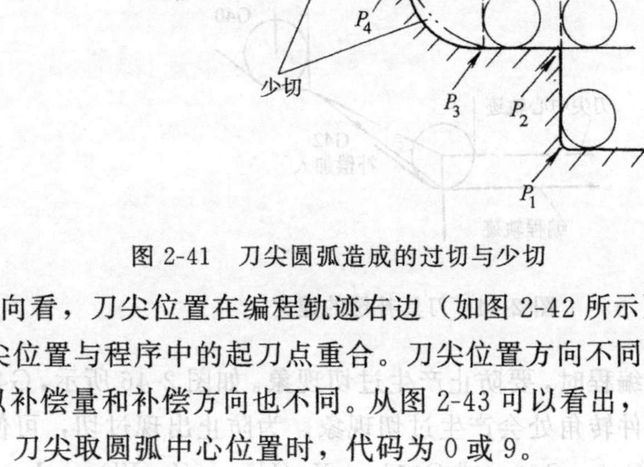

图 2-41 刀尖圆弧造成的过切与少切

为了进行刀尖半径补偿需要使用以下指令：

G40：取消刀尖半径补偿。沿进给方向看，刀尖运动轨道与编程轨迹一致。

G41：刀尖半径左补偿。沿进给方向看，刀尖位置在编程轨迹左边。

G42：刀尖半径右补偿。沿进给方向看，刀尖位置在编程轨迹右边（如图 2-42 所示）。

数控车床总是按刀尖对刀，使刀尖位置与程序中的起刀点重合。刀尖位置方向不同，那么刀具在切削时所摆的位置不同，所以补偿量和补偿方向也不同。从图 2-43 可以看出，刀尖的方位共有 8 种可供选择。同时规定，刀尖取圆弧中心位置时，代码为 0 或 9。

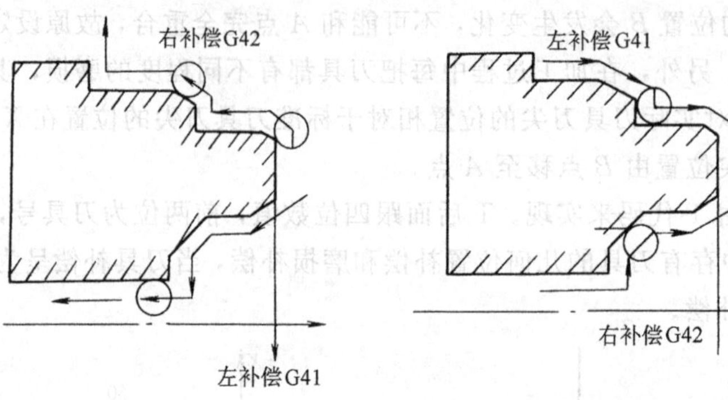

图 2-42　刀尖圆弧半径补偿的方向

在实际加工中，刀尖半径补偿的执行过程分为以下三步：

1）刀具补偿建立　刀具从始点接近工件，刀具轨迹由 G41 或 G42 确定，在原来编程轨迹基础上增加或者减少一个刀尖半径值（图 2-44）；

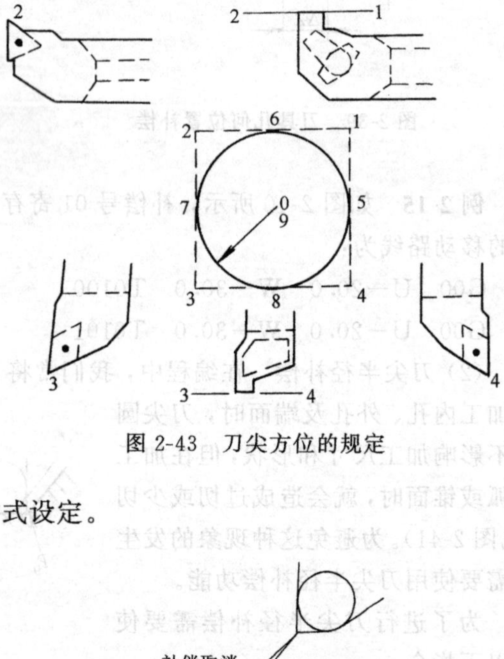

图 2-43　刀尖方位的规定

2）刀具补偿进行　在刀具补偿进行期间，刀具中心轨迹始终偏离编程轨迹一个刀尖半径值；

3）刀具补偿撤消　刀具撤离工件，补偿取消。与建立刀尖半径补偿时一样，刀具中心轨迹也要比程序轨迹增加或减少一个刀尖半径值（图 2-45）。

应注意，在编程中，使用刀尖半径补偿时，一定要用 G00 或 G01 指令进行建立或撤消，而不能使用 G02 或 G03 指令。G40、G41、G42 均为模态指令，机床通电以后，按 G40 方式设定。

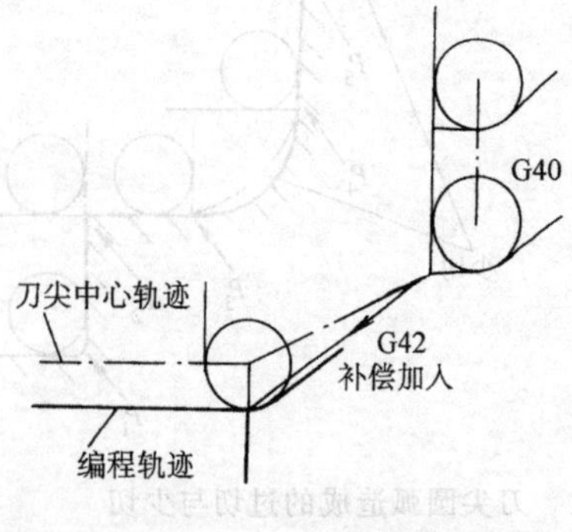

图 2-44　刀具补偿的建立

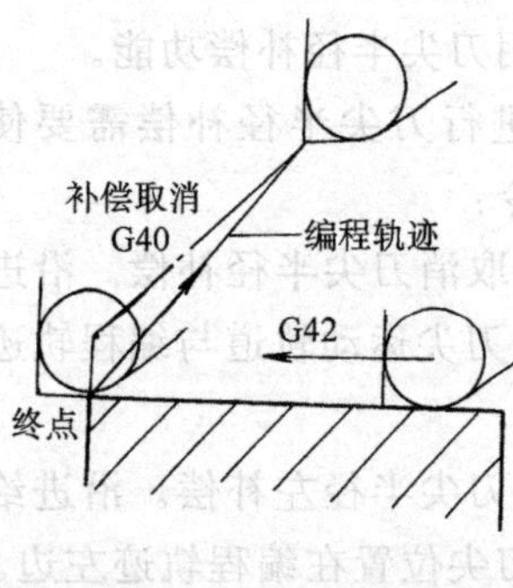

图 2-45　刀具补偿的撤消

编程时，要防止产生过切现象。如图 2-46 所示，G40 程序段是刀具由终点退出的动作，因此工件转角处会产生过切现象。为防止出现过切，可使用以下程序：

G40　G00（或 G01）　X（U）__Z（W）__I__K__

程序段中的 I、K 是执行 G40 时工件的几何轨迹走向，I 和 K 取几何轨迹走向的增量值，其符号根据几何轨迹走向而定，走向与坐标轴方向一致取正，反之取负。

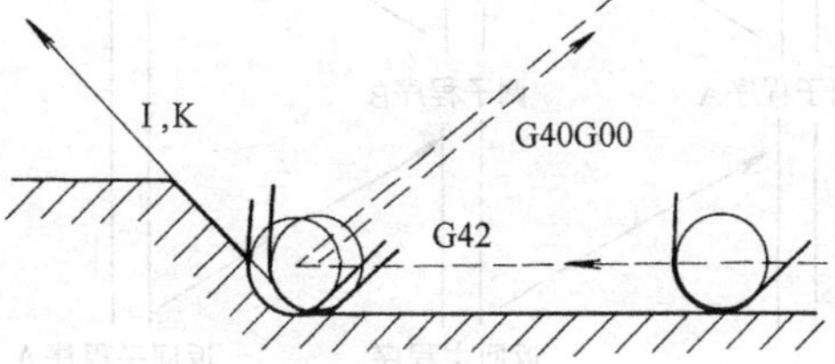

图 2-46　过切现象

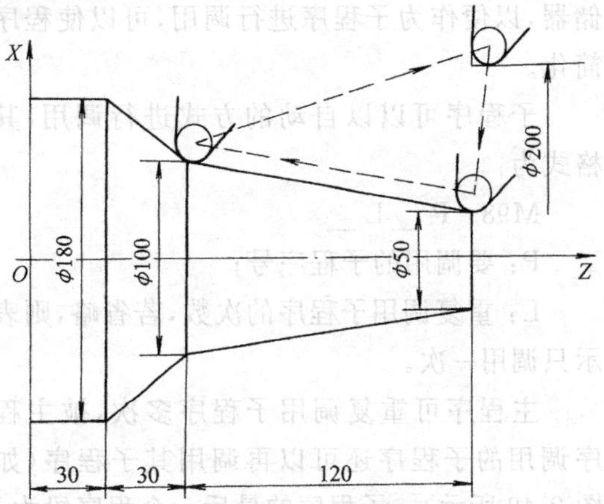

图 2-47　防止过切程序实例

例 2-16　如图 2-47 所示，其程序为：

……

N050　G42　G00　X50.0　Z180.0　（刀具右补偿，快速到达加工准备点）

N060　G01　X100.0　Z60.0　F0.2　（车锥面）

N070　G40　G00　X200.0　Z180.0　I40.0　K－30.0　（取消刀尖圆弧半径补偿，回起始点）

……

(3) 刀具补偿量的设定　对应每个刀具补偿号，都有一组偏置量 X、Z、刀尖半径补偿量 R 和刀尖方位号 T，可以用操作面板上的功能键分别设定、修改、输入，并可用刀具补偿屏幕显示（图 2-48）。

当刀具磨损后或工件尺寸有误差时，只要修改每把刀具相应补偿号中的数值即可，例如某工件加工后，外圆直径比要求的尺寸大（或小）0.02mm，则可以用 U－0.02（或 U0.02）修改相应补偿号中的数值。当长度方向尺寸有误差时，修改方法相同。

OFFSET　01　　　　O0004　N0030

NO	X	Z	R	T
01	025,023	002,004	001,002	1
02	021,051	003,300	000,500	3
03	014,730	002,000	003,300	0
04	010,050	006,081	002,000	2
05	006,588	−003,000	000,000	5
06	010,600	000,770	000,500	4
07	009,900	000,300	002,050	0

ACTUAL　POSITION　(RELATIVE)

U　22,500　　W　−10,000

W　　LSK

图 2-48　刀具补偿屏幕

五、子程序

当在程序中出现重复使用的某段固定程序时，可以将这一段程序作为子程序事先存入存储器，以便作为子程序进行调用，可以使程序简化。

子程序可以以自动的方式进行调用，其格式为：

M98 P__ L__

P：要调用的子程序号；

L：重复调用子程序的次数，若省略，则表示只调用一次。

主程序可重复调用子程序多次，被主程序调用的子程序还可以再调用其子程序（如图 2-49 所示）。子程序的最后一个程序段为 M99，指令子程序结束并返回到主程序。

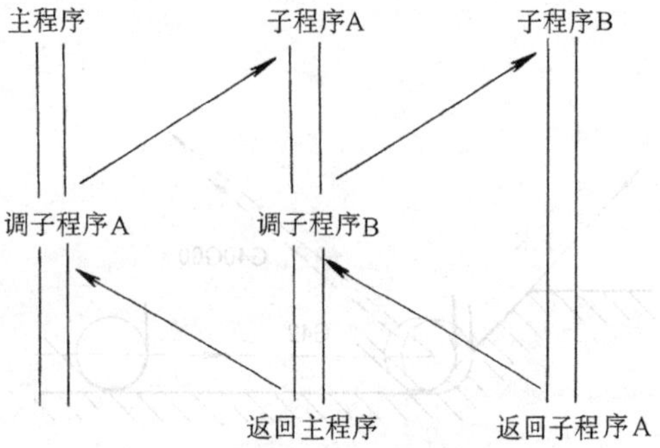

图 2-49 子程序的调用

例 2-17 如图 2-50 所示，已知毛坯直径为 ϕ32mm，长度为 77mm，一号刀为外圆车刀，三号刀为切断刀，宽度为 2mm，其加工程序为：

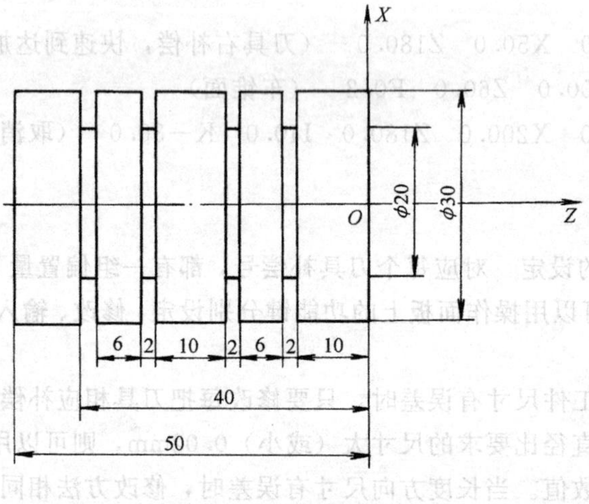

图 2-50 子程序应用

```
O10
N001  G50    X150.0  Z100.0        (建立工件坐标系)
N002  T0101                        (调 1 号刀，使用 1 号补偿)
N003  S800   M03                   (主轴正转，转速为 800r/min)
N004  G00    X35.0   Z0  M08       (快速到达加工准备点，切削液开)
N005  G01    X0      F0.3          (切端面)
N006  G00    X30.0   Z2.0          (退刀)
N007  G01    Z-55.0  F0.3          (车外圆)
N008  G00    X150.0  Z100.0        (退刀)
N009  T0303                        (换 3 号刀，使用 3 号补偿)
N010  G00    X32.0   Z0            (快速到达加工准备点)
```

```
N011  M98   P15    L2                    (调用子程序切槽)
N012  G00   W-12.0                       (Z向进刀)
N013  G01   X0     F0.12                 (切断工件)
N014  G04   X2.0                         (暂停 2s)
N015  G00   X150.0  Z100.0  M09          (返回起始点,切削液关)
N016  M30                                (程序结束)
%
O15
N101  G00  W-12.0                        (Z 方向进刀)
N102  G01  U-12.0  F0.15                 (切槽)
N103  G04  X1.0                          (暂停 1s)
N104  G00  U12.0                         (X 方向退刀)
N105       W-8.0                         (Z 方向进刀)
N106  G01  U-12.0  F0.15                 (切槽)
N107  G04  X1.0                          (暂停 1s)
N108  G00  U12.0                         (X 方向退刀)
N109  M99                                (返回主程序)
```

六、对刀

1. 对刀的目的

数控车床刀架内有一个刀具基准点，数控系统通过控制该点运动，间接地控制每把刀的刀尖运动。而各种形式的刀具安装后，每把刀的刀尖在两个坐标方向的位置均不同。为了解决这个问题，所以应测出刀尖相对于刀具基准点的距离，即刀具的补偿值 ΔX、ΔZ，并将其输入 CNC 刀具数据库，即进行刀具补偿值的设定，在加工程序调用刀具时，数控系统会自动补偿两个方向的刀具位置，从而准确地控制每把刀的刀尖轨迹。因此，所谓数控机床的对刀，就是确定其刀具的补偿值，使得编程时，不必考虑各把刀具的尺寸与其实际安装位置。

2. 对刀的基本方法

刀具补偿的设置过程称为对刀操作。对刀的方法常见有两种：试切对刀、对刀仪对刀。各类数控车床的对刀方法各有差异，可查阅机床说明书。

试切对刀根据零件的形状、刀具种类和加工批量等，可有多种方法，但其基本原理都类同，即通过每一把所用刀具对一工件的试切削，并分别测量出其切削部位的直径和轴向尺寸，来计算出各刀具刀尖在 X 轴和 Z 轴上的相对尺寸，从而确定各刀具的刀补参数。下面举例说明试切对刀的方法。

如图 2-51 所示，数控车床所用的位置检测装置分为相对和绝对式两种，下面是采用相对位置检测装置的对刀过程。以 Z 向为例说明对刀方法。设图中端面刀是第一把刀，内径刀为第二把刀。假定程序原点设在零件的左端面，以刀尖点为编程点，则坐标系中设定的 Z 向数据为 L_1，这时可将刀架向左移动并将右端面光切一刀，保证刀具纵向尺寸（Z 向）不变，从横向（X 向）退刀。测出车削的零件长度值 N 值，将 Z 向显示值置零。再把刀架移回到起始位置。此时的 Z 向显示值应为 M，则 $L_1=M+N$。此时，将第一把刀的刀具补偿设为零。刀架回转，第二把刀用相同的方法进行试切，可以测出第二把刀的 L_2 值，则刀补值 $\Delta Z=L_2-L_1$，

此处 ΔZ 为负值。此处是选择第一把刀为基准刀。如所选择的基准不一样，设定的刀补值会有相应的变化。无论选择哪把为基准刀，只要对刀的方法正确，其刀补效果是完全一样的。程序开始时，坐标系设定的 Z 向数据也可以为 L_1+l_1，这时所有的刀具都以刀架的 A 点作为基准点。用 A 点作为基准点的特点是包括第 1 把刀在内的所有刀的设定刀值均不为零，此时，第 1、2 把刀的 Z 向刀补值分别为 l_1、l_2，且均为正值。值得注意的是，在多数情况下的刀补值还要在切削过程中修正。

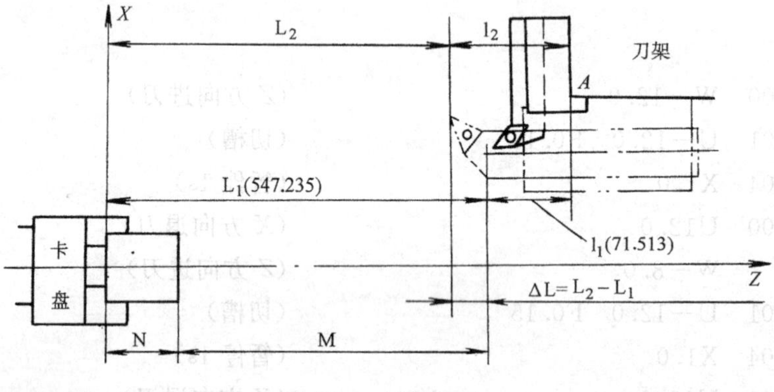

图 2-51　试切对刀

对于试切对刀，由于不需要任何辅助设备，所以广泛地被用于经济型数控车床中。有时，当加工批量大，并且所用刀具的种类较少时，为了缩短对刀时间，可采用定制一专用对刀样板，每次装刀时就利用该样板卡在其刀尖部位，使每把刀具的每次安装位置基本不变，然后再直接对零件进行试切削，通过测量该零件加工的实际尺寸，根据误差值再相应修改其刀补参数。

数控车床上的对刀仪可分为光学检测对刀仪和机械检测对刀仪。光学检测对刀仪是一种可直接安装于机床某一固定位置，并具有光学投影放大镜的对刀仪，放大镜的一端具有作为基准点的十字中心线，当对刀仪在机床上固定后，该基准点在机床坐标系中的位置是固定不变的。该位置值由机床制造厂家通过精确测量，预置在机床参数内，必要时可通过参数设置来适当修正。对刀前需要先回机床参考点，建立机床坐标系，然后通过手动操作，把装夹在刀架上的刀具移至对刀仪所在的位置。通过微调使得所对刀具的刀尖与光学投影放大镜的十字中心线基准点重合，如图 2-52 所示。这时，再按数控系统控制面板上的 ATC 自动对刀键，数控系统根据预置在机床参数内的对刀仪在机床坐标系中的位置值，和当前刀架在机床坐标系中的实际位置等有关数据，自动算出该刀具刀尖相对于机床坐标系原点的尺寸距离，自动设置相应的刀补参数并自动存入该刀位补偿号寄存器中。该刀补参数也可在将零件实际加工后，经过测量，再作进一步的修改。

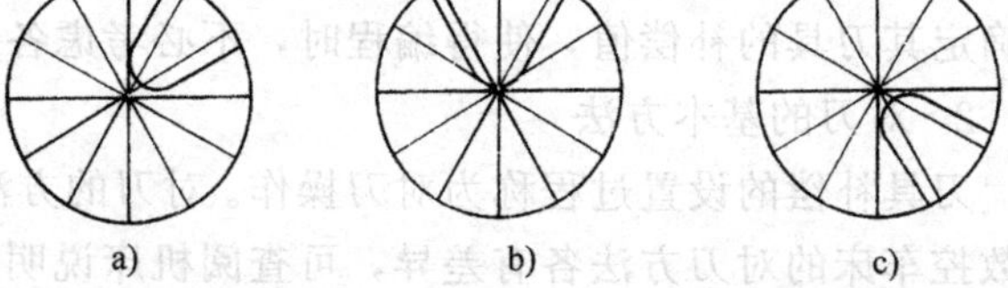

图 2-52　刀尖在放大镜中的对刀投影

a）端面外径刀尖　b）对称刀尖　c）端面内径刀尖

用机械检测对刀仪对刀，是使每把刀的刀尖与百分表测头接触，得到 X、Z 两个方向的补偿值（见图 2-53)。若有的数控机床具有刀具探测功能，则通过刀具触及一个位置已知的固定触头，可测刀具的补偿值。

采用对刀仪对刀，不用试切工件，使用方便。另外，为了减少对刀次数，目前已比较多地采用机夹式不重磨刀具。该类刀具的刀头是采用统一标准尺寸，并通过螺钉固定在刀杆上，当刀头磨损后不锋利时，只要通过松紧螺钉更换标准刀头即可重新使用。

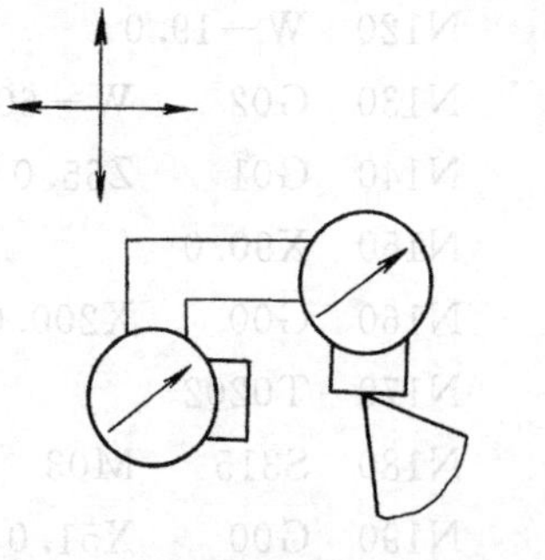

图 2-53　机械检测对刀仪对刀

七、编程举例

1. 轴类工件加工编程

如图 2-54 所示的工件，已在卧式车床上进行粗加工（图中 ϕ85mm 外圆不加工），本工序进行精加工。

分析如下：

（1）根据图样要求及前道工序加工情况，确定工艺方案及加工路线，以 ϕ85mm 外圆及右中心孔为工艺基准，用三爪自定心卡盘夹持 ϕ85mm 外圆，用尾座顶尖顶住右中心孔。工步顺序为：①自右向左进行外轮廓面加工；②切槽；③车螺纹。

（2）刀具的选择　根据加工要求，选用 3 把刀具，分别用于车外圆、切槽和螺纹加工。刀具的布置如图 2-55 所示。

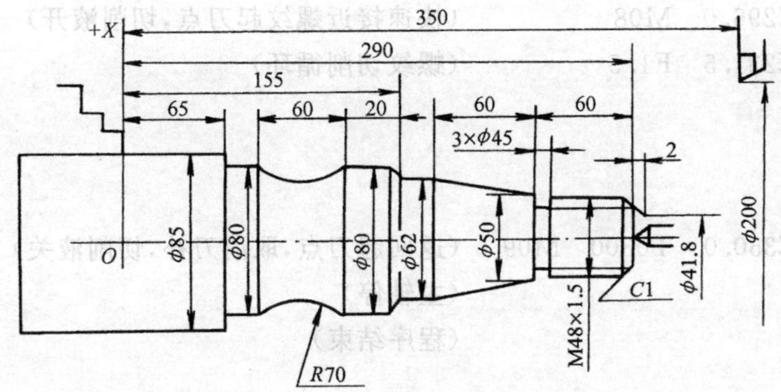

图 2-54　轴类工件车削

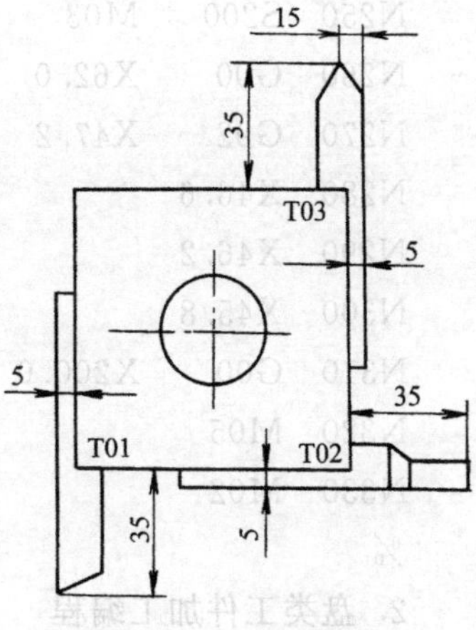

图 2-55　刀具布置图

（3）切削用量的确定　切削用量详见加工程序。

（4）程序编制　加工程序如下：

O008

N010	G50	X200.0	Z350.0		（建立工件坐标系）
N020	T0101				（调 1 刀号，使用 1 号补偿）
N030	G97	S630	M03		（起动主轴，主轴转速 630r/min）
N040	G00	X41.8	Z292.0	M08	（快速接近工件，切削液开）
N050	G01	X47.8	Z289.0	F0.15	（倒角）
N060	Z230.0				（精车螺纹大径）
N070	X50.0				（退刀）
N080	X62.0	W－60.0			（精车锥面）
N090	Z155.0				（精车 ϕ62mm 外圆）
N100	X78.0				（退刀）

```
N110  X80.0   W-1.0                                 (倒角)
N120  W-19.0                                        (精车φ80mm外圆)
N130  G02     W-60.0 I63.25  K-30.0                 (精车R70mm圆弧)
N140  G01     Z65.0                                 (精车φ80mm外圆)
N150  X90.0                                         (退刀)
N160  G00     X200.0  Z350.0  T0100  M09            (返回起刀点,取消刀补,切削液关)
N170  T0202                                         (调2号刀,使用2号补偿)
N180  S315    M03                                   (主轴转速315r/min)
N190  G00     X51.0   Z230.0  M08                   (快速接近工件,切削液开)
N200  G01     X45.0   F0.16                         (切槽)
N210  G04     X1.0                                  (暂停1s)
N220  G00     X51.0                                 (退刀)
N230  X200.0  Z350.0  T0200   M09                   (返回起刀点,取消刀补,切削液关)
N240  T0303                                         (调3号刀,使用3号补偿)
N250  S200    M03                                   (主轴转速200r/min)
N260  G00     X62.0   Z296.0  M08                   (快速接近螺纹起刀点,切削液开)
N270  G92     X47.2   Z231.5  F1.5                  (螺纹切削循环)
N280  X46.6
N290  X46.2
N300  X45.8
N310  G00     X200.0  Z350.0  T0300  M09            (返回起刀点,取消刀补,切削液关)
N320  M05                                           (主轴停)
N330  M02                                           (程序结束)
%
```

2. 盘类工件加工编程

如图 2-56 所示的工件，已在普通车床上粗加工外径，内孔 ϕ55mm 也已加工。本工序进行精加工。

分析如下：

(1) 确定工艺方案及加工路线　以已加工的 ϕ150mm 外圆及左端面为工艺基准，用三爪自定心卡盘夹持工件。工步顺序为：①精车端面和外圆；②粗精车内孔；③切槽；④车螺纹。

(2) 刀具的选择　根据加工要求，选用 4 把刀具，分别用于精车端面和外圆、粗精车内孔、切槽和螺纹加工。

(3) 切削用量的确定　切削用量的确定详见加工程序。

(4) 程序编制　编程时要求计算出 R20mm 与 R25mm 的切点 P，见图 2-57。此时，首先确定 R25mm 和 R20mm 的圆心 A 和 B。

$$X_A=\sqrt{AC^2-CD^2}+X_C=(\sqrt{25^2-15^2}+65)\text{mm}=85\text{mm}\quad（半径值）$$

故 A 点的坐标为(85、90)，圆心 B 点的坐标为：

$$X_B=(140/2-20)\text{mm}=50\text{mm}\quad（半径值）$$

$$Z_B=-(90+28.284)\text{mm}=-118.284\text{mm},$$

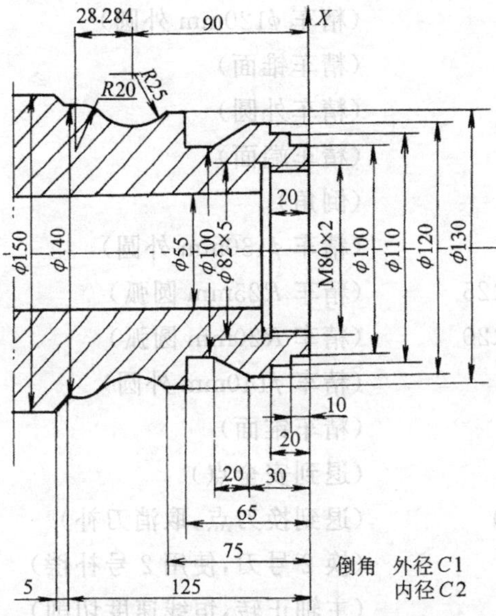

图 2-56　盘类零件车削

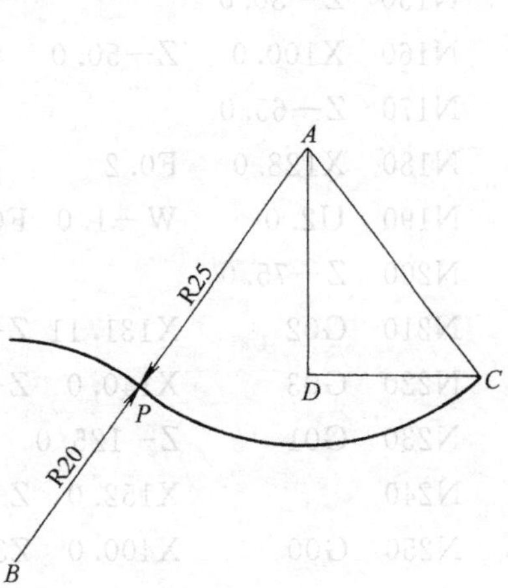

图 2-57　切点计算图

故 B 点的坐标为(50、－118.284)，

由定比分点计算公式求出切点 P 的坐标：

$$\lambda_P=\frac{BP}{PA}=\frac{20}{25}=0.8,$$

$$X_P=\left(\frac{50+0.8\times 85}{1+0.8}\right)\text{mm}=65.5555\text{mm}\quad(\text{半径值}),$$

$$Z_P=\left(\frac{-118.284+0.8\times(-90)}{1+0.8}\right)\text{mm}=-105.7133\text{mm}。$$

加工程序如下：

O0006

N010　G50　X200.0　Z100.0　(建立工件坐标系)

N020　T0100　(调1号刀)

N030　G96　S120　M03　(主轴起动，恒线速度)

N040　G00　Z2.0　M08　(Z 向快速接近工件，切削液开)

N050　X48.0　(X 向接近工件)

N060　G01　Z0　F0.1　(Z 向切入)

N070　X98.0　F0.2　(精车端面)

N080　X100.0　Z－1.0　(倒角)

N090　Z－10.0　(精车 φ100mm 外圆)

N100　X108.0　F0.2　(精车端面)

N110　U2.0　W－1.0　F0.1　(倒角)

N120　Z－20.0　(精车 φ110mm 外圆)

N130　X118.0　F0.2　(精车端面)

N140　U2.0　W－1.0　F0.1　(倒角)

```
N150  Z-30.0                                    (精车 φ120mm 外圆)
N160  X100.0  Z-50.0                            (精车锥面)
N170  Z-65.0                                    (精车外圆)
N180  X128.0  F0.2                              (精车端面)
N190  U2.0    W-1.0  F0.1                       (倒角)
N200  Z-75.0                                    (精车 φ130mm 外圆)
N210  G02     X131.11  Z-105.713  R25           (精车 R25mm 圆弧)
N220  G03     X140.0  Z-118.284  R20            (精车 R20mm 圆弧)
N230  G01     Z-125.0                           (精车 φ140mm 外圆)
N240          X152.0  Z-131.0                   (精车锥面)
N250  G00     X400.0  Z300.0  M09               (退到安全点)
N260          X200.0  Z100.0  T0100             (退到换刀点,取消刀补)
N270  T0202                                     (换 2 号刀,使用 2 号补偿)
N280  G96     S100    M03                       (主轴正转,恒线速度切削)
N290  G00     X50.0   Z2.0  M08                 (快速接近工件,切削液开)
N300  G90     X60.0   Z-25.0  F02               (粗车内孔,固定循环 G90)
N310          X65.0
N320          X70.0
N330          X74.0
N340          X77.3                             (留 0.25mm 精车余量)
N350  G00     X82.6   Z0.4                      (定位)
N360  G01     U-4.8   W-2.4                     (倒角)
N370          Z-25.0                            (精车内孔)
N380          U-1.0                             (退刀)
N390  G00     Z10.0   M09                       (退至孔外,切削液关)
N400          X400.0  Z300.0                    (退到安全点)
N410          X200.0  Z100.0  T0200             (退到换刀点,取消刀补)
N420  T0303                                     (换 3 号刀,使用 3 号补偿)
N430  G96     S60     M03                       (主轴正转,恒线速度切削)
N440  G00     X50.0   Z10.0  M08                (X 向快速接近工件,切削液开)
N450          Z-25.0                            (Z 向快速接近工件)
N460  G01     X82.0   F0.15                     (切槽)
N470  G00     X74.0                             (退刀)
N480          Z10.0   M09                       (退至孔外,切削液关)
N490          X400.0  Z300.0                    (退到安全点)
N500          X200.0  Z100.0  T0300             (退到换刀点,取消刀补)
N510  T0404                                     (换 4 号刀,使用 4 号补偿)
N520  G97     S200    M03                       (主轴正转,转速 200r/min)
N530  G00     X70.0   Z10.0  M08                (快速接近工件,切削液开)
```

```
N540  G92      X79.0   Z-21.0   F2.0        (车螺纹循环)
N550  X78.2
N560  X77.5
N570  X77.2
N580  G00      X400.0  Z300.0   M09         (退到安全点,切削液关)
N590  X200.0   Z100.0  T0400                (退到换刀点,取消刀补)
N600  M30                                   (程序结束)
%
```

八、数控车床编程、调试及操作规范

1. 编程规范

在程序编制前，应做大量的准备工作。如要仔细阅读说明书和编程手册，了解数控机床的性能和规格，熟悉数控系统的功能，不同的数控系统，其编程方法各异，应充分注意这一点。此外，数控机床对零件加工的效率，很大程度上决定于零件程序编制是否合理。因此，应加强工艺、刀具和夹具知识的学习，掌握工艺编制方法，合理选择刀具、夹具及切削用量等。在程序编制前，应先对零件进行工艺分析，根据图样要求、毛坯及前道工序加工情况，确定工艺方案及加工路线。其次根据加工要求，进行刀具的选择。然后根据图样要求选择合理的切削用量，将工艺等知识融入程序，提高程序的质量。

编制加工程序时，应养成良好的编程习惯和风格，如程序开始要写程序号，程序中要使用程序段的顺序号，字与字之间要有空格，多编写注释语句等，使程序清晰，便于阅读和修改。在程序结束时一定要写结束指令。

2. 调试规范

程序编好后，可以通过控制介质（如磁盘）送入到机床的数控装置中，也可以采用面板编辑输入方式直接由机床操作面板键入程序，为了避免在实际加工中出现意外，要求在实际加工前做好程序的调试工作，这一环节非常重要。将程序送入数控机床后，要先锁定机床，使用机床的“轨迹动画”功能，模拟仿真加工过程，该功能可使所有的机械动作处于停止状态，只有画面可以显示，在程序检查和调试时使用，机床锁定后，可以将所使用的刀具或加工毛坯的情况、刀具的运动轨迹、加工部位的背吃刀量的操作以仿真模拟的方式描绘出来，能给人一种完全视同实际切削加工的感觉。通过观察刀具的运动轨迹和当前的坐标值，查找出程序中的错误并进行纠正，这样程序才能够用于实际的切削加工。

程序在正式加工前，还应进行试切加工。为了尽可能一次试切成功。在“自动运行”方式下起动数控程序时，应让刀具不切入工件空运行一遍，确定刀具轨迹正确无误后才能正式试切。由于因计算误差和对刀误差引起的加工误差，用“轨迹动画”和“空运行”的方法检查不出来，故必须进行首件试切，以便保证工件的加工精度。在试切过程中，为了获得满意的加工效果，可以修调切削用量。如果试切后证明原加工方案不是最佳的，必要时应重新调整加工的次序，并及时修改程序。

3. 操作规范

在数控机床上加工工件时，要遵守岗位操作规程，注重安全意识的培养，以便养成良好的行为规范。数控机床上配用的数控系统不同，其机床操作面板的形式也就不同，但其各种开关、按键的功能及操作方法则大同小异。在数控机床上加工工件时，要注意以下几点：

1）工件原点和刀具数据的设定以及加工程序的操作要正确；

2）操作面板上各键要正确使用。如“程序保护开关”是钥匙开关，用以防止破坏内存程序。当在“有效位置”时，内存程序将受到保护，即不能进行程序编辑、数据输入操作。当在“无效位置”时，程序保护无效，可对内存进行程序编辑，数据输入等操作；

3）在程序编辑未完（即未按下“编辑结束功能键”）之前，不要关闭电源，否则该程序将全部丢失；

4）在加工中遇到麻烦时，有三种应急措施：一是按下“进给保持按扭”，仅使各轴的移动暂时停止，当故障排除后，再按下“启动按钮”，仍可继续加工；二是按下“紧急停止按钮”，将终止除去机床电源外的所有机床的功能和动作。故障被排除后，加电后重新开始；三是切断机床电源，停止一切操作，故障排除后再加电重新开始；

5）在手动、自动加工过程中，若机床的移动部件（如刀架）超出其运动的极限位置时（软件行程限位或机械限位），刀架运动立即停止，系统将出现超程报警，机床锁住，不能工作，其处理方法一般为：①解除报警，②手动将超程部件移至安全行程内；

6）报警处理　数控系统及其软、硬件及故障具有自我诊断功能，该功能主要用于监视整个加工过程是否正常，并及时报警。报警形式常见为屏幕出错显示、机床锁住、蜂鸣器叫、警灯亮等。报警内容常见有程序错误、操作错误、超程、各类接口错误、伺服系统错误、数控系统错误、刀具破损等。具体的报警处理方法各机床不同。一般当CRT屏幕有出错显示号时，可查阅维修手册的“错误代码表”，查出产生故障的原因，采取相应措施。当屏幕无出错显示时，可用自诊断功能查阅或查阅维修手册。

第四节　车削中心及其程序编制

车削中心是一机多用的多工序加工机床，它是数控车床在扩大工艺范围方面的发展。不少回转体零件上常常有钻孔、铣削等工序，如能在一次装夹下完成，则能降低成本、缩短加工周期，保证加工精度。

一、车削中心的布局、用途及主要技术参数

1．车削中心的布局、用途

车削中心的结构布局与数控车床相似，但车削中心在数控车床的基础上增加了两大功能。

（1）自驱动力刀具功能　在刀架上备有刀具主轴电动机，自动无级变速，通过传动机构驱动装在刀架上的刀具主轴。

（2）主轴的C轴坐标功能　机床主轴旋转除作为车削的主运动外，还可以作分度运动（即定向停车）和圆周进给，并在数控装置的伺服控制下，实现C轴、Z轴插补，或C轴、X轴插补。因此，车削中心除完成一般数控车床能完成的加工外，还能实现在圆柱面上或端面上任意部位的钻削、铣削、攻螺纹及曲面或平面的铣加工。

2．车削中心的主要技术参数

下面以韩国大宇公司的Puma200系列车削中心为例，介绍车削中心的主要技术参数。

机床型号　Puma200M（A/C）

最大回转直径（床身上/床鞍上）	510/330mm
最大车削直径	290mm

最大车削长度	400mm
X 轴行程	242mm
Z 轴行程	440mm
主轴	
转速范围	6000/4500r/min
主轴转角	360°（0.001°）
主轴通孔直径	53/76mm
拉管内径	45/65mm
转塔刀架	
刀位数	12（VDI 刀盘）
转塔转位时间	0.15S
自驱动力刀具主轴转速范围	60～6000r/min
快速进给率	*X* 轴：20m/min　*Z* 轴：25m/min
尾座套筒直径	75mm
尾座套筒锥孔	MT＃4
尾座套筒行程	80mm
主轴驱动电动机功率	11/15kW
进给电动机功率	*X*：1.4kW　*Z*：2.8kW
自驱动力刀具主轴电动机功率	3.7/1.1kW
机床质量	4040kg

二、车削中心的主要部件

1. 车削中心的 *C* 轴

车削中心 *C* 轴的功能如图 2-58 所示。图 2-58a 为 *C* 轴定向时，在端面或圆柱面上铣槽。图 2-58b 为 *C*、*Z* 轴进给插补，在圆柱面上铣螺旋槽。图 2-58c 为 *C* 轴、*X* 轴进给插补，在端面上铣槽。图 2-58d 为 *X* 轴、*C* 轴进给插补，铣直线和平面。

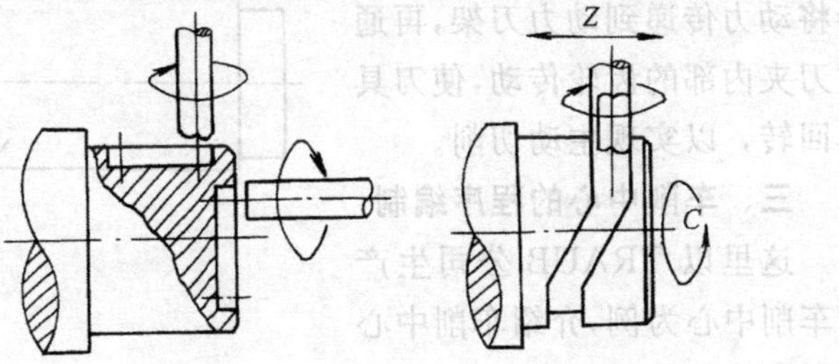

图 2-58　*C* 轴的功能

车削中心的主传动系统包括车削主传动（与数控车床相同）和 *C* 轴传动。*C* 轴的传动有多种结构形式，下面以精密蜗轮副 *C* 轴结构为例进行说明。

图 2-59 为车削柔性加工单元的主传动系统结构和 *C* 轴传动及主传动系统简图。*C* 轴的分度及伺服控制采用可以啮合和脱开的精密蜗轮副结构，该结构由一个伺服电动机驱动蜗杆 1 及主轴上的蜗轮 3，当机床处于铣削和钻削状态时，即主轴需要通过 *C* 轴回转或分度时，蜗杆与蜗轮啮合。该

蜗杆蜗轮副的间隙由一个可固定的精确调整滑块来调整，用来消除啮合间隙。C 轴的分度由脉冲编码器来保证。

2. 车削中心的自驱动力刀具

车削中心动力刀架主要由三部分组成：动力源、传动装置和刀具附件。它通过与主轴的自动分度或进给动作相配合，可使工件在一次装夹中除完成车削加工外，还能在工件轴向或径向等部位进行钻削、铣削、攻螺纹和曲面加工等各种复杂工序，实现加工程序自动化、高效化。

自驱动力刀具是装在动力刀架上的。图 2-60 为意大利巴罗法迪 (Baruffaldi) 公司生产的动力刀架示意图。图 2-60a 为动力刀架刀夹结构及安装图，刀盘上既可以安装各种非动力辅助刀夹进行加工，还可以安装动力刀夹进行主动切削。图 2-60b 为该动力刀架的传动示意图。刀架采用端齿盘作为分度定位元件，刀架转位由三相异步电动机驱动，电动机内部带有制动机构，刀位由二进制绝对编码器识别，并可双向转位和任意刀位就近选刀。自驱动力刀具由交流伺服电动机驱动，通过同步齿形带、传动轴、传动齿轮、端面齿离合器将动力传递到动力刀架，再通过刀夹内部的齿轮传动，使刀具体回转，以实现主动切削。

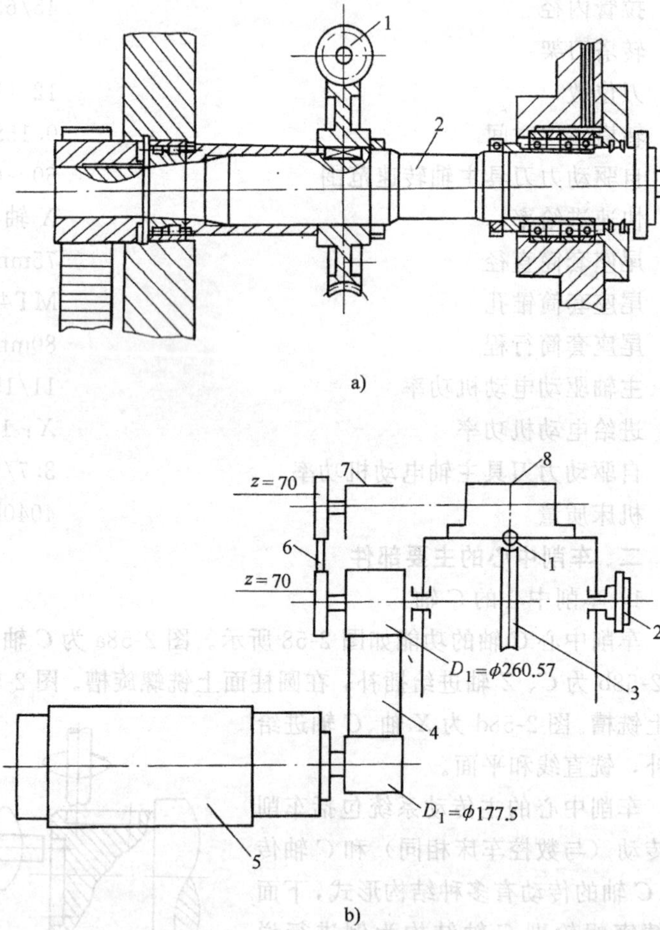

图 2-59　C 轴传动系统

a) 主轴结构简图　b) C 轴传动及主传动系统示意图

1—蜗杆　2—主轴　3—蜗轮　4、6—同步带　5—主轴电动机

7—脉冲编码器　8—C 轴伺服电动机

三、车削中心的程序编制

这里以 TRAUB 公司生产的车削中心为例，介绍车削中心的程序编制方法。

1. 自驱动力刀具的控制指令

M22 表示自驱动力刀具旋转，M23 表示自驱动力刀具顺时针旋转，M24 为逆时针旋转，M25 表示停转。其刀具的转数用 B06 __确定。如 3000r/min 应写为 B063000。当用动力刀具在工件中心加工时，例如钻孔加工，如工件和钻头的旋转方向相反，相对的转数应为二者之和，可以提高小直径钻头的切削速度，此时，编程的进刀量需要修正。使用动力刀具加工螺纹，螺纹循环加工指令 G92 无效，见下例。

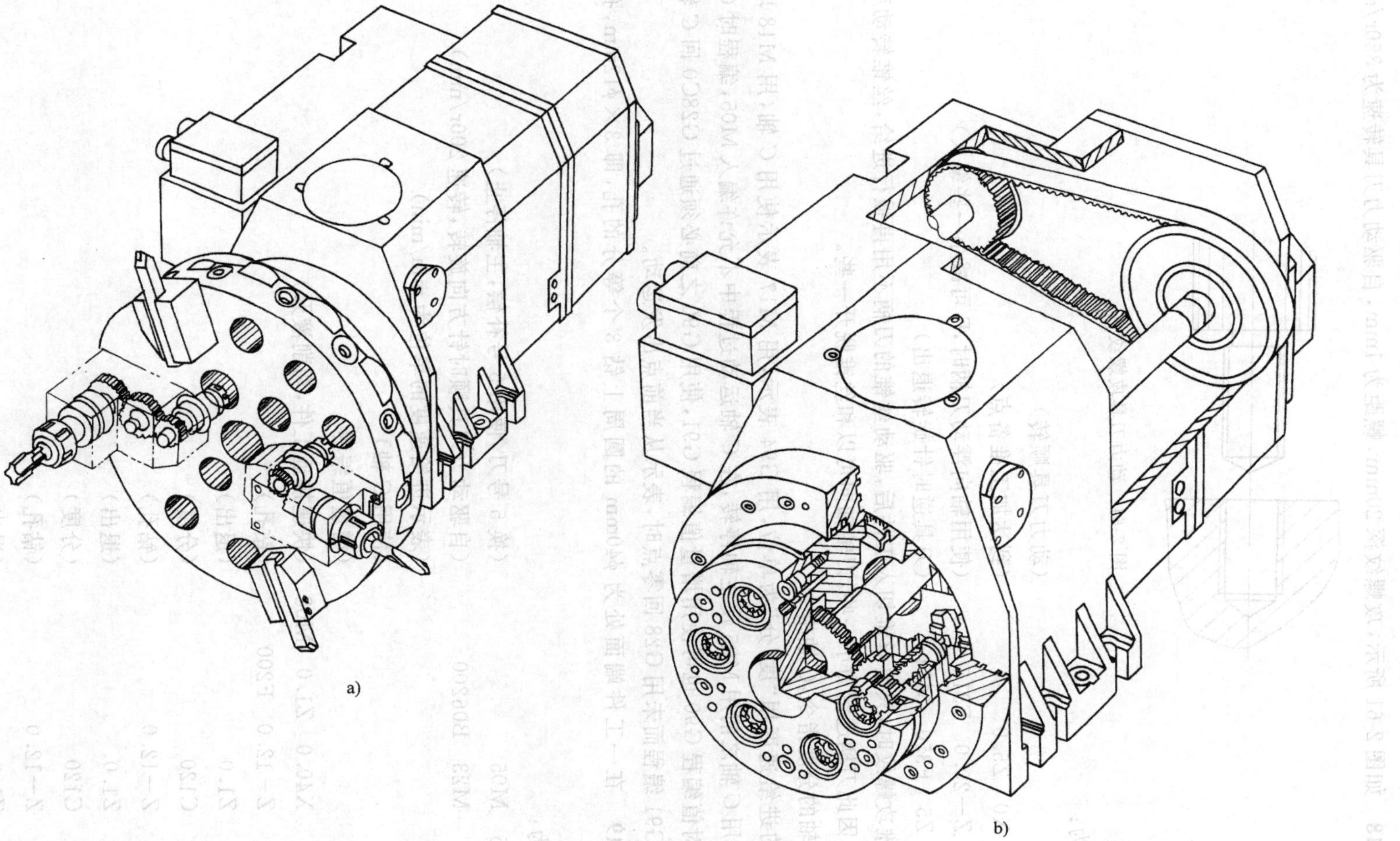

图 2-60 动力刀架

a）动力刀具刀架结构及安装 b）动力轴驱动系统

例 2-18 如图 2-61 所示，攻螺纹深 20mm，螺距为 1mm，自驱动力刀具转速为 350r/min。

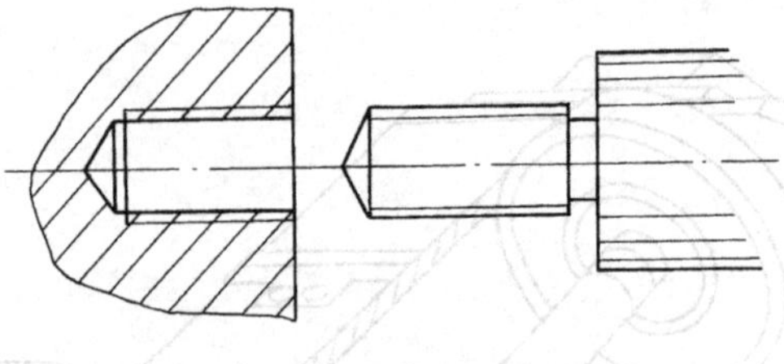

图 2-61 动力刀具攻螺纹

程序为：

M23 (动力刀具顺转)

G00 X0 Z5.0 (到达加工准备点)

G01 Z－20.0 F315 (使用轴向浮动刀柄时，F 可减小一些编入)

G01 Z5 F350 M24 (刀具逆时针旋转退出)

用丝锥攻螺纹时，只要丝锥切入工件后，驱动丝锥的刀柄不用再强行进给，丝锥转动后会自动旋入，因此刀柄进给力小一些，刀轴轴向可以和丝锥脱开一些。

2. 主轴的分度指令，*C* 轴指令

C 轴的进给速度用“度/分”为单位，用 G94 表示，用 M17 表示使用 *C* 轴，用 M18 取消 M17，在使用 *C* 轴之前用 M05 使主轴停转，在 *C* 轴运动过程中不允许编入 M05，编程时 *C* 轴可使用绝对值编程 G90 也可使用增量值编程 G91，使用 G90 之前必须通过 G28C0 回 *C* 轴的零点。用 G91 编程而未用 G28 回零点时，表示从当前点出发运动。

例 2-19 在一工件端面处为 ϕ40mm 的圆周上钻 3 个等分的孔，即 3×ϕ12mm，孔径 12mm。

程序为：

T0505 M05 (换 5 号刀，使用 5 号补偿，主轴停止)

M22 M23 B06200 (自驱动力刀具顺时针方向旋转，转速 200r/min)

G94 (表示进给速度的单位为 mm/min)

M17 (使用 *C* 轴)

G91 (增量值编程)

G00 X40.0 Z1.0 M08 (快速接近工件，切削液开)

G01 Z－12.0 F200 (钻孔)

G00 Z1.0 (退出)

G00 C120 (分度)

G01 Z－12.0 (钻孔)

G00 Z1.0 (退出)

G00 C120 (分度)

G01 Z－12.0 (钻孔)

G01 Z1.0 (退出)

G27 M25 M09 (*C* 轴停止，切削液关)

……

3. 铣削功能

系统使用铣刀圆弧半径补偿 G41 和 G42，G41 为左补偿，G42 为右补偿。在车削中心上进行铣削分三种情况：G16 为圆周外表面铣削，G17 为端面铣削，G19 为弦平面铣削，G11 为使用铣削功能，然后选用 G16、G17、G19 中的任何一种，G10 为取消铣削功能。对角度 C 和新引入的 Y 坐标轴可使用绝对值 G90，也可以使用增量值 G91。

下面以 G17 为例来说明铣削功能的应用。G17 的使用如图 2-62 所示，垂直于 X 轴定义了 Y 轴，XY 平面为插补平面，Z 轴用来进刀、退刀。

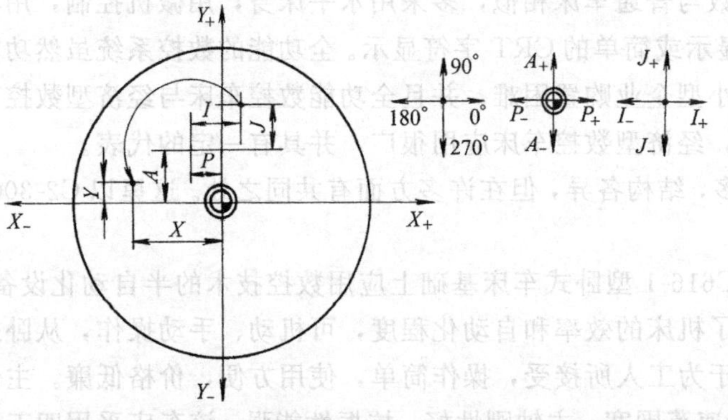

图 2-62　G17 指令

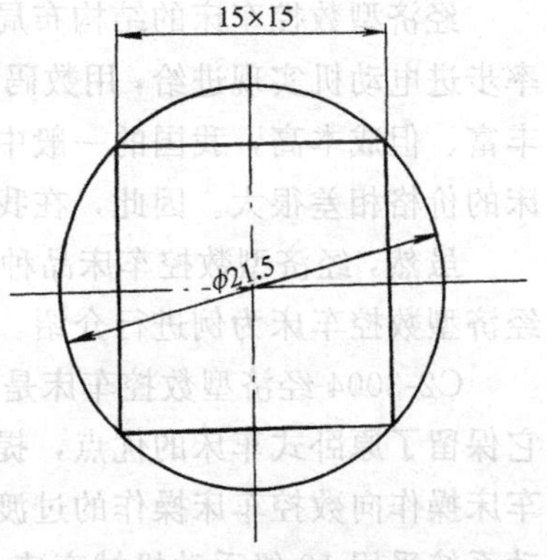

图 2-63　G17 的应用

例 2-20　图 2-63 工件、铣 15mm×15mm 长 5mm 的方头。其程序为：

```
T0303   M05                  (主轴停转)
G94   M22   M23              (动力刀具驱动)
B060800                      (动力刀具转速 800r/min)
M17                          (使用 C 轴功能)
G28   C0                     (回 C 轴零点)
G90                          (绝对值编程)
G00   Z-5.0                  (Z 向进刀)
G00   X33.5                  (接近工件)
G11                          (使用铣削功能)
G17                          (选择端面铣削)
G42                          (铣刀圆弧半径右补偿)
G00   X11.75   Y7.5          (快速接近工件)
G01   X-7.5   F100           (铣削边 1)
G01   Y-7.5                  (铣削边 2)
G01   X7.5                   (铣削边 3)
G01   Y8.5                   (铣削边 4)
G00   Y13                    (退刀)
G40                          (取消刀具圆弧半径补偿)
G10                          (取消铣削功能)
```

G00　X60　　　　　　　　　　　　(退刀)

G25　M25　　　　　　　　　　　　(Z 轴退换刀点，刀具停转)

第五节　经济型数控车床及其程序编制

一、经济型数控车床布局及主要技术参数

1．经济型数控车床的布局

经济型数控车床的结构布局多数与普通车床相似，多采用水平床身，用微机控制，用功率步进电动机实现进给，用数码管显示或简单的CRT字符显示。全功能的数控系统虽然功能丰富、但成本高，我国的一般中、小型企业购置困难，并且全功能数控车床与经济型数控车床的价格相差很大。因此，在我国，经济型数控车床应用很广，并具有一定的代表。

虽然，经济型数控车床品种繁多，结构各异，但在许多方面有共同之处。这里以C2-3004经济型数控车床为例进行介绍。

C2-3004经济型数控车床是在C616-1型卧式车床基础上应用数控技术的半自动化设备，它保留了原卧式车床的优点，提高了机床的效率和自动化程度，可机动、手动操作，从卧式车床操作向数控车床操作的过渡易于为工人所接受，操作简单，使用方便，价格低廉。主传动系统采用18级手动机械变速，转速范围宽，主轴刚性好，抗振性能强。该车床采用四工位回转刀架，刀架具有自动转位选刀功能，可进行多工序连续加工，床身导轨采用超音频淬火，纵、横向进给采用精密滚珠丝杠传动。配用JWK—15型数控车削系统，采用三排数码管显示。

2．主要技术参数

床身最大工件回转直径	ϕ320mm
床身上最大工件长度	750mm
床面以上最大工件回转直径	ϕ140mm
床面中心高	160mm
主轴内孔直径	ϕ30mm
主轴内孔锥度	莫氏5$^{\#}$
主轴端面外锥体锥度	1：24
主轴转速范围	14～2000r/min
主轴转数级数	18级
刀架进给速度范围	
横向（X 向）	3～1000mm/min
纵向（Z 向）	6～2000mm/min
电动刀架刀具容量	4把
快速进给速度	
横向（X 向）	1500mm/min
纵向（Z 向）	3000mm/min
步进电动机最大静转矩	8N·m
油泵电动机功率	90W
主电动机功率	4kW

机床外形尺寸（长×宽×高）　　　　　　　　2391mm×1138mm×1510mm

机床净重/毛重　　　　　　　　　　　　　　1.5t/2.0t

二、经济型数控车床的程序编制

1. 编程实例

如图 2-64 所示工件，欲在经济型数控车床上进行精加工，编制精加工程序。

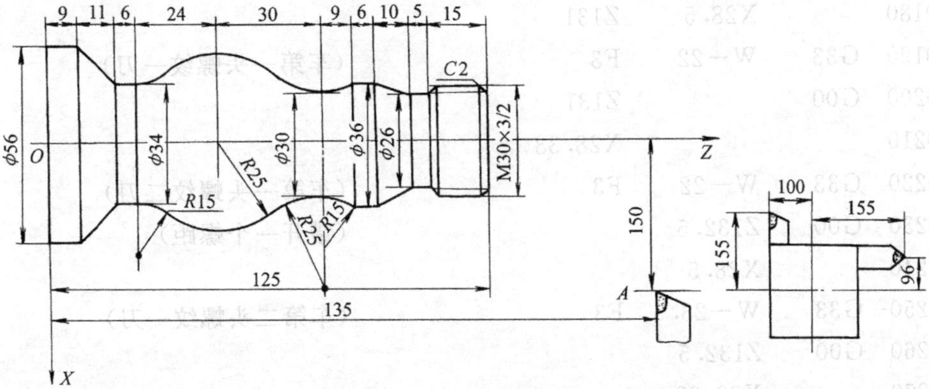

图 2-64　车削零件示例

1）根据图样要求，确定工艺方案及工艺路线，首先切削零件的外轮廓，方向为自右向左加工，然后车削螺纹。

2）刀具的选择　根据加工要求，选用 2 把刀，分别用于精车外轮廓和车削螺纹。

3）选择切削用量　切削用量应根据工件材料、硬度、刀具材料及机床等因素来考虑。一般可由经验确定。

4）程序编制

%0							（引导程序）
N0010	L666						（引导的程序号）
N0020	G00	F2600					（设定的快速进给速度）
%666							（加工程序）
N0010	G92	X300	Z135				（建立工件坐标系）
N0020	T11	M03					（选 1 号刀，使用 1 号刀补主轴正转）
N0030	G00	X26	Z131				（快速接近工件）
N0040	G01	X30	Z129	F300			（倒角）
N0050			Z112				（车 φ30mm 外圆）
N0060		X26	Z110				（倒角）
N0070			Z105				（车 φ26mm 外圆）
N0080		X36	Z95				（车锥度）
N0085		W−6					（车 φ36mm 外圆）
N0090	G02	U−6	W−9	I24	K−9		（车 R15mm 圆弧，Z 为直径值）
N0100		U10	W−15	I50	K0		（车 R25mm 圆弧）
N0110	G03	U0	W−30	R25			（车 R25mm 圆弧）
N0120	G02	X34	W−9	R25			（车 R15mm 圆弧）

N0130	G01		Z20		（车 ϕ34mm 外圆）
N0140		X56	Z9		（车锥面）
N0150			Z0		（车 ϕ56mm 外圆）
N0160	G26	T10	M05		（退刀，取消刀补，主轴停）
N0170		T22	M03		（换刀，主轴起动）
N0180		X28.5	Z131		
N0190	G33	W－22	F3		（车第一头螺纹一刀）
N0200	G00		Z131		
N0210			X28.38		
N0220	G33	W－22	F3		（车第一头螺纹二刀）
N0230	G00	Z132.5			（错开一个螺距）
N0240		X28.5			
N0250	G33	W－23.5	F3		（车第二头螺纹一刀）
N0260	G00	Z132.5			
N0270		X28.38			
N0280	G33	W－23.5	F3		（车第二头螺纹二刀）
N0290	G26		T20	M02	（回起始点程序结束）

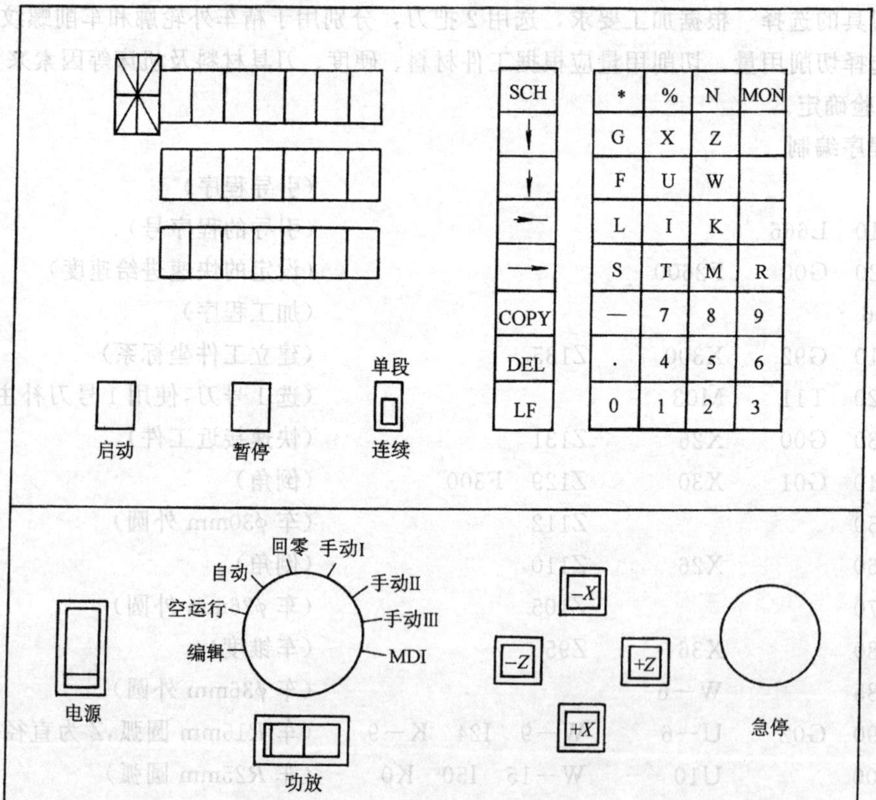

图 2-65　经济型数控车床操作面板

如果有些经济型数控车床可以自动改变主轴的转速，则可以在程序中加 S 指令。如本例中，精车外轮廓时如主轴转速为 S01＝630r/min，则可在 N0020 程序中加 S01；切削螺纹时，如主轴转速为 S02＝400r/min，则可在 N0170 程序段中加 S02。

三、经济型数控车床操作面板

经济型数控车床的操作面板如图 2-65 所示，把机床电源开关合上可以进行机床操作，机床各部的操作主要通过面板来进行。系统采用三排数码管显示，其中第一排数码管用于显示波段开关各状态下的提示信息、编辑状态下的加工程序、编辑过程、自动和空运行状态下的程序显示。第二排、第三排数码管专门用于显示运动计数单元内容。第二排对应于 X 坐标的计数值。第二排对应于 Z 坐标的计数值，并具有掉电保护功能。

习题与思考题

2-1　数控车床与卧式车床相比较，在使用性能和结构方面有何特点？

2-2　数控车床的床身与导轨的布局为什么做成斜置的？

2-3　数控车床的主传动，尤其是进给传动比卧式车床简单得多，但它的转速范围反而更大了，为什么？

2-4　数控车床的自动回转刀架在结构上有何特点？

2-5　数控车床的机床原点、工件原点、参考点、起刀点及换刀点之间有何区别？

2-6　在数控车床上加工零件时，为什么要使用刀具补偿功能？

2-7　数控车床加工零件时为什么需要对刀？如何对刀？

2-8　在数控车床上进行编程、调试及操作时，应注意那些问题？

2-9　何谓增量值编程与绝对值编程？

2-10　编制图 2-66 中零件的加工程序（采用铸件毛坯）。

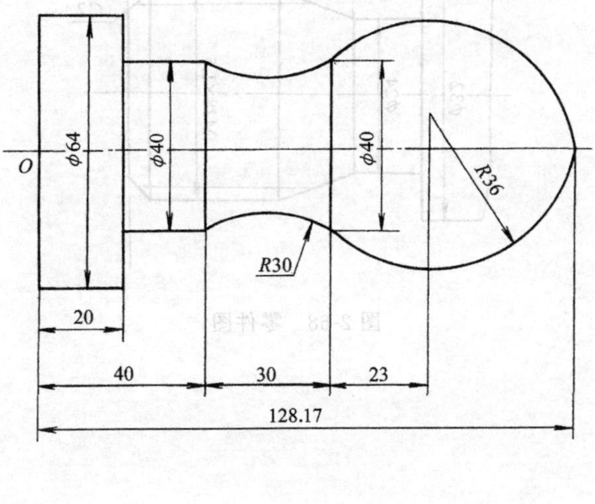

图 2-66　铸件毛坯

2-11　编制图 2-67 中零件的加工程序（采用棒料毛坯）。

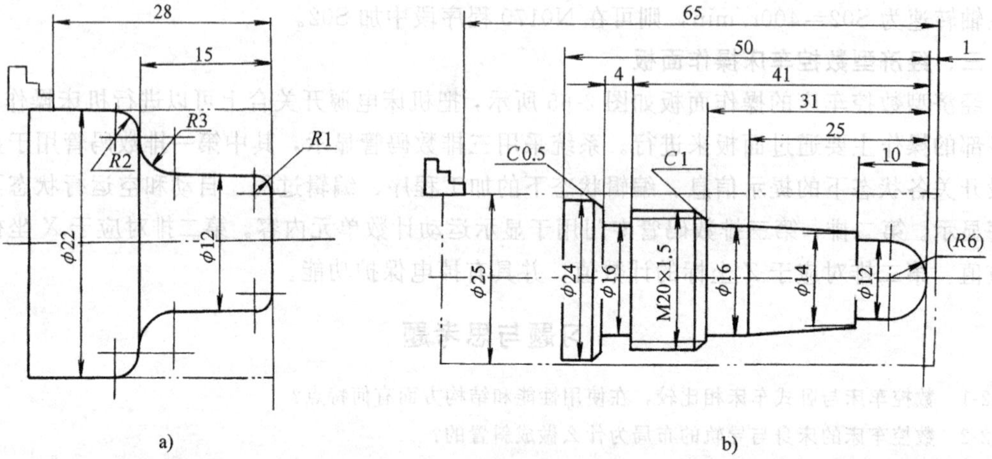

图 2-67　棒料毛坯

2-12　车削中心能完成哪些加工工序？

2-13　何为车削中心的“C”轴？它有哪些功能？

2-14　经济型数控车床有何特点？

2-15　在经济型数控车床上，编制图 2-68 零件的精加工程序。

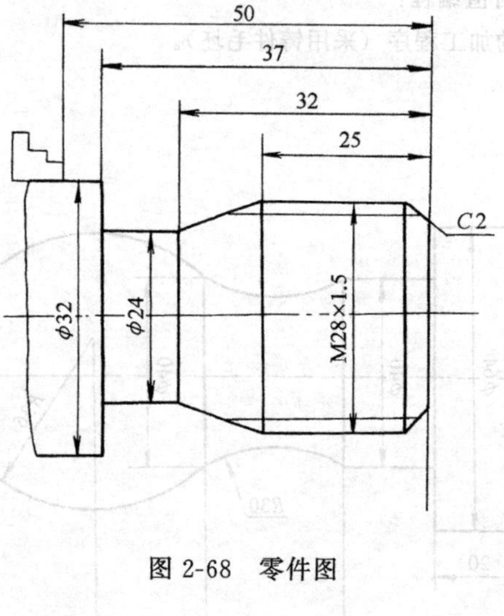

图 2-68　零件图

第三章　数控铣床、加工中心及其程序编制

第一节　数控铣床概述

一、数控铣床的布局形式、用途

数控铣床是一种用途广泛的机床，分为立式和卧式两种。一般数控铣床是指规格较小的升降台式数控铣床，其工作台宽度多在400mm以下；规格较大的数控铣床，例如工作台宽度在500mm以上的，其功能已向加工中心靠近，进而演变成柔性加工单元。数控铣床多为三坐标、两轴联动的机床，也称两轴半控制，即在X、Y、Z三个坐标轴中，任意两轴都可以联动。一般情况下，数控铣床用来加工平面曲线的轮廓，也可以对零件进行钻、扩、铰、锪、镗以及攻螺纹等加工。对于有特殊要求的数控铣床，还可以加一个回转的A坐标或C坐标，即增加一个数控分度头或数控回转工作台。这时机床的数控系统为四坐标的数控系统，可用来加工螺旋槽、叶片等立体曲面零件。

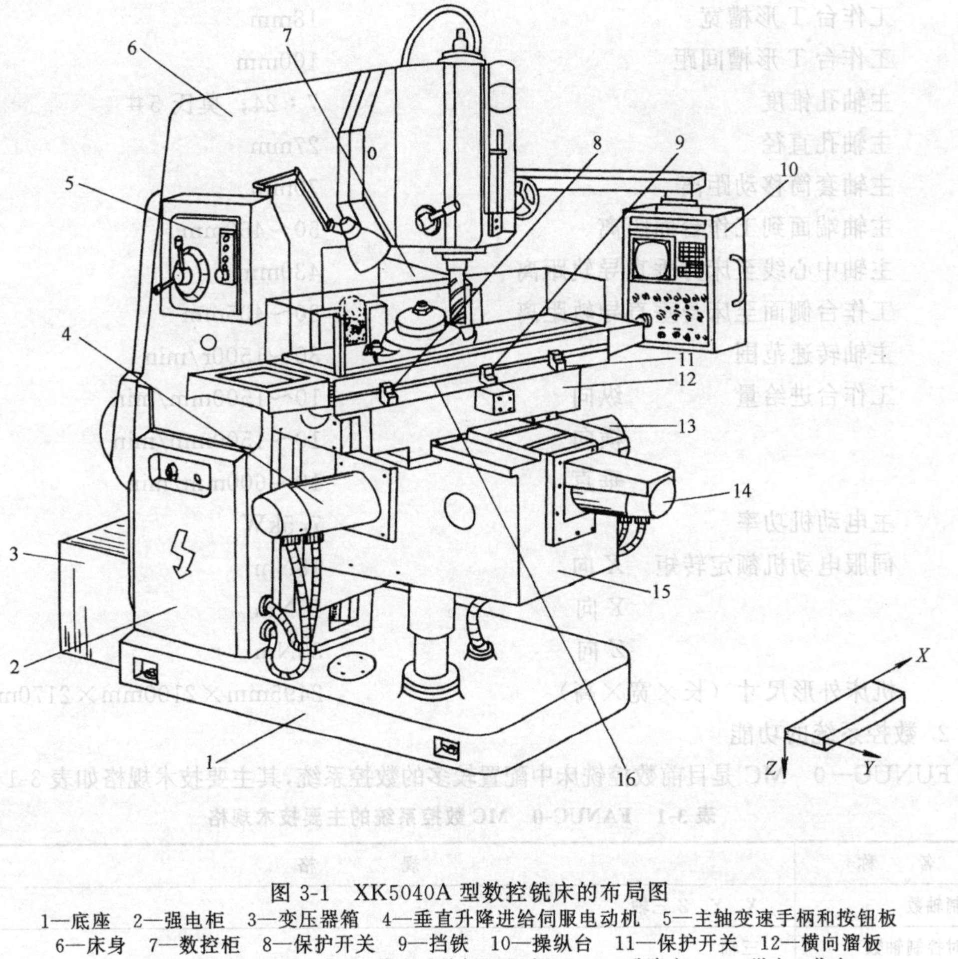

图 3-1　XK5040A 型数控铣床的布局图

1—底座　2—强电柜　3—变压器箱　4—垂直升降进给伺服电动机　5—主轴变速手柄和按钮板　6—床身　7—数控柜　8—保护开关　9—挡铁　10—操纵台　11—保护开关　12—横向溜板　13—纵向进给伺服电动机　14—横向进给伺服电动机　15—升降台　16—纵向工作台

如图 3-1 所示为 XK5040A 型数控铣床的布局图，床身 6 固定在底座 1 上，用于安装与支承机床各部件。操纵台 10 上有 CRT 显示器、机床操作面板、MDI 面板及相关的指示灯。纵向工作台 16、横向溜板 12 安装在升降台 15 上，通过纵向进给伺服电动机 13、横向进给伺服电动机 14 和垂直升降进给伺服电动机 4 的驱动，完成 X、Y、Z 坐标进给。强电柜 2 中装有机床电气部分的接触器、继电器等。变压器箱 3 安装在床身立柱的后面。数控柜 7 内装有机床数控系统。保护开关 8、11 可控制纵向行程硬极限；挡铁 9 为纵向参考点设定挡铁。主轴变速手柄和按钮板 5 用于手动调整主轴的正、反转、停止及切削液开、停等。

二、数控铣床的主要技术参数和数控系统的功能

1. 数控铣床的主要技术参数

XK5040A 数控铣床的主要技术参数如下：

工作台工作面积（长×宽）		1600mm×400mm
工作台最大纵向行程		900mm
工作台最大横向行程		375mm
工作台最大垂直行程		400mm
工作台 T 形槽数		3
工作台 T 形槽宽		18mm
工作台 T 形槽间距		100mm
主轴孔锥度		7：24；莫氏 5#
主轴孔直径		27mm
主轴套筒移动距离		70mm
主轴端面到工作台面距离		50～450mm
主轴中心线至床身垂直导轨距离		430mm
工作台侧面至床身垂直导轨距离		30～405mm
主轴转速范围		30～1500r/min
工作台进给量	纵向	10～1500mm/min
	横向	10～1500mm/min
	垂直	10～600mm/min
主电动机功率		7.5kW
伺服电动机额定转矩	X 向	18Nm
	Y 向	18Nm
	Z 向	35Nm
机床外形尺寸（长×宽×高）		2495mm×2100mm×2170mm

2. 数控系统的功能

FUNUC—0　MC 是目前数控铣床中配置较多的数控系统，其主要技术规格如表 3-1 所示。

表 3-1　FANUC-0　MC 数控系统的主要技术规格

名　　称	规　　格
控制轴数	X、Y、Z 三轴
同时控制轴数	三轴

（续）

名　　称	规　　格	
设定单位	最小设定单位	0.001mm
	最小移动单位	0.001mm
最大指令值	±9999.999mm	
零件程序的输入	MDI 键盘输入；（2）纸带阅读机输入；RS-232C 串行接口输入	
零件程序的编辑	字符的插入、更改、删除；程序段的插入、删除；程序的登录、删除	
输入格式	采用可变程序段的字/地址格式	
小数点的输入	通常尺寸字采用小数点形式输入	
快速进给率	最高可达 24000mm/min 或 940in/min	
切削进给率	可在 0～24000mm/min 或 0～940in/min 范围内设定	
自动加减速	对于运动指令可进行自动加减速处理	
绝对/增量值指令	G90：绝对值方式编程；G91：增量值方式编程	
坐标系设定	预置方式设定加工坐标系（G92）；参数方式设定加工坐标系（G54～G59）	
快速点定位	G00 指令	
直线插补	G01 指令	
圆弧插补	G02/G03 指令	
暂停	G04 指令，可暂停执行下一个程序段	
返回参考点	手动返回参考点；校验返回参考点（G27）；自动返回参考点（G28）；参考点返回（G29）	
刀具半径补偿功能	G41/G42/G40 指令	
刀具长度补偿功能	G43/G44/G49 指令	
固定循环功能	G73，G74，G76，G80～G89 指令	
辅助功能	M00～M99 指令，指定控制机床方面的 ON/OFF	
主轴功能	S4 位码直接指定	
刀具功能	T××：指定刀具号	
跳步功能	当机床上“跳步开关”置于 ON 位置，则程序自动执行时，跳过（不执行）含有“/”跳步符号的程序段	

第二节　数控铣床的主要部件结构

一、机床传动系统图

XK5040A 型数控铣床的主运动是主轴的旋转运动。如图 3-2 所示，由 7.5kW、1450r/min 的主电动机驱动，经 ϕ140/ϕ285mmV 带传动，再经Ⅰ～Ⅱ轴间的三联滑移齿轮变速组、Ⅱ～Ⅲ轴间的三联滑移齿轮变速组、Ⅲ～Ⅳ轴间的双联滑移齿轮变速组和Ⅳ～Ⅴ轴间的圆锥齿轮副 29/29 及Ⅴ～Ⅵ轴间的齿轮副 67/67 传至主轴，转速范围为 30～1500r/min。

进给运动有工作台纵向、横向和垂直三个方向。纵向、横向进给运动由伺服电动机驱动，经过圆柱斜齿轮副带动滚珠丝杠转动。垂直方向进给运动由 FB-25 型带制动器的直流伺服电动机驱动，经圆锥齿轮副带动滚珠丝杠转动。

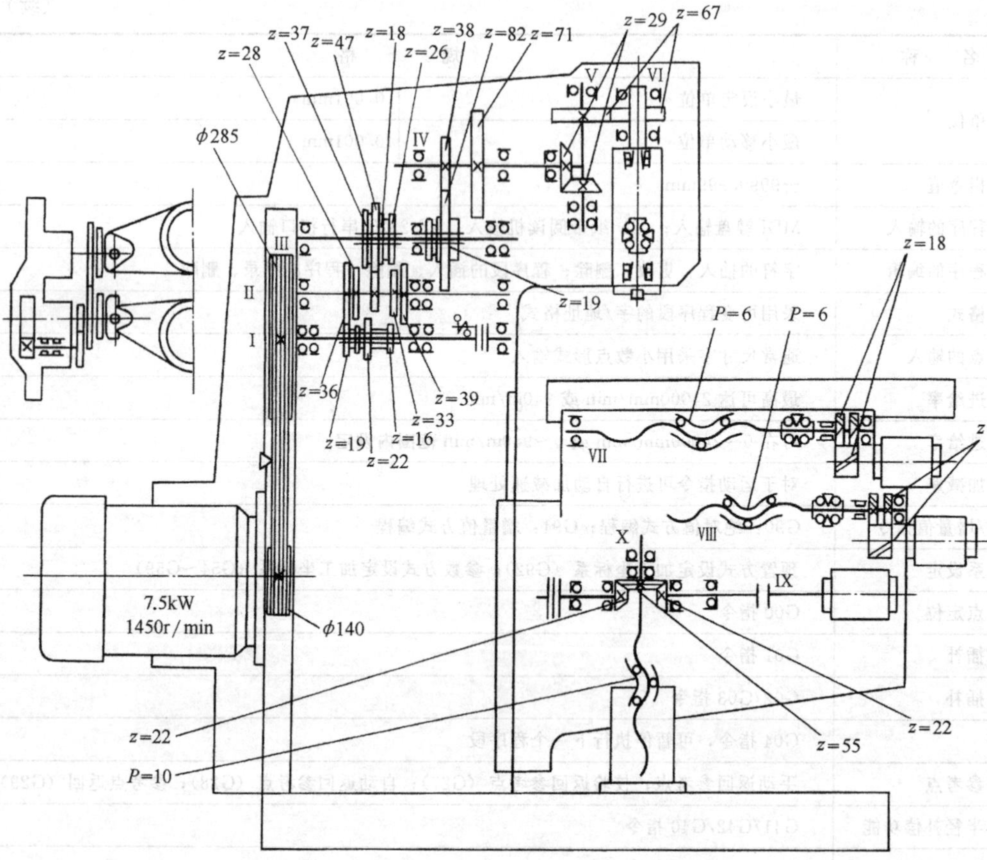

图 3-2 XK5040A 型数控铣床传动系统图

二、升降台自动平衡装置的工作原理及调整

XK5040A 型数控铣床升降台自动平衡装置如图 3-3 所示。伺服电动机 1 经过锥环联接带动十字联轴节以及圆锥齿轮 2、3，使升降丝杠转动，工作台上升或下降，同时圆锥齿轮 3 带动圆锥齿轮 4，经超越离合器和摩擦离合器相连，这一部分称作升降台自动平衡装置。

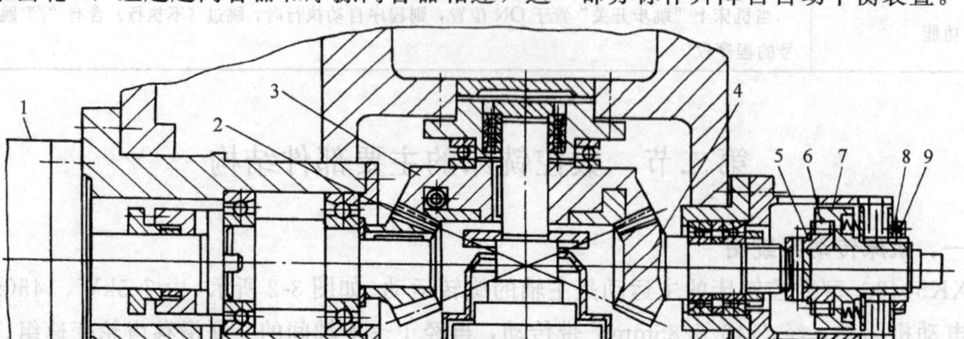

图 3-3 升降台自动平衡装置

1—伺服电动机 2、3、4—圆锥齿轮 5—星轮 6—滚子 7—外壳 8—调整螺母 9—锁紧螺母

升降台自动平衡装置的工作原理如下：当圆锥齿轮 4 转动时，通过锥销带动单向超越离合器的星轮 5。工作台上升时，星轮的转向是使滚子 6 和外壳 7 脱开方向，外壳不转摩擦片不起作用；而工作台下降时，星轮的转向使滚子 6 楔在星轮与外壳 7 之间，外壳 7 随圆锥齿轮 4 一起转动。经过花键与外壳连在一起的内摩擦片与固定的外摩擦片之间产生相对运动，由于内外摩擦片之间由弹簧压紧，有一定摩擦阻力，所以起到阻尼作用，上升与下降的力量得以平衡。阻尼力的大小，可以通过螺母 8 来调整，调整前应先松开螺母 8 的锁紧螺钉 9，调整后应将锁紧螺钉再锁紧。

因为滚珠丝杠无自锁作用，在一般情况下，垂直放置的滚珠丝杠会因部件的质量作用而自动下落，所以必须有阻尼或锁紧机构。XK5040A 型数控铣床选用了带制动器的伺服电动机。

三、主轴部件

机床的主轴部件是机床重要部件之一，它带动工件或刀具执行机床的切削运动。因此，数控机床主轴部件的精度、抗振性和热变形对加工质量有直接的影响，由于数控机床在加工过程中不进行人工调整，这些影响就更为严重。

主轴在结构上要处理好卡盘和刀具的装夹，主轴的卸荷，主轴轴承的定位和间隙的调整，主轴部件的润滑和密封等一系列问题。以及主轴定向停止和主轴孔内的切屑清除等。

第三节　数控铣床的程序编制

下面以 FANUC-0　MC 系统为例，介绍数控铣床的程序编制要点。

一、工件坐标系的设定

工件坐标系的设定是编程计算的第一步，应根据不同的加工要求和编程的方便性进行恰当的选择。

1. 用 G92 指令设定

该指令将工件坐标系原点设定在相对于起刀点的某一空间点上。这一指令通常出现在程序的开头，按照刀具当前位置与工件原点位置的偏差，设置当前刀具位置坐标。该指令只改变当前位置的用户坐标，不产生任何机床运动。

编程格式：G92 X _ Y _ Z _

其中　X _ Y _ Z _为刀具起始点在当前工件坐标系中的坐标值。G92 指令执行后，所有坐标字指定的坐标都是该工件坐标系中的位置。

例 3-1　加工开始前，将刀具置于一个合适的开始点。设在工件坐标系中的坐标值为（20，10，(0)，执行程序的第一段为：

G92 X20.0 Y10.0 Z10.0，则建立了如图 3-4 所示的工件坐标系。

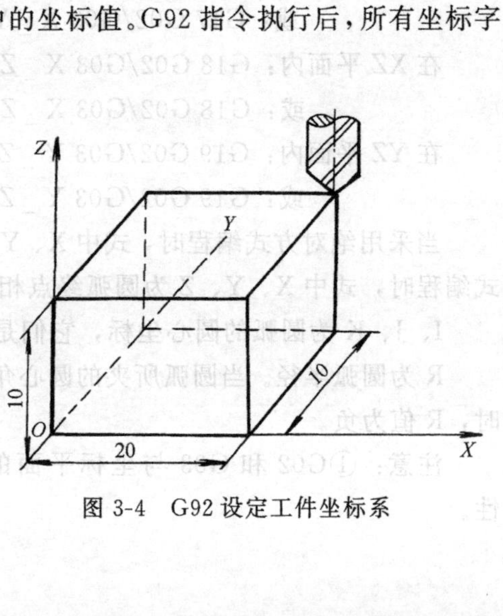

图 3-4　G92 设定工件坐标系

2. 用 G54～G59 指令设定

G54、G55、G56、G57、G58、G59 这些指令可以分别用来在 6 个预定的坐标系中选择当前工件坐标系。这 6 个预定的工件坐标系的坐标原点在机床坐标系中的值（工件零点偏置值）通过

CRT/MDI 方式输入，系统自动记忆。工件坐标系一旦选定，后续程序段中的绝对坐标值均为相对此工件坐标系原点的坐标值。

G92 指令与 G54～G59 指令都是用于设定工件坐标系的，但它们在使用中是有区别的：G92 指令是通过程序来设定工件坐标系的，G92 所设定的加工坐标原点是与当前刀具所在位置有关的，这一加工原点在机床坐标系中的位置是随当前刀具位置的不同而改变的。G54～G59 指令是通过 CRT/MDI 在设置参数方式下设定工件坐标系的，一经设定，加工坐标原点在机床坐标系中的位置是不变的，它与刀具的当前位置无关，除非再通过 CRT/MDI 方式更改。G92 指令程序段只是设定工件坐标系，而不产生任何动作；G54～G59 指令程序段则可以和 G00、G01 指令组合，在选定的工件坐标系中进行位移。

二、主要编程指令的应用

1. 快速定位指令（G00）

刀具以点位控制方式从当前所在位置快速移动到指令给出的目标位置，该指令只能用于快速定位，不能用于切削加工。

例如：　G00 Z100.0（刀具快速移动到 Z=100mm 高度的位置）

　　　　G00 X0 Y0（刀具接着移动到工件原点的上方）

注意：①一般不直接用 G00 X0 Y0 Z100. 的方式，可避免刀具在安全高度以下首先在 XY 平面内快速运动而与工件和夹具发生碰撞；②G00 为模态指令，具有继承性。

2. 直线插补指令（G01）

G01 是指令坐标轴按指定进给速度作直线运动。

例如：G01 X20. Y10. Z30. F100；刀具从当前位置以 100mm/min 的进给速度沿直线运动到（20，10，30）的位置。

注意：①切削加工时，一般要求进给速度恒定，因此，在一个恒定的切削加工中，往往只在程序开始的插补程序段写出 F 值；②G01 为模态指令，具有续效性。

3. 圆弧插补（G02、G03）

G02、G03 是坐标轴按指定进给速度进行圆弧运动。

编程格式：

在 XY 平面内：G17 G02/G03 X _ Y _ I _ J _ F _

　　　　　或：G17 G02/G03 X _ Y _ R _ F _

在 XZ 平面内：G18 G02/G03 X _ Z _ I _ K _ F _

　　　　　或：G18 G02/G03 X _ Z _ R _ F _

在 YZ 平面内：G19 G02/G03 Y _ Z _ J _ K _ F _

　　　　　或：G19 G02/G03 Y _ Z _ R _ F _

当采用绝对方式编程时，式中 X、Y、Z 为工件坐标系中圆弧的终点坐标；当采用增量方式编程时，式中 X、Y、Z 为圆弧终点相对于圆弧起点的坐标。

I、J、K 为圆弧的圆心坐标，它们是圆心相对于圆弧起点的坐标，如图 3-5 所示。

R 为圆弧半径。当圆弧所夹的圆心角 $\alpha \leqslant 180°$ 时，R 值为正；当圆弧所夹的圆心角 $> 180°$ 时，R 值为负。

注意：①G02 和 G03 与坐标平面的选择有关；②G02、G03 为模态指令，具有继承性。

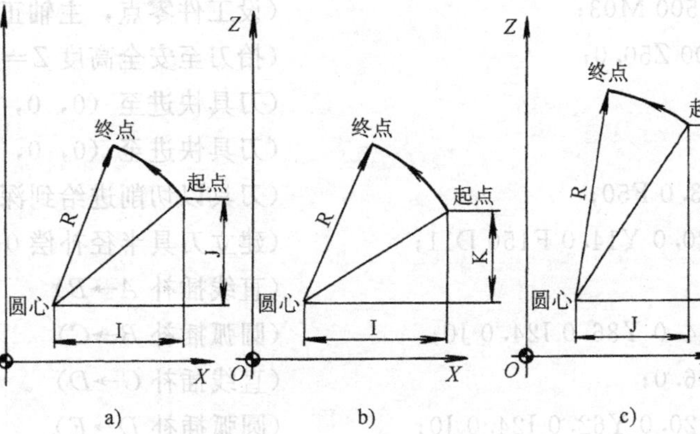

图 3-5 圆弧的坐标

例 3-2 图 3-6 所示为半径等于 50mm 的球面，其球心位于坐标原点，刀心轨迹为 $A \to B$、$B \to C$、$C \to A$ 的圆弧插补程序为：

G17 G90 G03 X0 Y50.0 I-50.0 J0；　　　　（$A \to B$，绝对坐标编程）

G19 G91 G03 Y-50.0 Z50.0 J-50.0 K0；　　（$B \to C$，增量坐标编程）

G18 G90 G03 X50.0 Z0 I0 K-50.0；　　　（$C \to A$，绝对坐标编程）

请读者自己将以上程序改为以圆心方式编程。

4. 刀具半径补偿（G40、G41、G42）

使用 G40、G41 和 G42 刀具半径补偿指令，并将刀具半径的数值用 CRT/MDI 的方式设定后，数控系统将按这一数值自动地计算出刀具中心的轨迹，并按刀具中心轨迹运动。

G41——刀具半径左刀补偿指令；

G42——刀具半径右刀补偿指令；

G40——刀具半径补偿撤消指令。

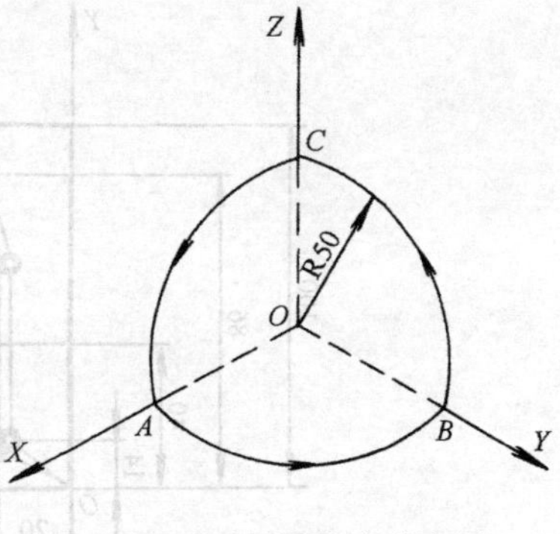

图 3-6 圆弧插补指令的应用

建立刀具半径补偿格式为：

G41/G42 G00/G01 X _ Y _ D _

撤消刀具半径补偿格式为：

G40 G00/G01 X _ Y _

式中 H 为偏移代号，取值范围 H00～H99。其中 H00 的偏移量始终为 0，H01～H99 中存放刀具半径值，根据需要选用其中一个。使用刀具半径补偿指令需注意的是：

1）存放刀具半径值的地址由 H 偏置代号指定，用 CRT/MDI 方式手动输入；

2）从无刀具补偿状态进入刀具半径补偿方式时，移动指令只能是 G01 或 G00。不能使用 G02 和 G03（实际编程时建议与 G01 组合）；

3）在撤消刀具半径补偿时，移动指令也只能是 G01 或 G00，而不能用 G02 或 G03；

4）若 H 代码中存放的偏移量为负值，那么 G41 与 G42 指令可以互相取代。

例 3-3 加工图 3-7 所示零件凸台的外轮廓，采用刀具半径补偿指令进行编程。

采用刀具半径左补偿，数控程序如下：

O0002　　　　　　　　　　　　　　（程序号）

N0001 G90 G17 G40 G49 G80 G21；　　（程序初始设置）

N0010 G54 S1500 M03;　(设工件零点，主轴正转 1500r/min)
N0020 G90 G00 Z50.0;　(抬刀至安全高度 Z=50mm 处)
N0030 X0 Y0;　(刀具快进至 (0, 0, 50))
N0040 Z2.0;　(刀具快进至 (0, 0, 2))
N0050 G01 Z-3.0 F50;　(刀具以切削进给到深度－3mm 处)
N0060 G41 X20.0 Y14.0 F150 D11;　(建立刀具半径补偿 0→A)
N0070 Y62.0;　(直线插补 A→B)
N0080 G02 X44.0 Y86.0 I24.0 J0;　(圆弧插补 B→C)
N0090 G01 X96.0;　(直线插补 C→D)
N0100 G03 X120.0 Y62.0 I24.0 J0;　(圆弧插补 D→E)
N0110 G01 Y40.0;　(直线插补 E→F)
N0120 X100 Y14.0;　(直线插补 F→G)
N0130 X20.0;　(直线插补 G→A)
N0140 G40 X0 Y0;　(取消刀具半径补偿 A→0)
N0150 G00 Z100.0;　(Z 向快速退刀)
N0160 M02;　(程序结束)

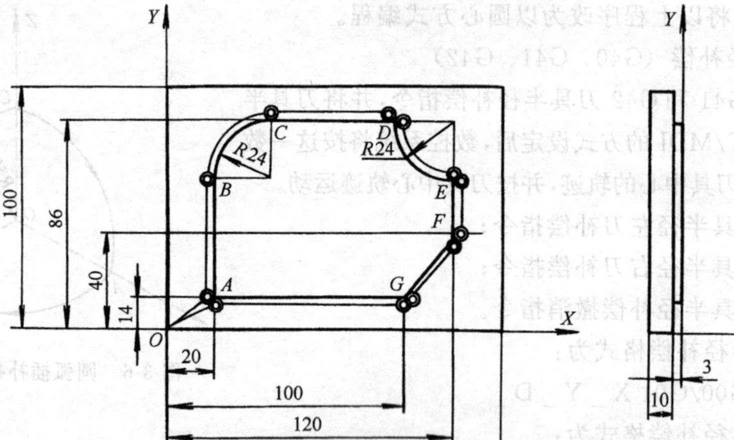

图 3-7　左刀补的应用

例 3-4　加工图 3-8 所示零件凹槽的内轮廓，采用刀具半径补偿指令进行编程。采用刀具半径右补偿进行加工，数控程序如下：

O0003　(程序号)
N0001 G90 G17 G40 G49 G80 G21;　(程序初始设置)
N0005 G54 S1500 M03;　(设工件零点，主轴正转 1500r/min)
N0010 G90 Z50.0;　(抬刀至安全高度)
N0020 G00 X80.0 Y60.0 Z2.0;　(刀具快进至 P 点上方)
N0030 G01 Z-3.0 F100;　(刀具以切削进给到深度 3mm 处)
N0040 G42 X60.0 Y40.0 D11;　(建立刀具半径右补偿 P→A)
N0050 X30.0;　(直线插补 A→B)

N0060 G02 X20.0 Y50.0 I0 J10.0; （圆弧插补 B→C）
N0070 G01 X80.0; （直线插补 C→D）
N0080 G02 X30 Y90 I10.0 J0; （圆弧插补 D→E）
N0090 G01 X90.0; （直线插补 E→F）
N0100 G02 X120.0 Y60.0 I0 J-30.0; （圆弧插补 F→G）
N0110 G01 Y20.0; （直线插补 G→H）
N0120 G02 X110.0 Y10.0 I-10.0 J0; （圆弧插补 H→I）
N0130 G01 X70.0; （直线插补 I→J）
N0140 G02 X60.0 Y20.0 I0 J10.0; （圆弧插补 J→K）
N0150 G01 Y40.0; （直线插补 K→A）
N0160 G00 G40 X80.0 Y60.0; （取消刀具半径右补偿 A→P）
N0170 G00 Z100.0; （刀具沿 Z 轴快速退出）
N0180 M30; （程序结束）

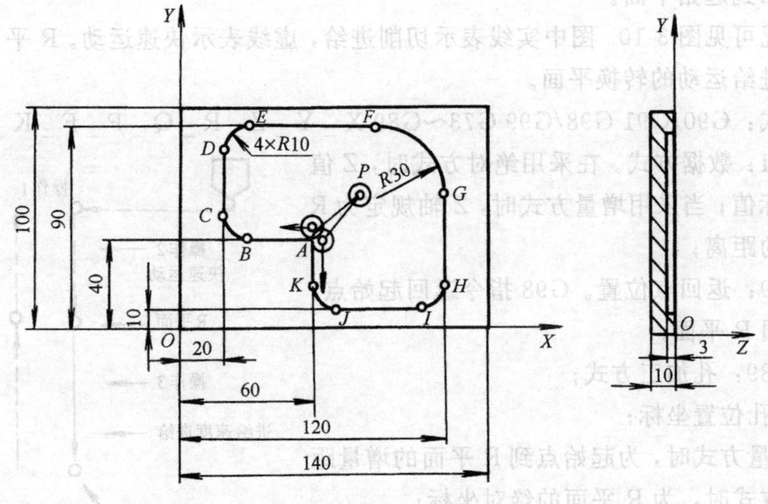

图 3-8 右刀补的应用

5. 刀具长度补偿（G43、G44、G49）

G43、G44 指令能够进行 Z 轴的刀具长度补偿。其中，G43 为刀具长度正补偿，G44 为刀具长度负补偿。取消刀具长度补偿用 G49 指定。

编程格式为：G43/G44 G01/G00 Z _ H _

……

G49 G01/G00 Z _

其中：H 代码指定刀具长度偏置寄存器号，无论是采用绝对方式还是增量方式编程，对于存放在 H 偏置寄存器中的数值，在 G43 时是加到 Z 轴坐标值中，在 G44 时是从原 Z 轴坐标值之中减去，从而形成新的 Z 轴坐标值。

例 3-5 如图 3-9 所示，刀具长度偏置寄存器 H01 中存放的补偿值是 10，执行下列语句：G90 G43 G01 Z-15.0 H01，刀具移动到 $Z=-4$mm 的位置（如图 3-9a）。

如果语句改为：G90 G44 G01 Z-15.0 H01 刀具移动到 $Z=-26$mm 的位置（如图 3-9b）。

从上面可以看出，在程序命令方式下，可以通过修改刀具长度偏置寄存器中的值达到控制背吃刀量的目的，而无须修改零件加工程序。

三、固定循环功能的应用

为了提高编程工作效率，FANUC-0 MC系统对于一些典型加工中几个固定、连续的动作规定可用固定循环指令来选择。本系统常用的固定循环指令能完成的工作有：镗孔、钻孔和攻螺纹等。这些循环通常包括下列基本动作：①在XY平面定位；②快速移动到R平面；③孔加工；④孔底动作；⑤返回到R平面；⑥返回到起始平面。

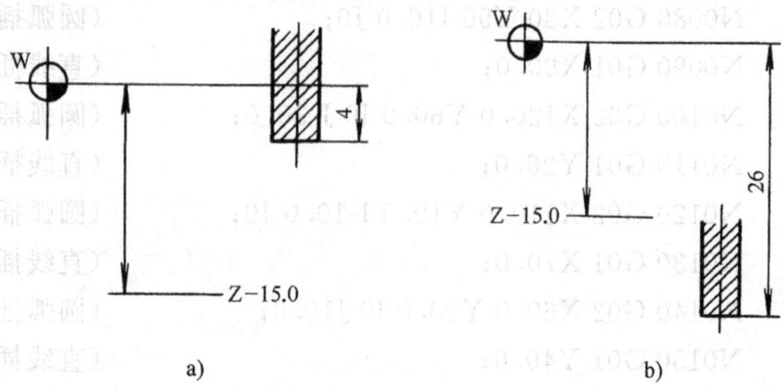

图 3-9 刀具长度补偿

a）正补偿：G90 G01 G43 Z-15.0 H01

b）负补偿：G90 G01 G44 Z-15.0 H01

上述情况可见图3-10。图中实线表示切削进给，虚线表示快速运动。R平面为在孔口时，快速运动与进给运动的转换平面。

编程格式：G90/G91 G98/G99 G73～G89 X_ Y_ Z_ R_ Q_ P_ F_ K_

G90/G91：数据方式。在采用绝对方式时，Z值为孔底的坐标值；当采用增量方式时，Z轴规定为R平面到孔底的距离；

G98/G99：返回点位置。G98指令返回起始点，G99指令返回R平面；

G73～G89：孔加工方式；

X、Y：孔位置坐标；

R：在增量方式时，为起始点到R平面的增量距离；在绝对方式时，为R平面的绝对坐标；

Q：在G73、G83方式时，或具有偏移值的G76与G87时，规定每次背吃刀量，它始终是一个增量值；

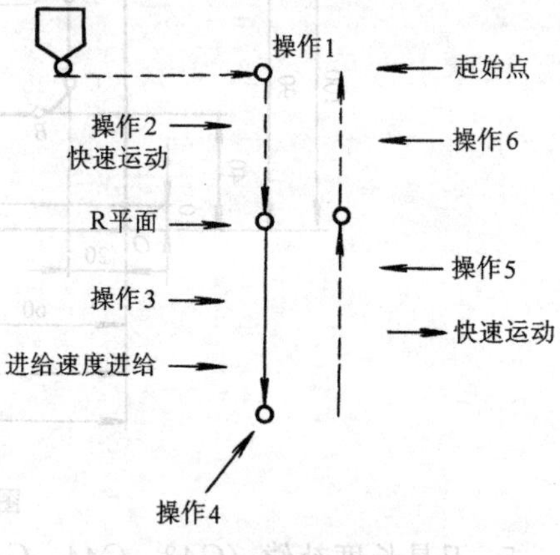

图 3-10 固定循环的基本动作

P：孔底暂停时间；

F：切削进给的速度；

K：规定重复加工次数（1～6）。当K没有规定时，默认为1；当K=0时，孔加工数据存入，但不执行加工。当孔加工方式建立后，一直有效，而不需要在执行相同孔加工的每一个程序段中指定，直到被新的孔加工方式所更换或被撤消。

下面用图示方法说明几种常用的孔加工固定循环：

1. 高速钻孔循环（G73）

见图3-11，其中d由系统参数设定。

2. 攻左螺纹循环（G74）

该指令规定主轴下移至R平面时启动，反转切入零件到孔底后主轴改为正转退出，在

G74 攻螺纹期间速度修正无效，见图 3-12。

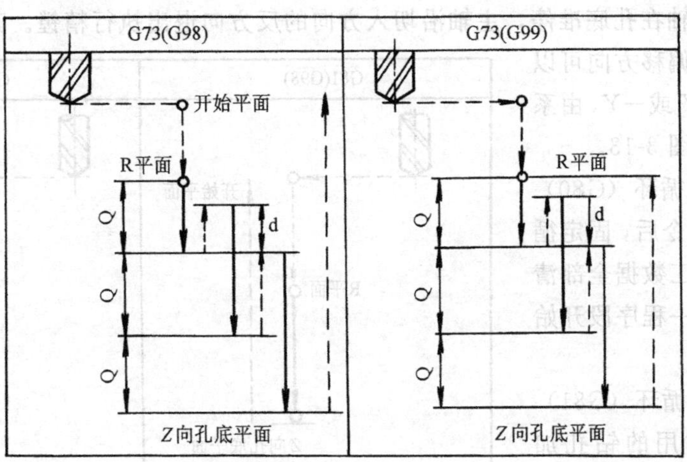

图 3-11　高速钻孔循环

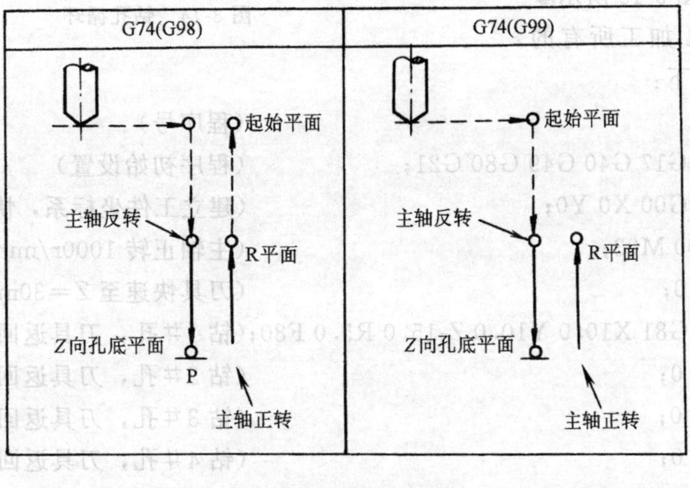

图 3-12　攻螺纹循环

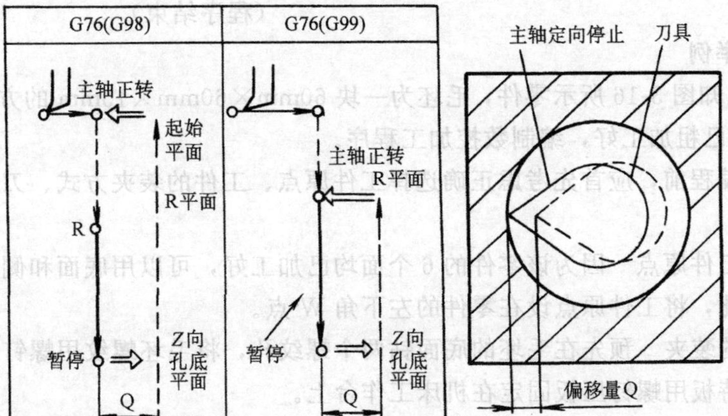

图 3-13　精镗循环

3. 精镗循环（G76）

该指令使主轴在孔底准停，主轴沿切入方向的反方向退出执行精镗。其中准停偏移量 Q 一般总为正值，偏移方向可以是 $+X$、$-X$、$+Y$ 或 $-Y$，由系统参数选定，见图 3-13。

4. 撤消固定循环（G80）

使用 G80 指令后，固定循环被取消，孔加工数据全部清除，从 G80 的下一程序段开始执行一般 G 指令。

5. 定点钻孔循环（G81）

这是一种常用的钻孔加工方式，见图 3-14。

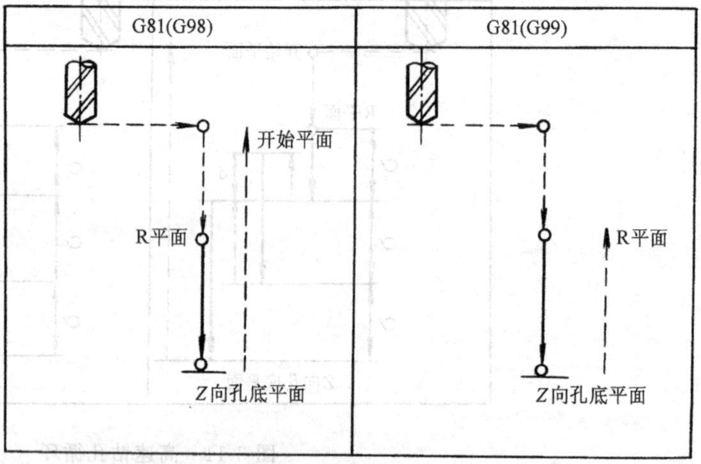

图 3-14　钻孔循环

例 3-6　如图 3-15 所示零件，要求用 G81 加工所有的孔，加工程序如下：

O0004	（程序号）
N0005 G90 G17 G40 G49 G80 G21；	（程序初始设置）
N0010 G54 G00 X0 Y0；	（建立工件坐标系，快速至（0，0）点）
N0020 S1000 M03；	（主轴正转 1000r/min）
N0030 Z30.0；	（刀具快速至 Z=30mm 起始平面）
N0040 G99 G81 X10.0 Y10.0 Z-15.0 R5.0 F80；	（钻 1#孔，刀具返回 R 平面）
N0050 X50.0；	（钻 2#孔，刀具返回 R 平面）
N0060 Y30.0；	（钻 3#孔，刀具返回 R 平面）
N0070 X10.0；	（钻 4#孔，刀具返回 R 平面）
G80 G00 Z30.0；	（取消钻孔循环，快速至起始平面）
M30；	（程序结束）

四、编程举例

例 3-7　已知图 3-16 所示零件，毛坯为一块 60mm×60mm×15mm 的方形坯料，材料为退火 45 钢，且已粗加工好，编制数控加工程序。

分析：在编程前，应首先考虑正确选择工件原点、工件的装夹方式、刀具规格安全高度等。

（1）选择工件原点　因为该零件的 6 个面均已加工好，可以用底面和侧面作为定位与测量的基准，因此，将工件原点设在零件的左下角 W 点。

（2）工件的装夹　预先在毛坯的底面钻两个螺纹孔，将毛坯螺纹用螺钉反锁在一块夹持板上，再将夹持板用螺钉压板固定在机床工作台上。

（3）刀具选择　选用 ϕ20mm 立铣刀。

（4）确定安全高度　对于铣削加工，起刀点和退刀点必须离开加工零件上表面一个安全高度，保证刀具在停止状态时，不与加工零件和夹具发生碰撞。此处安全高度设为 Z=30mm

（即离开毛坯上表面 15mm 处）。

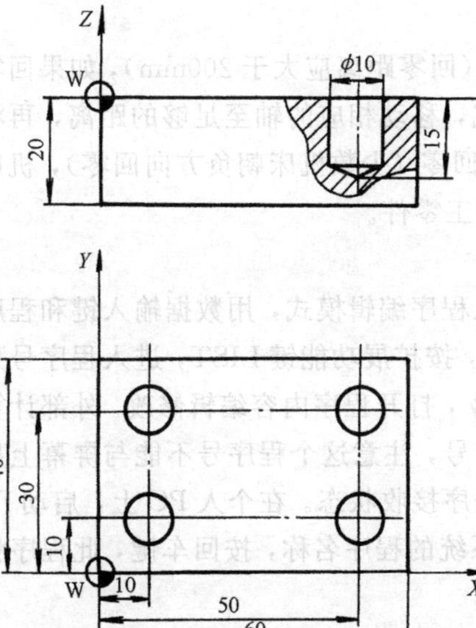

图 3-15　孔加工零件

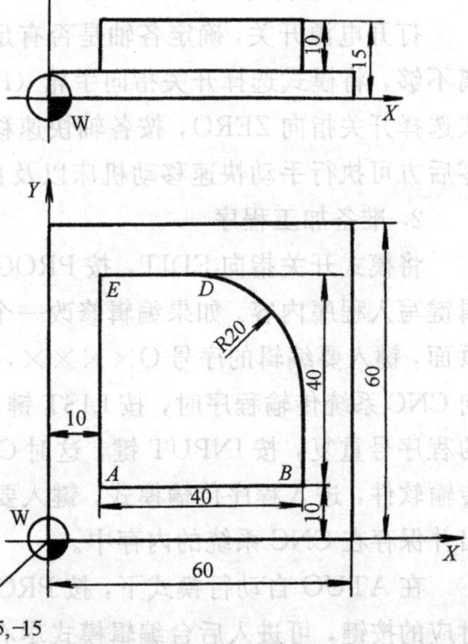

图 3-16　二维轮廓零件

（5）进刀/退刀方式　对于铣削加工，刀具切入的方式，不仅影响加工质量，而且直接关系到加工的安全。此处采用切向进刀/退刀方式，起刀点定在 O 点。

数控加工程序如下：

```
O0005                                    (程序号)
N0005 G17 G90 G40 G49 G80 G21;           (程序初始设置)
N0010 G54 G90 G00 Z100.;                 (建立工件坐标系，抬刀至 100mm 处)
N0020 X0 Y0;                             (刀具至工件原点上方)
N0030 Z30.0;                             (刀具至安全高度处)
N0040 S1000 M03;                         (主轴正转，转速 1000r/min)
N0050 X-15.0 Y-15.0;                     (刀具离开工件到起刀点 O 的上方)
N0060 G01 Z5.0 F30 M08;                  (下降至 5mm 处)
N0070 G42 X10.0 Y10.0 D01 F50;           (建立刀具半径右补偿)
N0080 X50.0                              (直线插补至 B 点)
N0090 Y30.0                              (直线插补至 C 点)
N0100 G03 X30.0 Y50.0 I-20.0 J0;         (圆弧插补至 D 点)
N0110 G01 X10.0;                         (直线插补至 E 点)
N0120 Y10.0;                             (直线插补至 A 点)
N0130 G40 X-15.0 Y-15.0;                 (直线插补至 O 点，取消刀具半径补偿)
N0140 G00 Z30.0;                         (快速抬刀至安全平面)
N0150 M30;                               (程序结束)
```

五、数控铣床操作规范

下面以配置 FANUC-0　MC 数控系统的数控铣床为例说明其基本操作方法：

1. 操作准备与回零

打开电源开关，确定各轴是否有足够的回零距离（回零距离应大于 200mm），如果回零距离不够，将模式选择开关指向手轮（HANDLE）模式，移动相应的轴至足够的距离，再将模式选择开关指向 ZERO，按各轴快速移动键朝正方向回零（少数机床朝负方向回零），机床回零后方可执行手动快速移动机床以及自动运行程序加工零件。

2. 准备加工程序

将模式开关指向 EDIT，按 PROGRAM 键，进入程序编辑模式，用数据输入键和程序编辑键写入程序内容。如果编辑修改一个已存在的程序，按扩展功能键 LIST，进入程序号列出页面，键入要编辑的序号 O××××，按光标移动键↓，打开程序内容编辑修改。外部计算机向 CNC 系统传输程序时，按 LIST 键，输入一个程序号，注意这个程序号不能与屏幕上显示的程序号重复，按 INPUT 键，这时 CNC 系统处于程序接收状态。在个人 PC 上，启动 DNC 传输软件，进入程序传输模式，键入要输入到 CNC 系统的程序名称，按回车键，此程序将输出并保存在 CNC 系统的内存中。

在 ATUO 自动行模式下，按 PROGRAM 键，按扩展功能翻页键→BT-EDIT 位置，按下对应的按键，可进入后台编辑模式尽心编辑操作。编辑程序时，不影响 CNC 自动运行加工程序。机床在加工程序的同时，可编辑下一个程序。

3. 加工参数设置

(1) 工件坐标系设定　选择手轮模式，按 POS 键，进入坐标显示页面。用装在主轴上的测量头，移动相应的轴，找正工件坐标系，使主轴中心与工件原点重合，记录 X、Y 的当前坐标值。按 OFSET 键，进入工件坐标系设定页面，按 PAGE 上下翻页键，共可显示 6 个坐标系设定页面（G54～G59）。光标移动键指定要输入值的位置，键入正确的 X、Y 坐标记录值以及 Z 坐标设定值。按 INPUT 键，依次输入。

(2) 刀具补偿值的设定　选择手轮模式，按 POS 键，进入坐标值显示页面。按扩展功能相应按键，显示相对坐标值，将要设定长度补偿值的刀具装入主轴，移动 Z 轴，至工件坐标系原点。键入 Z，按 CAN 键，将当前 Z 轴的增量坐标值设定为零，移动 Z 轴，使刀具下端部与工件编程 Z 方向基准重合。按 OFSET 键，显示加工参数设置页面，移动光标至输入值的位置，写入当前 Z 轴相对坐标值。按 INPUT 键输入，完成刀具长度补偿值的设定。

按 PAGE↑↓键进入刀具补偿值设定页面，移动光标至输入值的位置。根据编程指定的刀具，键入刀具半径补偿值。按 INPUT 键，完成刀具半径补偿值的设定。

4. 运行程序

选择 EDIT 模式，按 PROGRAM 键，进入程序显示页面。按扩展功能键 LIST，键入要运行的程序号。按光标移动键↓，进入程序内容显示页面。按光标移动键↑↓，选择开始执行的程序段位置，选择 AUTO 模式。按下循环启动按钮（CYCLE STAART），开始自动运行程序。当功能面板开关 SINGLE BLIOCK 指向 ON 时，将执行单段操作，这时，每按下一次循环启动开关，程序运行一个程序段。自动运行程序时，可以通过主轴速度倍率开关和进给速度倍率开关改变程序指定的主轴转速和加工速度。

按下 CYCLE STOP 按钮时，程序停止运行，但保持模式指令，再次按下该按钮时，程序继续运行。在自动运行程序加工过程中，如果出现危险情况时，应迅速按下 EMERGENCY STOP 紧急停止开关或 RESET 复位键，终止运行程序。

如有操作不当时，将出现相应的报警号码，这时按下 ALARM 键，查阅报警错误信息，作出相应对策。

第四节　加工中心概述

一、加工中心的特点

加工中心是目前世界上产量最高，应用最广泛的数控机床之一。一般它将铣、镗、钻、铰、攻螺纹等功能集中在一台机床上，使其具有多种工艺手段，主要特点有：第一，在数控镗床或数控铣床的基础上增加自动换刀装置，使工件在一次装夹后，可以连续完成对工件表面多工序的加工，工序高度集中；第二，一般带有自动分度回转工作台或主轴箱可自动转角度，从而使工件一次装夹后，自动完成多个平面或多个角度位置的多工序加工；第三，加工中心能自动改变机床主轴转速、进给量和刀具相对工件的运动轨迹及其它辅助机能；第四，加工中心如果带有交换工作台，工件在工作位置的工作台进行加工的同时，另外的工件在装卸位置的工作台上进行装卸，不影响正常的加工工件。

由于加工中心具有上述机能，因而可以大大减少工件装夹、测量和机床的高速调整时间，减少工件的周转、搬运和存放时间，使机床的切削时间利用率高于普通机床 3～4 倍，大大提高了生产率，尤其是在加工形状比较复杂、精度要求较高、品种更换频繁的工件时，更具有良好的经济性。

加工中心一般是在镗、铣床的基础上发展起来的，可称为镗铣加工中心，习惯上简称为加工中心。

二、加工中心的分类及应用范围

(一) 加工中心的分类

1. 按机床形态分类

(1) 卧式加工中心　指主轴轴线为水平状态设置的加工中心，如图 3-17 所示，通常都带有可进行分度回转运动的分度工作台。卧式加工中心一般具有 3～5 个运动坐标，常见的是三个直线运动坐标（沿 X、Y、Z 轴方向）加一个回转运动坐标（回转工作台），它能够使工件在一次装夹后完成除安装面和顶面外的其余四面的加工，最适合箱体类工件的加工。

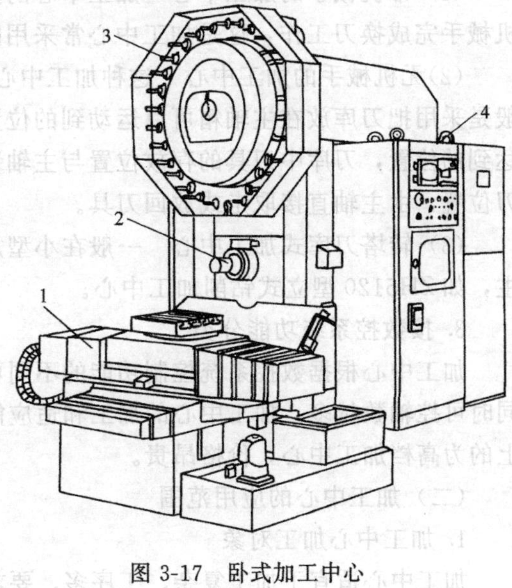

图 3-17　卧式加工中心
1—工作台　2—主轴　3—刀库　4—数控柜

卧式加工中心有多种形式，如固定立柱式或固定工作台式。与立式加工中心相比较，卧式加工中心的结构复杂，占地面积大，质量大，价格也较高。

(2) 立式加工中心　指主轴轴心线为垂直状态设置的加工中心。其结构形式多为固定立柱式如图 3-18 所示。工作台为长方形，无分度回转功能，适合加工盘类零件。具有三个直线运动坐标，并可在工作台上安装一个水平轴的数控转台用以加工螺旋线类零件。

立式加工中心的结构简单，占地面积小，价格较低。

(3) 龙门式加工中心　龙门式加工中心形状与龙门铣床相似，主轴多为垂直设置，带有自动换刀装置，带有可更换的主轴头附件，数控装置的软件功能也较齐全，能够一机多用，尤其适用于大型或形状复杂的零件加工。

(4) 万能加工中心　某些加工中心具有立式和卧式加工中心的功能，工件一次装夹后能完成除安装面外的所有侧面和顶面等 5 个面的加工，也叫 5 面加工中心，常见的万能加工中心有两种形式，一种是主轴可以旋转 90°，既可以象立式加工中心那样工作，也可以象卧式加工中心那样工作，另一种是主轴不改变方向，而工作台可以带着工件旋转完成对工件五个表面的加工。

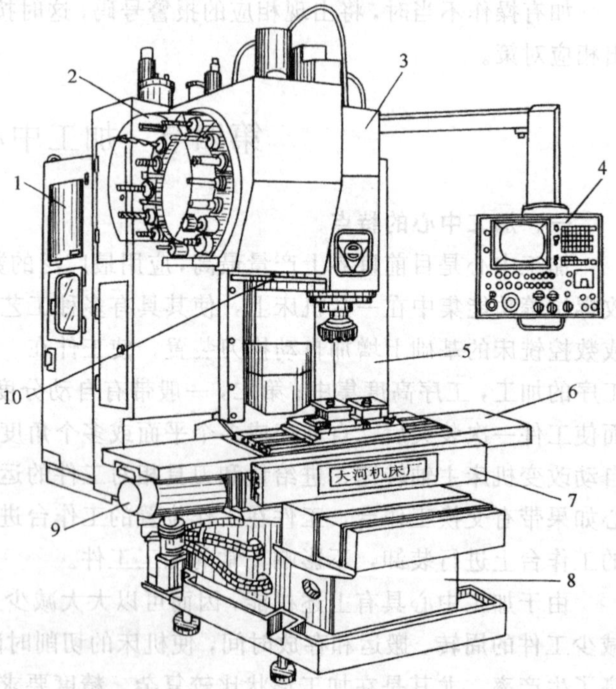

图 3-18　立式加工中心

1—数控柜　2—刀库　3—主轴箱　4—操纵板
5—立柱　6—纵拖板　7—横拖板　8—底座
9—伺服电动机　10—防护板

2. 按换刀形式分类

(1) 带机械手的加工中心　加工中心的换刀装置（ATC）是由刀库和机械手组成，换刀机械手完成换刀工作，这是加工中心常采用的形式。

(2)无机械手的加工中心　这种加工中心的换刀是通过刀库和主轴箱配合动作来完成。一般是采用把刀库放在主轴箱可以运动到的位置，或整个刀库或某一刀位能移动到主轴箱可以达到的位置，刀库中刀具的存放位置与主轴装刀方向一致，换刀时，主轴运动到刀位上的换刀位置，由主轴直接取走或放回刀具。

(3) 转塔刀库式加工中心　一般在小型加工中心上采用转塔刀库形式，主要以孔加工为主，如 ZH5120 型立式钻削加工中心。

3. 按数控系统功能分类

加工中心根据数控系统控制功能的不同可分为三轴联动、四轴三联动、五轴联动等类型，同时可控轴数越多，加工中心的加工和适应能力越强。一般的加工中心为三轴联动，三轴以上的为高档加工中心，价格昂贵。

(二) 加工中心的应用范围

1. 加工中心加工对象

加工中心适宜于加工复杂、工序多、要求较高、需用多种类型的普通机床和众多的刀具夹具，且经多次装夹和调整才能完成加工的零件。其加工的主要对象有下列几类：

(1) 箱体类零件　一般是指具有一个同轴孔系以上，内部有一定形腔，在长、宽、高方向有一定比例的零件，特别是要用短镗刀杆，工件回转180°镗同一孔系的零件。

(2) 复杂曲面　主要指凸轮、叶轮、模具等零件。

(3) 异形件　一般是指外形不规则的零件。

(4) 盘、套、板类零件　指带有键槽，或径向孔，或端面有分布的孔系，曲面的盘、套、板类零件。

推荐下列内容为加工中心加工的主要选择对象：

1) 中小批量，周期性地进行加工，每批品种多变，并有一定复杂程度的零件；

2) 具有多个不同位置的平面和孔系需加工的箱体或多棱体零件；

3) 零件上不同类型表面之间有较高的位置精度要求，更换机床加工时很难保证加工要求的零件；

4) 加工精度一致性要求较高的零件；

5) 切削条件多变的零件。如某些零件由于形状特点需切槽、镗孔、攻螺纹等；

6) 形状虽简单，但可同类型或不同类型零件成组安装在工作台夹具上，进行多品种混流加工的零件；

7) 结构或形状复杂，普通加工时操作复杂困难，工时长，加工效率低的零件；

8) 镜像对称加工的零件；

9) 成组加工中的系列零件或零件族。

2. 不适宜加工中心加工对象

下列内容建议不宜在加工中心上加工：

1) 形状过于简单，使用加工中心并不能显著缩短工时，提高生产率的零件；

2) 简单平面的铣削，特别是大平面的铣削，加工中刀具单一，不能发挥自动换刀(ATC)功能的优势；

3) 批量很大的零件。因为大批量的专业化生产选择专用机床、流水生产设备，或组合机床更经济合理。

各种铣削、钻削、镗削、铰削、攻螺纹等加工及粗、精加工均可在加工中心上完成，但是加工中心的台时费用高，在考虑工序负荷时，不仅要考虑机床加工的可能性，还要考虑加工的经济性。例如：用加工中心可以进行复杂的曲面加工，但如果企业数控机床类型较多，有多坐标联动的数控铣床，则在加工复杂的成形表面时，应优先选择，因有些成型表面加工时间很长，刀具单一，在加工中心上加工并不是最佳选择，这要视企业拥有的数控设备类型、功能及加工能力，具体分析决定。

第五节　立式加工中心的主要部件结构

立式加工中心具有高速、高刚性、高精度等特点，主要用来加工板件、盘件、壳体件及模具等复杂零件，可自动完成铣、镗、钻、铰、攻螺纹等多种工序的加工。如果选用数控转台，机床可扩展为四轴控制，工件一次装夹即可自动完成多面加工。

一、立式加工中心主要特点

立式加工中心由数控系统、机体、主轴、进给系统、刀库、换刀机构、操作面板、工作台和辅助系统等组成。其主轴可以具有单主轴、双主轴或多主轴等形式，主轴数越多，加工效率则越高。

立式加工中心坐标轴的运动形式具有两种方式，一种是X、Y方向工作台移动，Z方向主轴箱移动；另一种是工作台固定，X、Y和Z的运动由主轴立柱和主轴箱移动来实现。

下面以TH5660A立式加工中心为例说明其主要特点：

(1) 强力切削　交流主轴电动机与附属的驱动元件构成了机床的主驱动，动力从交流主轴电动机经两级齿轮变速装置传到主轴，主轴转速恒功率范围宽，低速扭矩大，机床的主要构件刚度高，能进行强力切削。

(2) 高速定位　X、Y、Z轴交流伺服电动机经弹性联轴节直接带动滚珠丝杠，因弹性联轴节可以消除正反向间隙，补偿电动机轴和丝杠轴之间的安装误差，所以机床的X、Y、Z三个坐标均可以进行高速运动，伺服电动机带有高精度脉冲编码器，X、Y、Z坐标可带光栅尺，能进行精确定位，滚珠丝杠副采用双螺母预紧，导轨副采用聚四氟乙烯软带，因而机床在高速进给时振动小，在低速进给时无爬行，具有精度稳定性高的特点。

(3) 机电一体化　机床设计采用了机电一体化结构，控制柜、润滑气动装置都安装在立柱和床身上，减少了占地面积，简化了搬运和安装，机床操纵都集中在机床的右前方，操作方便。

二、主要技术参数和数控系统功能

1. 机床的主要规格及技术参数

TH5660A（FANUC-0　MC数控系统）的主要规格及技术参数如下：

工作台面尺寸	1220mm×600mm
工作台T型槽宽×槽数	18mm×5
工作台X行程	800mm
工作台Y行程	410mm
主轴头上下Z轴行程	570mm
主轴端面距工作台面距离	120～690mm
主轴锥孔	ISO 40
主轴最高转速	5300r/min
主轴驱动电动机功率	7.5/11kW
可控制轴数	4轴（三轴联动）
进给速度	（X，Y，Z）1～5000mm/min
快速移动速度	（X，Y，Z）5000mm/min
三坐标进给电动机主参数	（X，Y，Z）1.5kW，22Nm，交流伺服电动机
第四轴电动机	1kW，12N·m
刀柄	ISO 40
刀容量	24把
选刀方式	固定地址选刀方式
刀最大直径	80mm（相邻无刀时为140mm）
刀最大长度	300mm
刀最大质量	6kg
工作台允许载荷	1000kg

定位精度	(X) 0.03mm (Y,Z) 0.025mm(带光栅) (X,Y) 0.01mm
重复定位精度	(X, Y, Z) 0.016mm (带光栅) (X, Y) 0.005mm
气源	6MPa
电源	3×380V
主轴轴线到立柱导轨面距离	600mm
工作台面高度	795mm
机床外形尺寸： 长×宽×高	4350mm×3444mm×3140mm
机床质量	6700kg

2. 数控系统主要功能

下面以 SIEMENS 802D 数控系统为例说明其主要功能，如表 3-2 所示。

表 3-2 SIEMENS 802D 数控系统主要功能

项目	TH5660A (SIEMENS802D 数控系统)
控制部件/应用	控制轴数 4 个数字进给轴+1 个主轴；256KB 用户零件加工程序存储；主轴定向；分辨率 0.1um
CNC 编程	编程语言 DIN66025 及 SINUMERIK；英制/公制定义；轮廓编程；绝对/增量编程；算术及三角函数功能；子程序调用；跳跃功能
插补功能	3D 插补，插补采样时间 12ms；螺旋线插补
操作方式	自动；DNC 方式；MDI 方式；手动 JOG 方式；示教；手动/通过 CNC 程序返回参考点；人工方式中断；空运行；单段
显示	图形显示；状态显示；报警显示；自诊断显示；状态信号输出
刀具偏置	长度/半径补偿；刀具管理；干涉监控加工区域；几何/磨损补偿；自动刀具长度测量
补偿	螺距误差补偿；反向间隙补偿；测量系统误差补偿，模拟设定点的零漂补偿
主轴功能	主轴速度可编程（最大 999999.99r/min）；主轴倍率 50%～120%；自动档位选择；螺纹加工；攻螺纹/刚性螺纹；恒速切削
循环	钻削/铣削循环
诊断功能	诊断基本功能；PLC 状态
辅助功能	辅助功能 M（两位）；每段最多 3 个辅助功能
报警及信息	零件程序中的报警；PLC 的报警及信息

三、传动系统

TH5660A 型立式加工中心的传动系统，如图 3-19 所示。主电动机是交流变频调速电动机，连续输出额定功率为 5.5kW，最大功率为 7.5kW，但工作时间不得超过 30min，称为 30min 过载功率。这种电动机靠改变电源频率无级调速，额定转速为 1500r/min，最高转速为 4500r/min，在此范围内为恒功率调速。从最高转速开始，随着转速下降，输出转矩递增，保持最大输出功率为额定功率不变（图 3-20)，在转矩公式 $M=c\dfrac{P}{n}$中，c 为常数，P 为功率，n 为转速，当 n 很高时，M 较小，故常用于钻小孔中。铣削时希望 M 较大，故 n 取较低些。从额定转速至最低转速，为恒转矩调速。电动机的最大输出转矩不变，不随转速的下降

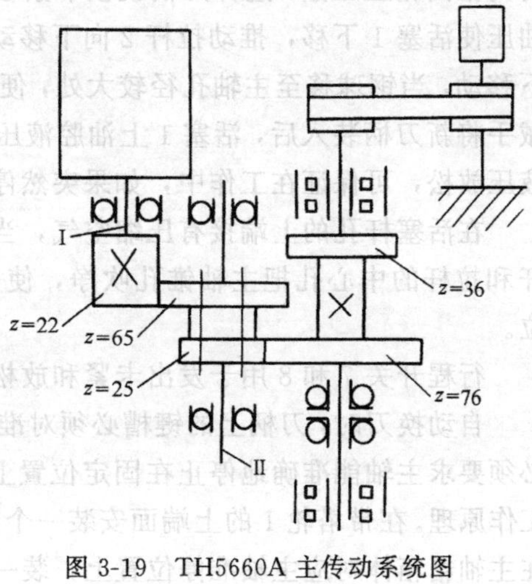

图 3-19 TH5660A 主传动系统图

而上升。到最低转速时，虽仍有固定的转矩 M，但 $P=cMn$，输出的功率很少，故只用于小功率切削和退出刀具，如丝锥等。

1. 主传动系统

主电动机经两级多楔带轮驱动主轴。当经带轮副直径为 ϕ183.6mm 传动时，主轴转速 n 为 (45～1500～4500) r/min。当经带轮副直径为 ϕ119mm/ϕ239mm 传动时，n 为(22.5～750～2250)r/min 无级调速，三个数字分别为最低、额定和最高转速。传动带采用一次成型的 V 带。

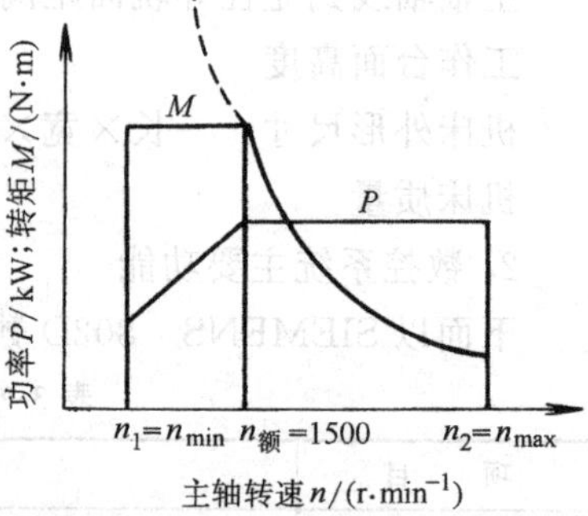

图 3-20　主轴交流电动机功率特性

2. 进给传动系统

X、Y、Z 三个轴各有一套基本相同的进给伺服机构系统。脉宽调速直流伺服电动机直接带动滚珠丝杠，功率都为 1.4kW，无级调速。三个轴的进给速度均为 1～400mm/min。快移速度，X、Y 两轴皆为 15m/min，Z 轴为 10m/min。三个伺服电动机分别由数控指令通过计算机控制。

3. 刀库驱动系统

圆盘形刀库亦用交流电动机经机械曲柄移动刀库，装在标准刀柄中的刀具，置于圆盘的周边。

四、典型部件

立式加工中心主要结构包括：主轴部件、自动换刀装置、立柱、床身、滑座、工作台，伺服进给系统。下面介绍在立式加工中心上常用的典型部件结构。

（一）主轴部件

图 3-21 为立式加工中心主轴部件的结构简图。它由主轴、刀具的自动夹紧松开机构、前后轴承等组成。主轴的前端采用 7：24 锥孔，易于装卸刀柄，又有临界摩擦力矩，标准的拉钉 5 是拧紧在刀柄内的。当需要卡紧刀具时，活塞 1 的上油腔无油压，叠形弹簧 3 的弹簧力使活塞 1 向上移至图示位置。拉杆 2 在弹簧 3 的压力下向上移至图示位置，钢球 4 被迫收拢，卡紧在拉钉 5 的环槽中，通过钢球拉杆把拉钉 5 向上拉紧，使刀杆锥柄的外锥面与主轴锥孔的内锥面相互压紧，这样刀柄就被卡紧在主轴上。放松刀柄时，液压油进入活塞 1 的上油腔，油压使活塞 1 下移，推动拉杆 2 向下移动。此时，叠形弹簧 3 被压缩，钢球 4 随拉钉一起向下移动，当钢球移至主轴孔径较大处，便松开拉钉 5，刀具连同拉钉 5 可被机械手取下。当机械手将新刀柄装入后，活塞 1 上油腔液压油卸压，将刀柄拉紧。刀柄卡紧机构使用弹簧卡紧，液压放松，可保证在工作中，如果突然停电，刀杆不会自行松脱。

在活塞杆孔的上端接有压缩空气，当机械手把刀具从主轴中拔除后，压缩空气通过活塞杆和拉杆的中心孔把主轴锥孔吹净，使刀柄锥面与主轴锥孔紧密贴合，保证刀具的正确定位。

行程开关 7 和 8 用于发出卡紧和放松刀杆的信号。

自动换刀时，刀柄上的键槽必须对准主轴端部的端面键。因此，每次自动装卸刀具时，都必须要求主轴能准确地停止在固定位置上。图 3-22 是图 3-21 所示加工中心主轴准停装置的工作原理。在带塔轮 1 的上端面安装一个垫片 4，在垫片 4 上装有一个体积很小的永久磁铁 3，在主轴箱箱体对应主轴准停位置上，装一个磁传感器 2。当主运动系统接到主轴停转信号以

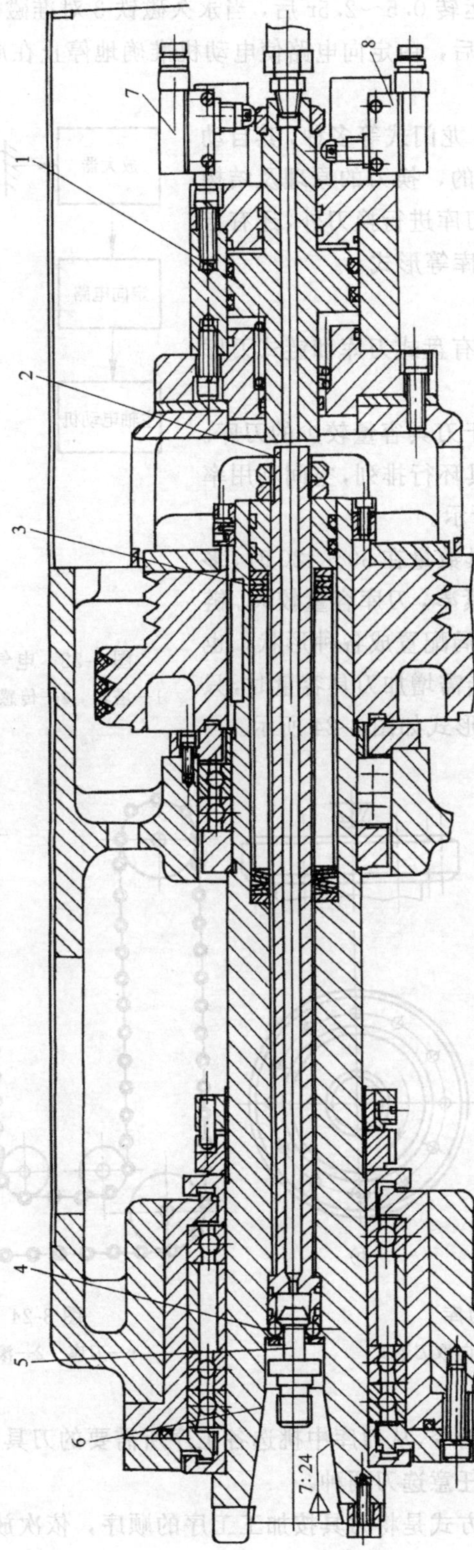

图 3-21　立式加工中心主轴部件

1—活塞　2—拉杆　3—弹簧　4—钢球　5—拉钉　6—主轴　7、8—行程开关

后，主轴立即减速，在继续运转 0.5～2.5r 后，当永久磁铁 3 对准磁传感器 2 时，磁传感器发出准停信号。此信号经放大后，由定向电路使电动机准确地停止在周向位置。

（二）自动换刀装置

加工中心有立式、卧式、龙门式等多种，其自动换刀装置的形式是多种多样的，换刀的原理及结构的复杂程度也不同，除利用刀库进行换刀外，还有自动更换主轴箱、自动更换刀库等形式。

1. 刀库的形式

加工中心最常用的刀库有盘式刀库和链式刀库两种。

（1）盘式刀库　一般用于刀具容量较少的刀库。此刀库结构简单，但由于刀具环行排列，空间利用率低，其典型形式如图 3-23 所示。

（2）链式刀库　一般刀具数量在 30～120 时，多采用链式刀库。该刀库结构紧凑，刀库容量较大。链环的形状可以根据机床的布局配置成各种形状，也可将换刀位突出以利换刀。当需增加刀具容量时，只需增加链条的长度，其典型形式如图 3-24 所示。

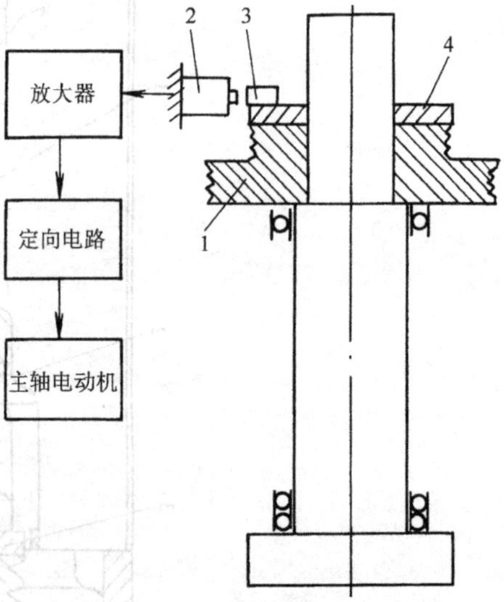

图 3-22　电气控制的主轴准停装置

1—塔轮　2—传感器　3—永久磁铁　4—垫片

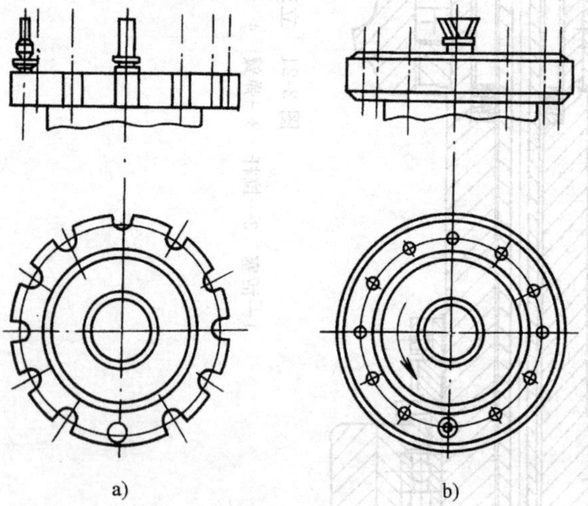

图 3-23　盘式刀库

a）径向取刀形式　b）轴向取刀形式

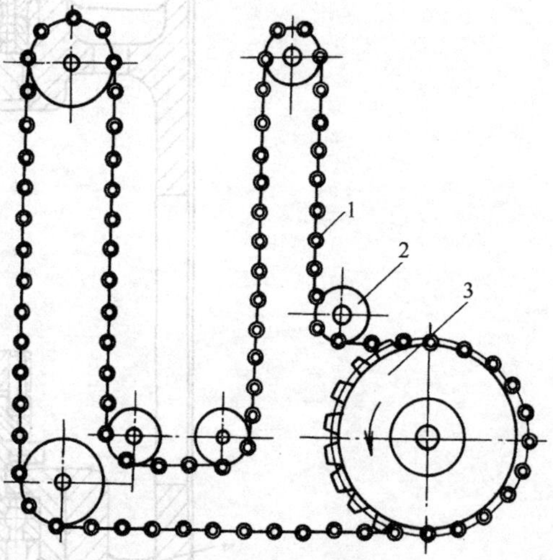

图 3-24　链式刀库

1—刀座　2—滚轮　3—主动链轮

2. 刀具的选择

按数控装置的刀具选择指令，从刀库中挑选各工序所需要的刀具的操作称为自动选刀。常用的选刀方式有顺序选刀和任意选刀两种。

（1）顺序选刀方式　该方式是将刀具按加工工序的顺序，依次放入刀库的刀座内，刀具顺序不能搞错。更换加工工件时，刀具在刀库上的排列顺序必须改变。这种方式的缺点是同一工件上不能重复使用同一把刀具，因此刀具的数量增加，降低了刀具和刀库的利用率，但其控制及刀库运动等则比较简单。

(2) 任意选刀方式　该方式是预先把刀库中每把刀具（或刀座）都编上代码，按照编码选刀，刀具在刀库中不必按工件的加工顺序排列。任意选刀有三种方式：①刀具编码方式；②刀座编码方式；③计算机记忆方式。

刀具编码选择方式采用了一种特殊的刀柄结构，并对每把刀具进行编码。换刀时通过编码识别装置，根据换刀指令代码，在刀库中寻找出所需要的刀具。由于每一把刀具都有自己的代码，因而刀具可以放入刀库的任何一个刀座内，这样不仅刀库中的刀具可以在需要时多次重复使用，而且换下来的刀具也不必放回原来的刀座，这对装刀和选刀都十分有利。

刀座编码是对刀库各刀座预先编码，每把刀具放入相应刀座之后，就具有了相应刀座的编码，即刀具在刀库中的位置是固定的。在编程时，要指出哪一把刀具放在哪个刀座上。须注意的是，在这种编码方式中必须将用过的刀具放回原来的刀座内，不然会造成事故。由于这种编码方式取消了刀柄中的编码环，使刀柄结构大大简化，刀具识别装置的结构就不受刀柄尺寸的限制，可放置在较为合理的位置。刀具在加工过程中可重复多次使用，缺点是必须把用过的刀具放回原来的刀座。

目前应用最多的是计算机记忆式选刀。这种方式的特点是，刀具号和存刀位置或刀座号(地址)对应地记忆在计算机的存储或可编程控制器的存储器内。刀具可以任意取出任意送回。刀具本身不必设置编码元件，结构大为简化，控制这种方式选刀，在刀库上设有机械原点，每次选刀运动正反向都不会超过 180°的范围。

3. 刀具交换装置

它是实现刀库与机床主轴之间传递和装卸刀具的装置。常用的如下两种：

(1) 无机械手换刀　该方式是利用刀库与机床主轴的相对运动实现刀具交换。用这种形式交换刀具时，首先必须将用过的刀具送回刀库，然后再从刀库中取出新刀具，这两个动作不可能同时进行，因此换刀时间较长。如图 3-25 就是这种刀具交换方式的实例。其刀具交换过程如下：

1) 按照指令，机床工作台快速向右移动，将工件从主轴下面移开，同时将刀库移到主轴下面，使刀库的某个空刀座恰好对准主轴；

2) 主轴箱下降，将主轴上用过的刀具放回刀库的刀座中；

3) 主轴箱上升，接着刀库回转，将下一工步需用的刀具对准主轴；

4) 主轴箱下降，将下一工步需用的刀具插入主轴；

5) 主轴箱及主轴带着刀具上升；

6)机床工作台快速向左返回，将刀库从主轴下面移开，同时将工件移至主轴下面，使主轴上的刀具对准工件的加工面。

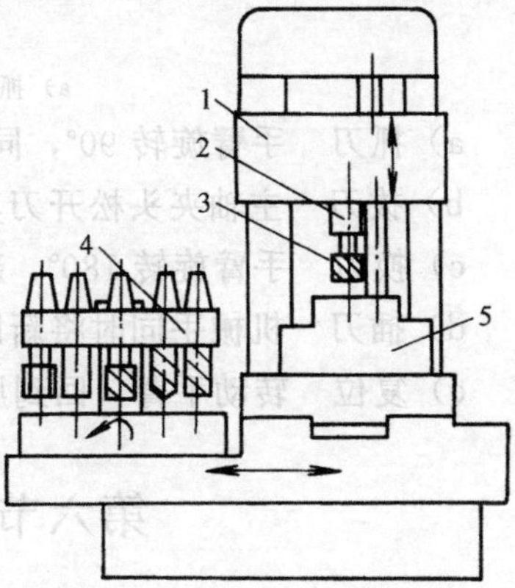

图 3-25　无机械手换刀

1—主轴箱　2—主轴　3—刀具

4—刀库　5—工件

(2) 用机械手换刀　由于机械手换刀灵活、动作快，且结构简单，因此应用最为广泛。根据刀库及刀具交换方式的不同，换刀机械手有多种形式，图 3-26 为常用的几种形式。

图 2-27 为钩刀机械手换刀一次所需的基本动作。

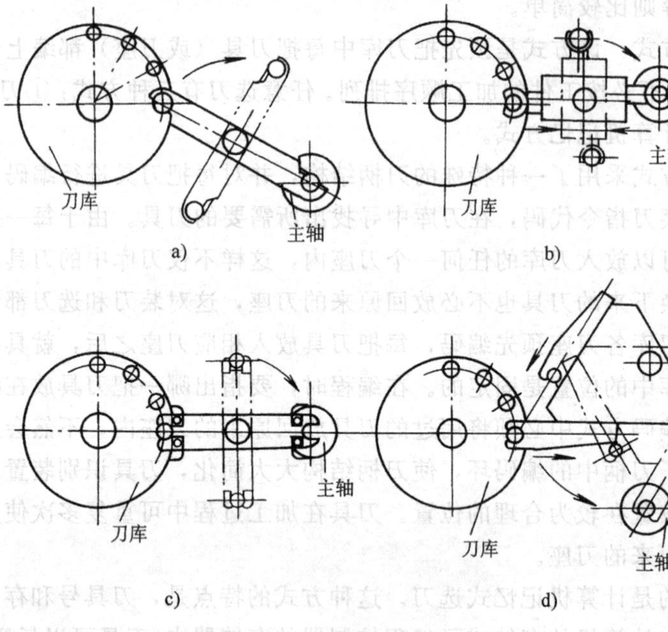

图 3-26　常用换刀机械手形式

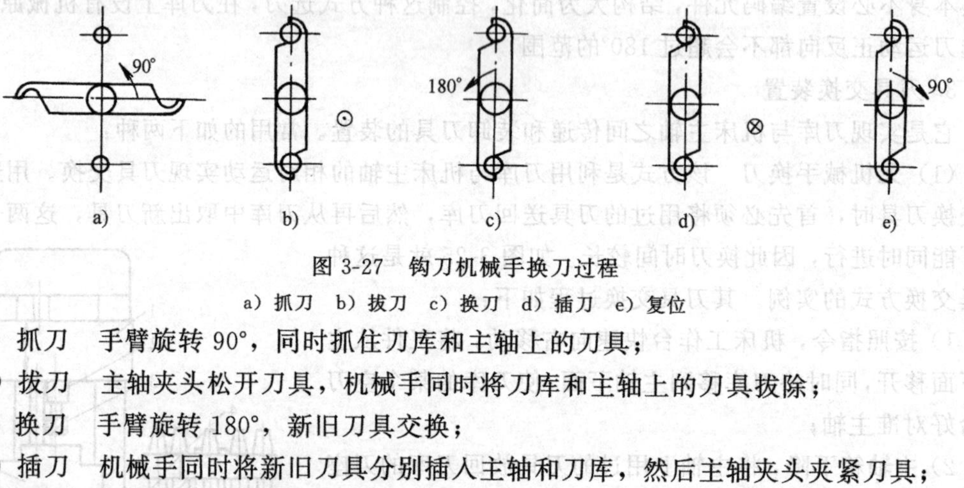

图 3-27　钩刀机械手换刀过程

a）抓刀　b）拔刀　c）换刀　d）插刀　e）复位

a）抓刀　手臂旋转 90°，同时抓住刀库和主轴上的刀具；

b）拔刀　主轴夹头松开刀具，机械手同时将刀库和主轴上的刀具拔除；

c）换刀　手臂旋转 180°，新旧刀具交换；

d）插刀　机械手同时将新旧刀具分别插入主轴和刀库，然后主轴夹头夹紧刀具；

e）复位　转动手臂，回到原始位置。

第六节　立式加工中心的程序编制

一、编程零点的选择及工件坐标系的建立

1. 加工中心的坐标系统

加工中心加工时，坐标系页面上一般都有下列坐标系显示：相对坐标系、剩余坐标系、绝对坐标系（也就是工件坐标系）、机床坐标系。在应用中，比较关键的是机床坐标系和工件坐标系。

机床坐标系是机床的基本坐标系。机床坐标系的原点也称机械原点或零点，这个原点是机床固有的点。机床起动时，通常都要回零，机床回零就是指运动部件回到正方向一个固定

的位置。这个位置就是机械原点。它是机床坐标系中固有的点，不能随意改变。

从图 3-28 可以看出，机床通常是在坐标系的负方向区域工作。要注意，机床坐标系不作为编程使用，而常常用它来确定工件坐标系，即建立工件坐标系的参考点。

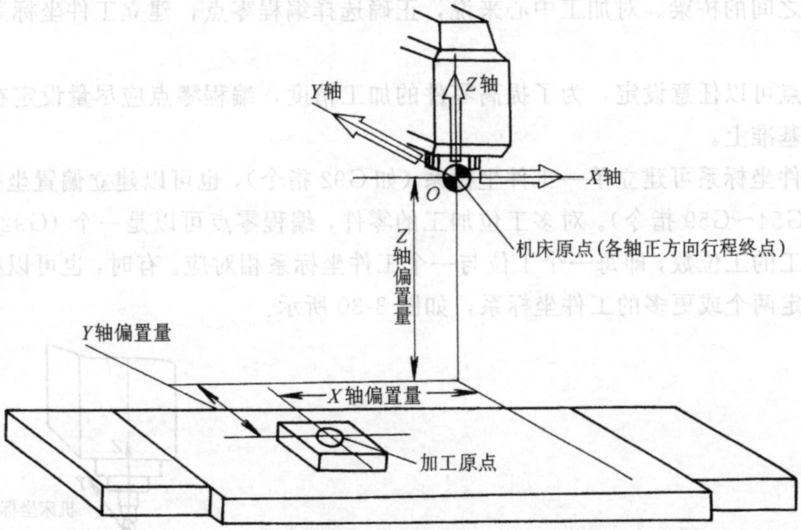

图 3-28 机床坐标系

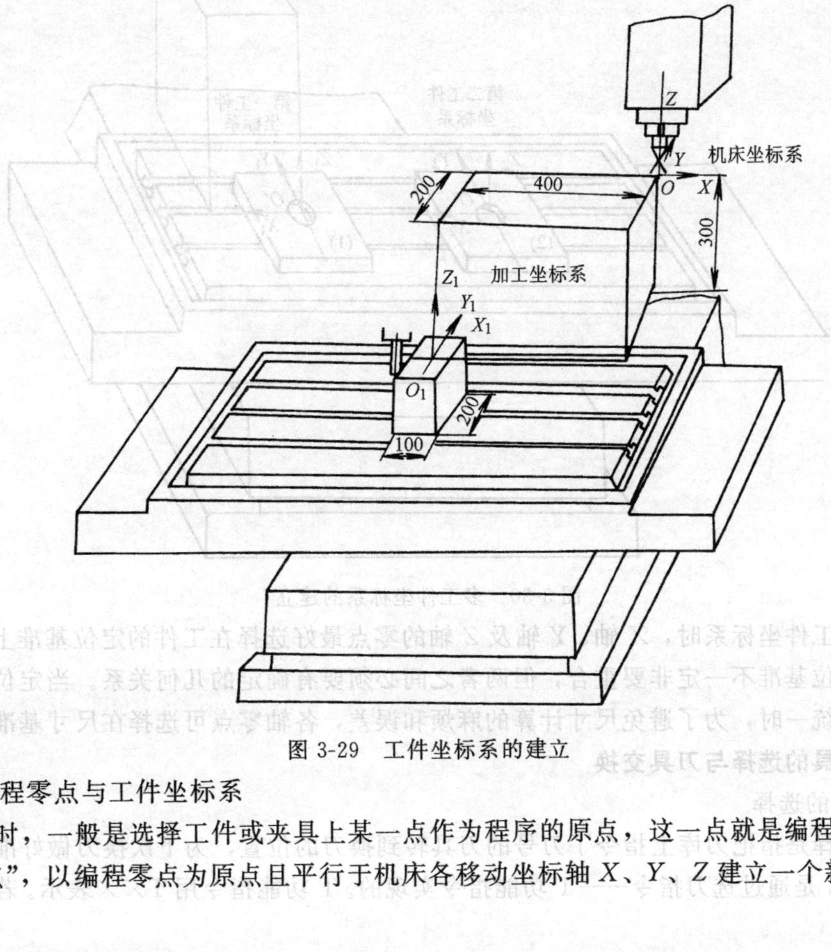

图 3-29 工件坐标系的建立

2. 编程零点与工件坐标系

编程时，一般是选择工件或夹具上某一点作为程序的原点，这一点就是编程零点，也称"程序原点"，以编程零点为原点且平行于机床各移动坐标轴 X、Y、Z 建立一个新的坐标系，就叫做工件坐标系。如图 3-29 所示，可选择工件上孔中心 O_1，为工件坐标系的原点。从图中可以看出工件坐标系与机床坐标系之间的差异。工件坐标系是任意的，可以由编程人员根据需要自行设定。编程零点是数控加工过程中切削加工的参考点，工件坐标系是建立工件—机床数控系统之间的桥梁。对加工中心来说，正确选择编程零点，建立工件坐标系是非常重要的。

编程零点可以任意设定，为了提高零件的加工精度，编程零点应尽量设定在零件的设计基准或工艺基准上。

设定工件坐标系可建立单一工件坐标系（如 G92 指令），也可以建立偏置坐标系（多工件坐标系，如 G54～G59 指令）。对多工位加工的零件，编程零点可以是一个（G92 指令），也可以是工件加工的工位数，即每一个工位与一个工件坐标系相对应。有时，也可以根据需要，在同一工位设定两个或更多的工件坐标系，如图 3-30 所示。

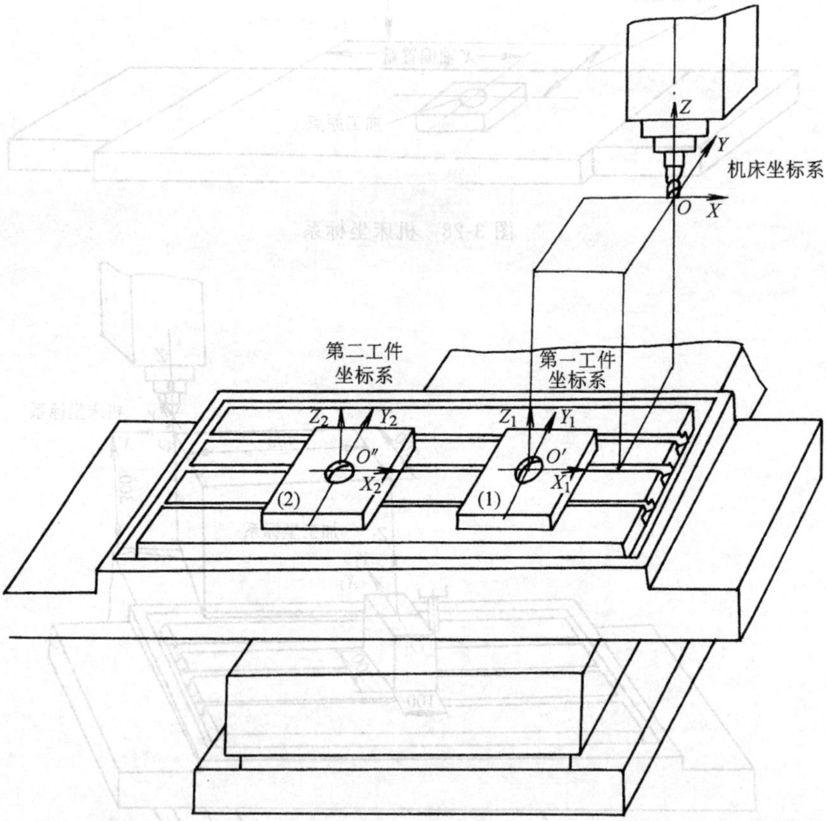

图 3-30　多工件坐标系的建立

在建立工件坐标系时，X 轴、Y 轴及 Z 轴的零点最好选择在工件的定位基准上，各轴零点与零件定位基准不一定非要重合，但两者之间必须要有确定的几何关系。当定位基准与尺寸基准不相统一时，为了避免尺寸计算的麻烦和误差，各轴零点可选择在尺寸基准上。

二、刀具的选择与刀具交换

1. 刀具的选择

刀具选择是指把刀库上指令了刀号的刀具转到换刀的位置，为下次换刀做好准备。这一动作的实现，是通过选刀指令——T 功能指令实现的。T 功能指令用 T××表示。若刀库装刀总容量为 24 把，编程时，可用 T01～T24 来指令 24 把刀具。在刀库刀具排满时，如果也在主轴上装一把刀，则刀具总数可以增加到 25 把，即 T00～T25。此外，也可把 T00 作为空刀定义。

2. 刀具交换

刀具交换是指刀库上位于换刀位置的刀具与主轴上的刀具进行自动换刀。这一动作的实现是通过换刀指令 M06 实现的。

3. 换刀点

一般立式加工中心规定换刀点的位置在机床 Z 轴机床参考点处，即加工中心规定了固定的换刀点（定点换刀）。主轴只有走到这个位置，才能执行换刀动作。

4. 自动换刀程序的编制

（1）在一个程序段中，同时包含 T 指令与 M06 指令

```
……
N0110 G28 Z0;
N0120 T×× M06;
……
```

执行 N0110 程序段时，刀具沿 Z 轴自动返回参考点，然后执行主轴准停及自动换刀的动作。为避免执行 T 功能指令时占用加工时间，N0120 程序段中的 T 指令是在换刀完成后才执行，在执行 T 功能指令的同时机床继续执行后面的程序。这种编程方法在实际编程时应用较多。但需要特别说明的是，本程序段所写刀号是为下一次换刀时使用的，而不是本次使用的，本次使用的刀具应于前面的程序段中提前写出。

（2）在写有 T 功能指令的程序段后面，下一个程序段中紧接着写 M06 换刀指令

```
……
N0110 G28 Z0 T××;
N0120 M06;
……
```

采用这种编程方式，在 Z 轴返回参考点的同时，刀库也开始转位，若刀具返回参考点的动作已完成，而刀库转位尚未完成，则只有等刀库转位完成后，才开始执行下一个程序段的换刀动作，换刀占用的时间最长，因此编程时不宜采用。

三、自动返回参考点 G27、G28、G29

1. 返回参考点校验（G27）

利用这条指令可以检验刀具是否能够定位到参考点上。

格式为：G27 X _ Y _ Z _

指令中 X _ Y _ Z _ 分别代表参考点在工件坐标系中的坐标值，执行该指令后，如果刀具可以定位到参考点上，则相应轴的参考点指示灯就点亮。执行该指令前，应先取消刀补。

2. 自动返回参考点（G28）

格式为：G28 X _ Y _ Z _

执行这条指令，可以使刀具以点位方式经中间点快速返回到参考点，中间点的位置由指令后面的 X _ Y _ Z _ 坐标值所决定。

指令中 X _ Y _ Z _ 表示中间点，其坐标值可以用绝对值也可以用增量值，但这要取决于是

G90 方式还是 G91 方式。设置中间点，是为防止刀具返回参考点时与工件或夹具发生干涉。使用这条指令时，应注意以下问题：

1）通常 G28 指令是用于自动换刀，原则上应在执行该指令前取消各种刀具补偿；

2）在 G28 程序段中不仅记忆移动指令坐标值，而且记忆了中间点的坐标值。换句话说对于在使用 G28 的程序段中没有被指令的轴，以前 G28 中的坐标值就作为那个轴的中间点坐标值。

例如 N100 G90 X100.0 Y200.0 Z300.0；

N200 G28 X400.0 Y500.0；　　　中间点是 400.0，500.0

N300 G28 Z600.0；　　　中间点是 400.0，500.0，600.0

3. 自动从参考点返回（G29）

格式：G29 X _ Y _ Z _

执行这条指令，可以使刀具从参考点出发，经过一个中间点到达由该指令后面坐标值所指令的位置。中间点的坐标由前面的 G28 所规定，因此该指令应与 G28 指令成对使用。

指令中 X _ Y _ Z _ 是到达点的坐标，由 G90/G91 状态决定是绝对值还是增量值，若为增量值时，则是指到达点相对于 G28 中间点的增量值。

在选择 G28 之后，这条指令不是必须的，使用 G00 定位有时可能更为方便。

例 3-8 如图 3-31 所示，加工后刀具已定位到 A 点，取 B 点为中间点，C 点为执行 G29 时应到达的点，则程序如下：

……

N0100 G91 G28 X100.0 Y100.0；

N0200 M06；

N0300 G29 X300.0　Y－170.0；

……

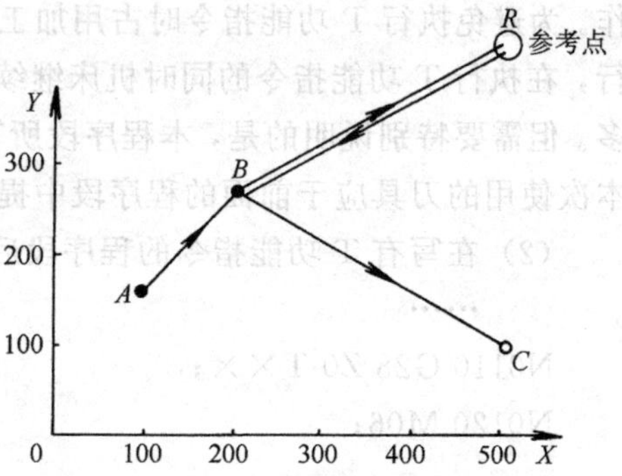

图 3-31　G28 和 G29 应用例

此程序执行时，刀具首先从 A 点出发，以快速点定位的方式经由 B 点到达参考点，换刀后执行 G29 指令，刀具从参考点先运动到 B 点再到达 C 点，B 点至 C 点的增量坐标为 X300.0　Y－170.0。

四、子程序

在一个加工程序的若干位置上，如果包含有一连串在写法上完全相同的内容，为了简化程序可以把这些重复的程序段单独抽出，并按一定的格式编成子程序。主程序在执行过程中如果需要某一子程序，可以通过一定格式的子程序调用指令来调用该子程序，子程序执行完了又可以返回到主程序，继续执行主程序后面的程序段。

1. 子程序的嵌套

为了进一步简化程序，可以让子程序调用另一个子程序，这称为子程序的嵌套。编程中使用较多的是二重嵌套，其程序的执行情况如图 3-32 所示。

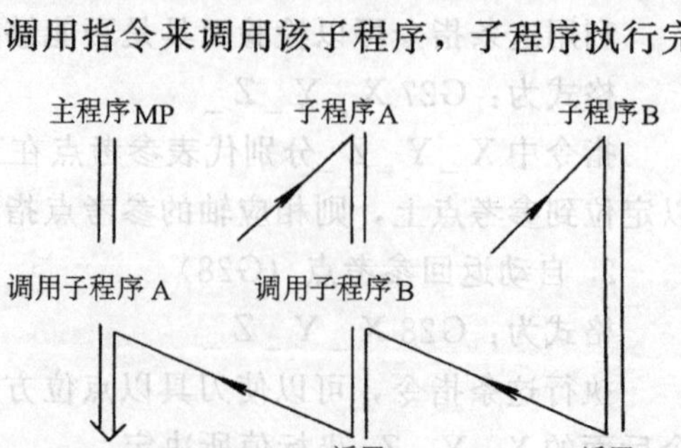

图 3-32　子程序的嵌套

2. 子程序的应用

1）零件上有若干处具有相同的轮廓形状。在这种情况下，只编写一个轮廓形状的子程序，然后用一个主程序来调用该子程序；

2）加工中反复出现具有相同轨迹的走刀路线。被加工的零件从外形上看并无相同的轮廓，但需要刀具在某一区域分层或分行反复走刀，走刀轨迹总是出现某一特定的形状，采用子程序就比较方便，此时通常要以增量方式编程；

3）程序中的内容具有相对的独立性。加工中心编写的程序往往包含许多独立的工序，有时工序之间的调整也是允许的，为了优化加工顺序，把每一个独立的工序编成一个子程序，主程序中只有换刀和调用子程序等指令，是加工中心编程的一个特点。

3. 子程序的调用与执行

（1）子程序的格式

O××××

……

……

……

M99；

M99：子程序结束指令

（2）子程序的调用　调用子程序使用如下格式：

M98 P×××× L××××；

M98为子程序调用指令，P××××为子程序号，L××××指重复调用次数，若调用一次子程序可以省略不写L1，系统允许重复调用的次数为9999次。

（3）子程序的执行　子程序的执行过程：

O0001	O1010
……	……
N0020 M98 P1010 L2；	……
N0030 ……；	……
……	……
N0070 M98 P1010；	……
N0080；	N1060 M99；
……	
N0210 M30；	

主程序执行到N0020时转去执行O1010子程序，重复执行两次后返回主程序N0030程序段继续执行。执行到N0070时转去执行O1010子程序一次，然后返回主程序N0080程序段继续执行。

当用一个子程序调用另一个子程序时，其执行过程与上述完全相同。

4. 编程举例

例 3-9　零件如图3-33所示，用ϕ8mm键槽铣刀加工，每次Z轴下刀2.5mm，试利用子程序编写程序。

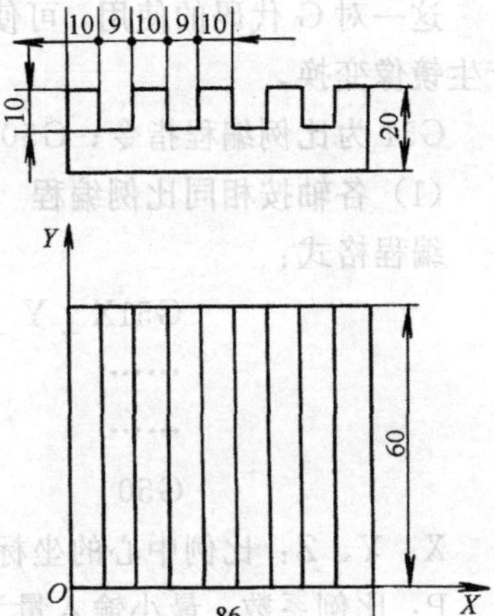

图3-33　子程序编程举例

程序如下：

```
O1000
N0010 G92 X0 Y0 Z20.0              （建立工件坐标系）
N0020 M03 S800；
N0030 G90 G00 X-4.5 Y-10.0 M08；（快速定位至 X=－4.5mm，Y=－10.0mm 的点）
N0040 Z0；                          （下刀至 Z=0）
N0050 M98 P110 L4；                 （调 O110 子程序四次）
N0060 G90 G00 Z20.0 M05；           （提刀至 Z=20.0mm）
N0070 X0 Y0 M09；                   （快速定位至 X=0，Y=0，切削液关）
N0080 M30；                         （程序结束）

O110
N0010 G91 G00 Z-2.5；
N0020 M98 P120 L4；                 （调 O120 子程序四次（嵌套））
N0030 G00 X-76.0；
N0040 M99；                         （子程序结束）

O120
N0010 G91 G00 X19.0；
N0020 G41 D21 X4.5；                （建立左刀补）
N0040 G01 Y75.0 F100；
N0050 G01 X-9.0；
N0060 G01 Y-75.0；
N0070 G40 G00 X4.5；                （取消刀补）
N0080 M99；                         （子程序结束）
```

五、图形比例及镜像功能指令（G50、G51）

这一对 G 代码的使用，可使原编程尺寸按指定比例缩小或放大；也可让图形按指定规律产生镜像变换。

G51 为比例编程指令；G50 为撤消比例编程指令。G50、G51 均为模式 G 代码。

（1）各轴按相同比例编程

编程格式：

```
G51X _ Y _ Z _ P _
……
……
G50
```

X、Y、Z：比例中心的坐标（绝对方式）；

P：比例系数，最小输入量为 0.001，比例系数的范围为：0.001～999.999。该指令以后的移动指令，从比例中心点开始，实际移动量为原数值的 P 倍。P 位对偏移量无影响。

例如，在图 3-34 中，P_1～P_4 为原加工图形，P_1'～P_4' 为比例编程的图形，P_0 为比例中心。

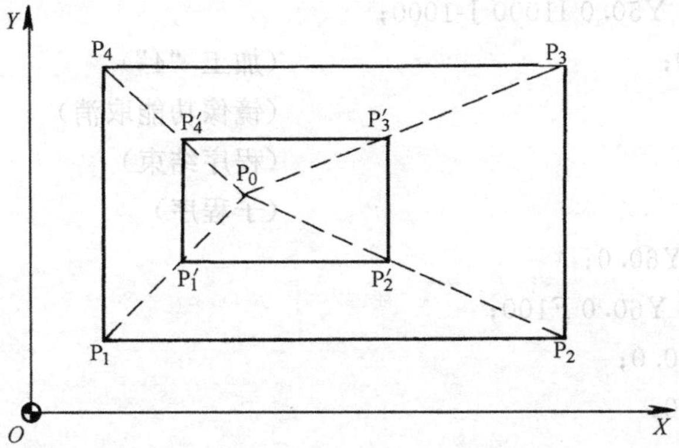

图 3-34 各轴按相同比例编程

(2) 各轴以不同比例编程 各个轴可以按不同比例来缩小或放大，当给定的比例系数为－1 时，可获得镜像加工功能。

编程格式：G51 X _ Y _ Z _ I _ J _ K _

……

……

G50

X、Y、Z：比例中心坐标；

I、J、K：对应 X、Y、Z 轴的比例系数，在±0.001～±9.999 范围内。

本系统设定 I、J、K 不能带小数点，比例为 1 时，应输入 1000，并在程序中应输入，不能省略。比例系数与图形的关系见图 3-35。

其中，b/a 为 X 轴系数；d/c 为 Y 轴系数；O 为比例中心。

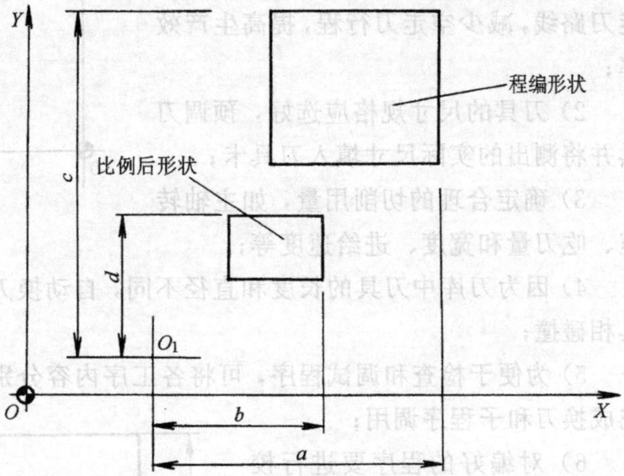

图 3-35 各轴按不同比例编程

(3) 镜像功能 举例来说明镜像功能的应用。

例 3-10 如图 3-36 所示，其中比例系数取为＋1000 或－1000。设刀具起始点在 0 点，程序如下：

```
O100                                  (主程序)
N010 G90 G92 X0 Y0 Z10.0;             (建立工件坐标系)
N015 M03 S630;
N030 M98 P9000;                       (加工“1”)
N040 G51 X50.0 Y50.0 I-1000 J1000;
N050 M98 P9000;                       (加工“2”)
N060 G51 X50.0 Y50.0 I-1000 J-1000;
N070 M98 P9000;                       (加工“3”)
```

N080 G51 X50.0 Y50.0 I1000 J-1000；
N090 M98 P9000；　　　　　　　　（加工“4”）
N100 G50；　　　　　　　　　　　（镜像功能取消）
N110 M30；　　　　　　　　　　　（程序结束）
O9000　　　　　　　　　　　　　（子程序）
N10 G00 X60.0 Y60.0；
N20 G01 X100.0 Y60.0 F100；
N30 X100.0 Y100.0；
N40 X60.0 Y60.0；
N50 M99；

加工中心是带有自动换刀装置的数控镗铣床，具有数控镗床、铣床、钻床的综合功能。由于使用加工中心加工的零件，形状复杂、工序多，使用的刀具种类也多，往往一次装夹后要完成从粗加工、半精加工到精加工的全部过程。因此编制加工程序较复杂。编程时要考虑下述问题：

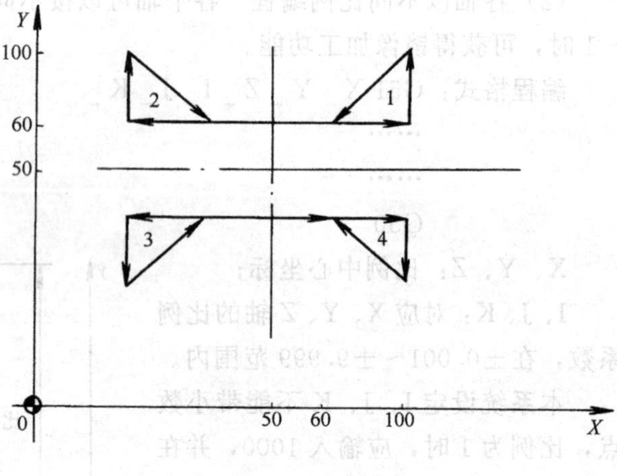

图 3-36　镜像功能

1）仔细进行工艺分析，选择合理的走刀路线，减少空走刀行程，提高生产效率；

2）刀具的尺寸规格应选好，预调刀具并将测出的实际尺寸填入刀具卡；

3）确定合理的切削用量，如主轴转速、吃刀量和宽度、进给速度等；

4）因为刀库中刀具的长度和直径不同，自动换刀时应留有足够的空间，以免与工件或夹具相碰撞；

5）为便于检查和调试程序，可将各工序内容分别安排到不同的子程序中，而子程序主要完成换刀和子程序调用；

6）对编好的程序要进行校验，可选用“试运行”开关，这样运行速度较快，同时还应注意刀具、夹具或工件之间是否有干涉。

当要检查 M、S.T 机能时，可以在 Z 轴闭锁下进行。

六、几种基本程序的编制

1. 钻孔程序的编制

例 3-11　如图 3-37 所示，沿任意一条直线钻等距的孔。若使用配备 FANUC-0　MC 系统的立式加工中心，则加工程序如下：

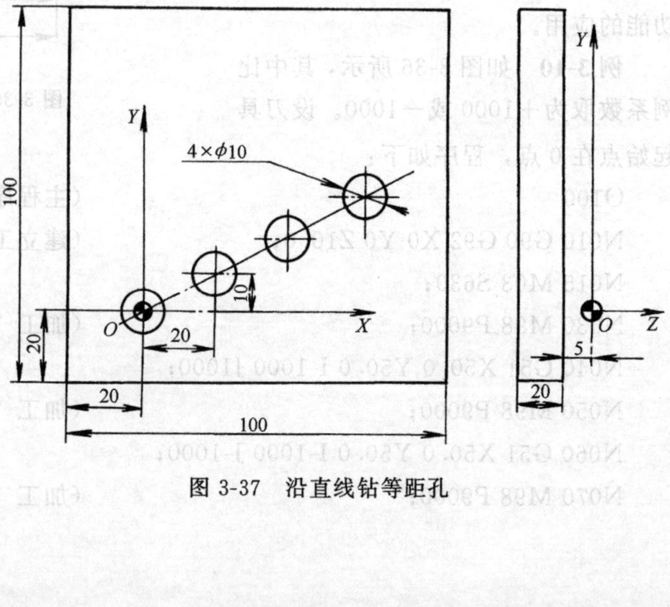

图 3-37　沿直线钻等距孔

```
O1000
N010 G92 X400.0 Y300.0 Z320.0                    (建立工件坐标系)
N020 M06 T01;                                    (换中心钻)
N030 G90 G00 X0 Y0;                              (X、Y 向定位)
N040 Z0;                                         (Z 向定位)
N050 M03 S500;                                   (主轴起动)
N060 G81 G99 R-5.0 Z-10.0 F30;                   (钻深为 5mm 的中心孔)
N070 G91 G00 X20.0 Y10.0 L03;                    (重复 3 次钻 3 中心孔)
N080 M05;                                        (主轴停止旋转)
N090 G28 Z0;                                     (回换刀点)
N100 M06 T02;                                    (换钻头)
N110 M03 G90 G00 G44 H01 G81 G99 R-5.0 Z-30.0;   (钻第一个孔，加刀具补偿)
N120 G91 X-20.0 Y-10.0 L03;                      (重复钻 3 次孔)
N130 M05 G28 G49 Z0;                             (撤消刀长补偿，回换刀点)
N140 M01;                                        (计划停止)
N150 M99 P20;                                    (返回到 N20 程序段)
```

程序的特点：

1）使用 G92 建立加工坐标系，坐标系的偏置量在程序中进行设置，修改调整更方便；

2）有两次自动换刀，并使用刀具长度补偿，体现加工中心自动加工的功能。机床起动后主轴上装的是 ϕ10mm 钻头刀具，刀库的零号刀位上应安装有中心钻。因整个程序只用两把刀，刀库不用转动，原地换刀就可以了；

3）使用中心钻（N60 程序段）预钻定位孔，使孔定位准确；

4）使用相对值指令（N070，N120）给出了孔的位置，使固定循环功能重复使用，直到把孔全部钻完。L03 为重复次数；

5）使用了 M01（N140）程序暂停。注意：使用 M01 时操作面板上的程序暂停开关应放到接通位置，这样在程序执行到 M01 时面板上的指示灯燃亮，告诉操作者程序处于任选停止，可以装卸零件，待处理工作结束时按循环启动按钮，程序继续执行。

2. 铣削程序的编制

例 3-12 平面图形直线与圆弧加工程序的编制，图 3-38 是磁钢瓦型块模具图，用立式加工中心加工此模具的程序如下：

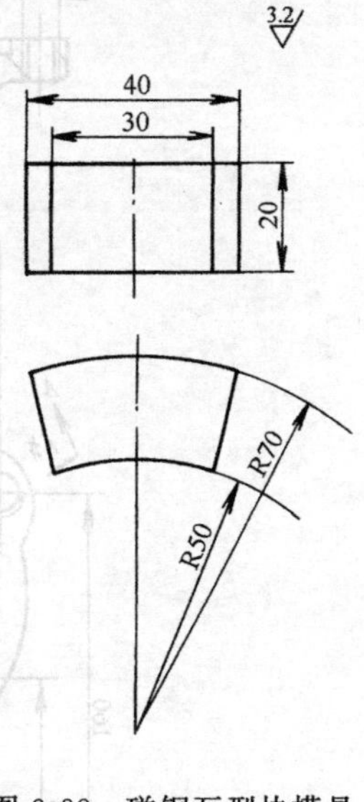

图 3-38 磁钢瓦型块模具

```
O1002
N005 G90 G49 G28 Z0;              (撤消刀长补偿，回换刀点)
N010 M06 T01;                     (换 φ20mm 立铣刀)
N020 G90 G00 G54 X5.0 Y30.0;      (建立工件坐标系)
N030 G43 G00 Z0 H10;              (建立刀具长度补偿)
N040 M03 S300;                    (主轴起动)
N050 G01 G42 D1 X15.0 Y47.7 F30;  (建立右刀补，D1=10.2)
```

N060 X20.0 Y67.08；
N070 G03 X-20.0 Y67.08 R70.0；
N080 G01 X-15.0 Y47.7；
N090 G02 X15.0 Y47.7 R50.0；
N100 G01 G40 X5.0 Y30.0；　　　　　　（取消 N050 程序段右刀补）
N110 G42 D2 X15.0 Y47.7；　　　　　　（建立右刀补，D1＝10.0）
N120 G01 X20.0 Y67.08；
N130 G03 X-20.0 Y67.08 R70.0；
N140 G01 X-15.0 Y47.7；
N150 G02 X15.0 Y47.7 R50.0；
N160 G01 G40 X50.0 Y30.0；　　　　　　（取消刀补）
N170 G49 G28 Z0；　　　　　　　　　　（取消刀长补偿，回换刀点）
N180 M05；　　　　　　　　　　　　　（主轴停转）
N190 M30；　　　　　　　　　　　　　（程序结束）

设置：D1＝10.2mm，D2＝10mm。

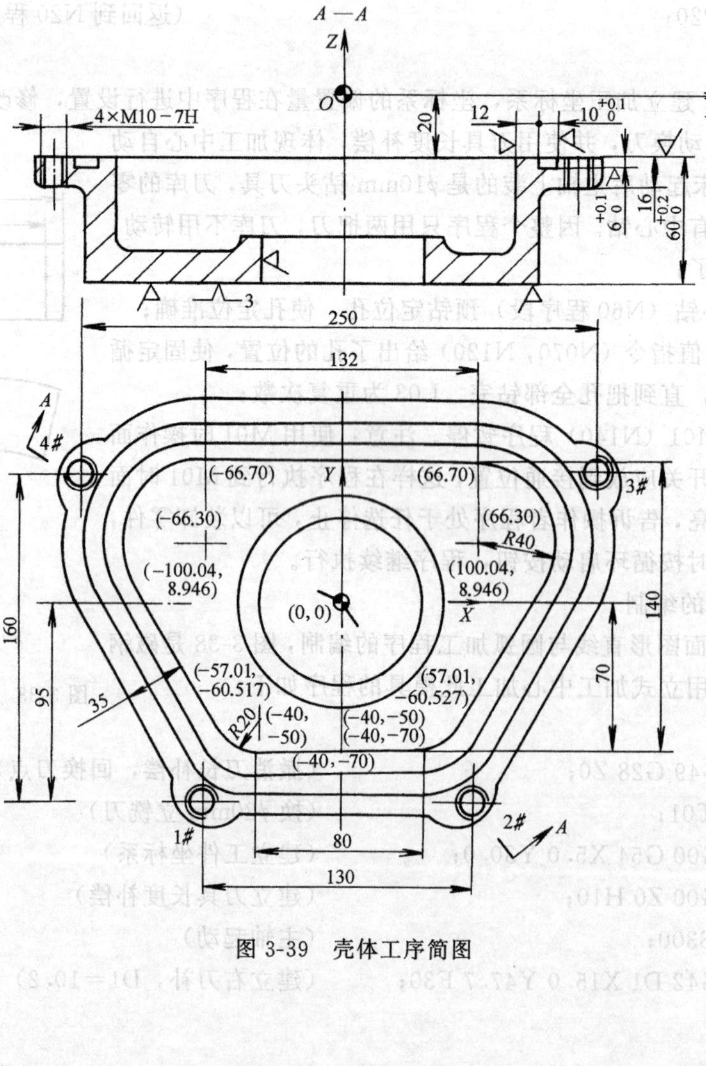

图 3-39　壳体工序简图

程序特点：

1）同一把刀使用两次刀具半径补偿功能，实现对零件的粗加工和精加工；

2）半径补偿号为D1。半径补偿功能在用完之后要及时地取消，否则会在其它程序段中产生位置的偏移，这种偏移用程序复位的功能是抹消不了的；

3）若引入子程序还可进一步简化程序；

4）程序结束前应撤消刀具长度补偿及刀具半径补偿。

3. 壳体零件编程实例

例 3-13 壳体加工编程实例，壳体零件工序简图见图 3-39。

表 3-3 数控加工工艺卡片

零件号		零件名称		壳体		材料	HT200
程序号	O1000	机床型号				工艺	
工序内容	刀具号	刀具类型	刀具长度	$s/(\text{r} \cdot \text{min}^{-1})$	$F/(\text{mm/min}^{-1})$	长度补偿	半径补偿
铣平面	T01	ϕ63mm 硬质合金面铣刀		280	60	H01	D21
钻 4×M10 中心孔	T02	ϕ3mm 中心钻		1000	100	H02	
钻 4×M10 底孔；定槽 10 中心位置	T03	ϕ8.5mm 高速钢钻头		500	50	H03	
螺纹孔倒角	T04	ϕ18mm 钻头（90°）		500	50	H04	
攻螺纹 4×M10-7H	T05	M10 丝锥		60	90	H05	
铣槽 10	T06	ϕ10mm 高速钢立铣刀		300	30	H06	D26

该零件加工工艺卡片见表 3-3，加工程序如下（FANUC-0 MC 系统立式加工中心）：

```
O1000
N010 G49 G28 Z0;                    (回换刀点)
N020 M06 T01;                       (换刀)
N030 G90 G54 G00 X0 Y0 T02;         (建立工件坐标系，选 T02 刀具)
N040 G43 Z0 H01;                    (设置刀具长度补偿)
N050 M03 S280;                      (主轴起动)
N055 G01 Z-20.0 F40;                (下刀)
N060 G01 Y70.0 G41 D21 F56;         (设置刀具半径补偿)
N070 M98 P0100;                     (调用子程序)
N080 G40 Y0;                        (取消刀具半径补偿)
N090 G28 Z0 M06;                    (Z 轴返回参考点换刀)
N100 G00 X-65.0 Y-95.0 T03;         (到 1＃；选 T03 刀具)
N110 G43 Z0 H02 F100;               (设置刀具长度补偿)
N120 S100 M03;                      (主轴起动)
N130 G99 G81 Z-24.0 R-17.0;         (钻 1＃中心孔)
N140 M98 P0200;                     (调用子程序，钻中心孔)
```

```
N150 G80 G28 G40 Z0 M06;                    (返回换刀)
N160 G43 Z0 H03 F50 T04;                    (设置刀具长度补偿；选 T04 刀具)
N170 S300 M03;                              (主轴起动)
N180 G99 G81 X0 Y87.0 Z-25.5 R-17.0;        (定槽上端中心位置)
N190 X-65.0 Y-95.0 Z-40.0;                  (钻 1#底孔)
N200 M98 P0200;                             (调用子程序，钻孔)
N210 G80 G28 G40 Z0 M06;                    (返回换刀)
N220 G43 Z0 H04 M03 T05;                    (设置刀具长度补偿；选 T05)
N225 G00 X-65.0 Y-95.0;                     (到 X-65.0mm，Y-95.0mm)
N230 G99 G82 Z-26.0 R-17.0 P500;            (1#孔倒角)
N240 M98 P0200;                             (调用子程序，孔倒角)
N250 G80 G28 G40 Z0 M06;                    (返回换刀)
N260 G43 Z0 H05 F90 T06;                    (设置刀具长度补偿；选 T06)
N270 S60 M03;                               (主轴起动)
N280 G99 G84 X-65.0 Y-95.0 Z-40.0 R-10.0;   (1#攻螺纹)
N290 M98 P0200;                             (调用子程序，攻螺纹)
N300 G80 G28 G40 Z0 M06;                    (返回换刀)
N310 X-0.5 Y150.0 T00;                      (到铣槽起始点)
N320 G41 D26 Y70.0;                         (设置刀具半径补偿)
N330 G43 Z0 H06;                            (设置刀具长度补偿)
N340 S300 M03;                              (主轴起动)
N350 X0;                                    (到 X=0 点)
N360 G01 Z-26.05 F30;                       (下刀)
N370 M98 P0100;                             (调铣槽子程序铣槽)
N380 G28 G40 Z0 M06;                        (返回换刀)
N390 G28 X0 Y0;                             (回机床零点)
N400 M30;                                   (结束)
```

铣槽子程序：

```
O0100
N10 X66.0 Y70.0
N20 G02 X100.04 Y8.946 J-40.0;              (切削右上方 R40mm 圆弧)
N30 G01 X57.01 Y-60.527;
N40 G02 X40.0 Y-70.0 I-17.010 J10.527;      (切削右下方 R20mm 圆弧)
N50 G01 X-40.0;
N60 G02 X-57.01 Y-60.527 J20.;              (切削左下方 R20mm 圆弧)
N70 G01 X-100.04 Y8.0946;
N80 G02 X-66.0 Y70.0 I34.04 J21.054;        (切削左上方 R40mm 圆弧)
N90 G01 X0.5;
N100 M99;
```

2#、3#、4#孔定位子程序：

O0200

N10 X65.0；　　　　　　　　　（2#孔位）

N20 X125.0 Y65.0；　　　　　　（3#孔位）

N30 X-125.0；　　　　　　　　（4#孔位）

N40 M99；

设置　D21＝17mm，D26＝17mm

第七节　卧式加工中心的主要部件结构

卧式加工中心的主轴是水平设置的。一般的卧式加工中心有三个到五个坐标轴，常配有一个回转轴（或回转工件台），主轴转速在10～10000r/min之内，最小分辨率一般为1μm，定位精度为10～20μm。卧式加工中心刀库容量一般较大，有的刀库可存放几百把刀具。卧式加工中心的结构较立式加工中心复杂，体积和占地面积较大、价格也较高。

卧式加工中心较适于加工箱体之类的零件。只要一次装夹在回转工作台上，即可对箱体（除顶面和底面之外）的四个面进行铣、镗、钻、攻螺纹等加工。特别是对箱体类零件上的一些有位置公差要求的孔和形腔（如孔系之间的平行度、孔与端面的垂直度、端面与底面的垂直度等），以及有严格尺寸精度要求的孔和形腔与基准面（底面），在卧式加工中心上通过一次装夹加工，容易得到保证，适合于批量工件的加工。

卧式加工中心程序调试时，不如立式加工中心直观、易观察，对工件检查和测量也感不便，且对复杂零件的加工程序调试时间是正常加工的几倍，所以加工的工件数量越多，平均每件占用机床的时间越少，因此用卧式加工中心进行批量加工才合算。但它可实现普通设备难以达到的精度和质量要求，因此一些精度要求高，其它设备无法达到其精度要求的工件，特别是一些空间曲面和形状复杂的工件，即使是单件生产，也可考虑在卧式加工中心上加工。由此可见加工中心既是高效、高质量的自动化生产设备，又是攻克工艺难题的设备。

卧式加工中心冷却条件不如立式的好，特别是对深孔的镗、铣、钻等，切削液难以到达切削深处，因此，必须降低机床的转速和进给量。与立式加工中心相比，卧式加工中心的功能多，在立式加工中心上加工不了的工件，在卧式加工中心上一般的都能加工。此外卧式加工中心的回转工作台有的是数控的，有的是分度的，工件一次装夹可实现多个工位的加工。总的来说卧式加工中心有其优点，也有不足。其外形如图3-40所示。

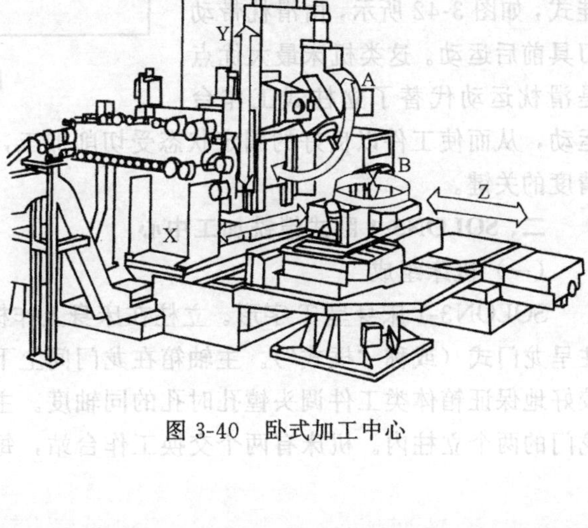

图3-40　卧式加工中心

多工作台卧式加工中心有时称为柔性加工单元（FMC）。它有两个以上可更换的工作台，通过运送导轨可把加工完的工件连同工作台（托盘）移出加工部位，然后把装有待加工工件的工作台（托盘）送上加工部位，这种可交换的工作台可设置多个，实现多工作台加工。其优点是可实现在线装夹，即在进行加工的同时，下边的工作台进行装、卸工件，另外可在其它工作台上都装上待加工的工件，开动机床后，能完成对这一批工件的自动加工。工作台上的工件可以是相同的，也可以是不同的。这都可由程序进行处理。多工作台卧式加工中心刀库容量较大，机床占地面积大，数控系统功能较全。计算速度快，内存容量大。采用的都是最先进的CNC系统，所以价格昂贵。

一、卧式加工中心的布局

(1) 立柱不动式　该类机床由工作台实现 X、Z 两个方向进给，刚性较差，往往用于小型、经济型卧式加工中心。

(2) 立柱移动式　该类卧式加工中心又分为二类。一是立柱作 Z 向进给运动，X 向运动由工作台或交换工作台进行，床身和工作台的刚性较高，通过立柱进给，有利于保证被加工孔的形位精度，如图 3-41 所示。当采用双立柱时，主轴中心线位于两立柱之间，受力时不影响精度，主轴中心也能避免因发热而产生的沿 X 方向的漂移。近年来，卧式加工中心多采用这种布局形式。另一类是立柱双向移动式，即立柱装在十字拖板上，进行 Z 向及 X 向运动，适用于大型工件加工。

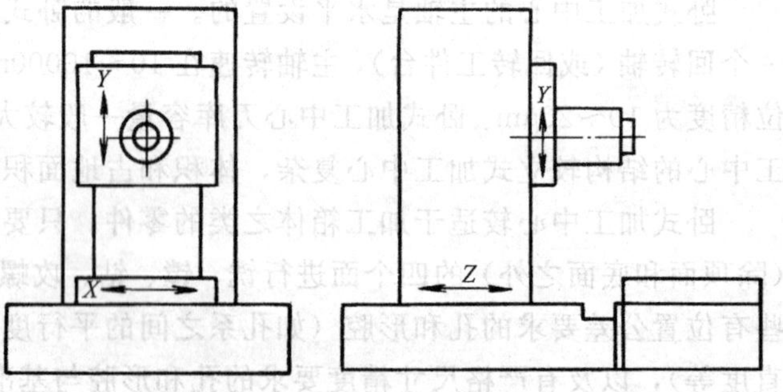

图 3-41　立柱移动式加工中心

立柱移动式卧式加工中心的最大优点就是工作台能够适应不同的工件进行柔性组合，它可以用长工作台或圆工作台，也可以用交换工作台，由于机床的前后床身可以分离，故甚至在加工大型工件时，不安置工作台也可以，特别适合组成FMS和FMC。

(3) 滑地枕式加工中心　这类加工中心，主轴箱大多数均采用侧挂式，如图 3-42 所示，由滑枕带动刀具前后运动。这类机床最大优点是滑枕运动代替了立柱式工作台运动，从而使工件以良好的固定状态受切削加工，故解决好滑枕悬臂的自重平衡是保证切削精度的关键。

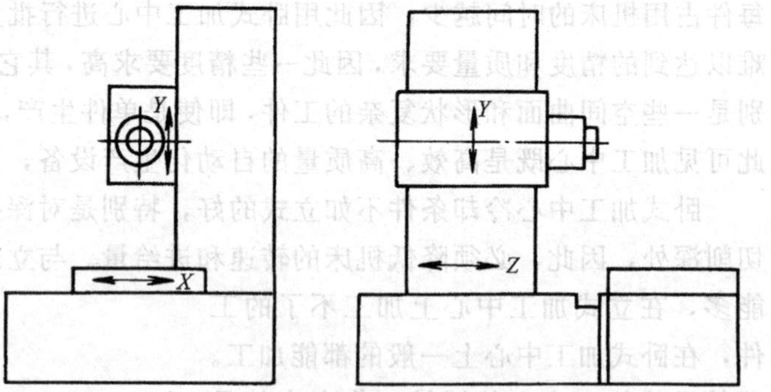

图 3-42　主轴箱侧挂式加工中心

二、SOLON3-1 卧式镗铣加工中心

(一) 机床组成

SOLON3-1 床身呈 T 字形。立柱在床身上作横向移动。工作台在床身上作纵向移动。立柱呈龙门式（或称“框式”）。主轴箱在龙门间上下移动。立柱和主轴箱的这种布局方式，可较好地保证箱体类工件调头镗孔时孔的同轴度。主轴箱用两个铸铁重锤平衡，重锤分别位于龙门的两个立柱内。机床有两个交换工作台站，每个交换工作台站上可放一个工作台，两个交换工作台轮换使用。机床有链式刀库，可容纳 60 把刀。机床所有的直线运动导轨都采用滚动导轨支承，用封闭性好的拉板防护。整个工作区由护板和门窗密封，以防止切削液和切屑向外飞溅。

（二）SOLON3-1 机床参数

工作台面尺寸	1000mm×1000mm
工作台上最大荷重	6000kg
工作台纵向（*X* 轴）行程	1600mm
主轴箱升降（*Y* 轴）行程	1200mm
立柱横向（*Z* 轴）行程	1000mm
主轴转速	12～3000r/min
主电动机功率	30kW
X、*Y*、*Z* 轴切削进给速度	1～6000mm/min
X、*Y*、*Z* 轴快速移动速度	12000mm/min
工作台快速回转（B 轴）定位精度	±15″～20″/360°
其中 0°、90°、180°、270°四个位置	±2″
刀库容量	60 把
刀具最大直径	125mm
相邻空位	300mm
单头镗刀	400mm
刀具最大长度	400mm
刀具最大质量	25kg
机床轮廓尺寸（长×宽×高）	7665mm×5800mm×4110mm
机床质量	29300kg
占地面积（长×宽）	8265mm×8850mm

（三）主要结构

为了扩大工艺范围，提高生产率，加工中心除了沿 *X*、*Y* 和 *Z* 三个坐标轴的直线进给运动之外，往往还有绕 *X*、*Y* 和 *Z* 轴的圆周运动。通常加工中心的圆周进给运动由回转工作台来实现。常用的回转工作台有分度工作台和数控回转工作台两种，它们的功用各不相同。分度工作台的功用只是将工件转位换面，和自动换刀装置配合使用，实现工件一次装夹完成几个面的加工。而数控回转工作台除了分度和转位的功能之外，还能实现圆周进给运动。

1. 分度工作台

分度工作台的分度、转位和定位工作，是按照控制系统的指令自动地进行，每次转位回转一定的角度（90°、60°、45°等），工作台转位的精度是由专门的定位元件来保证的。常用的定位元件有插销定位、反靠定位、齿盘定位和钢球定位等几种。下面简单介绍插销式分度工作台的结构和工作原理。

插销式分度工作台的分度定位精度，主要由定位销和定位孔的精度来决定，最高可达±5″。图 3-43 为卧式加工中心的分度工作台。分度工作台 2 置于长方形工作台 11 的中间，在不单独使用分度工作台 2 时，两个工作台可以作为一个整体使用。

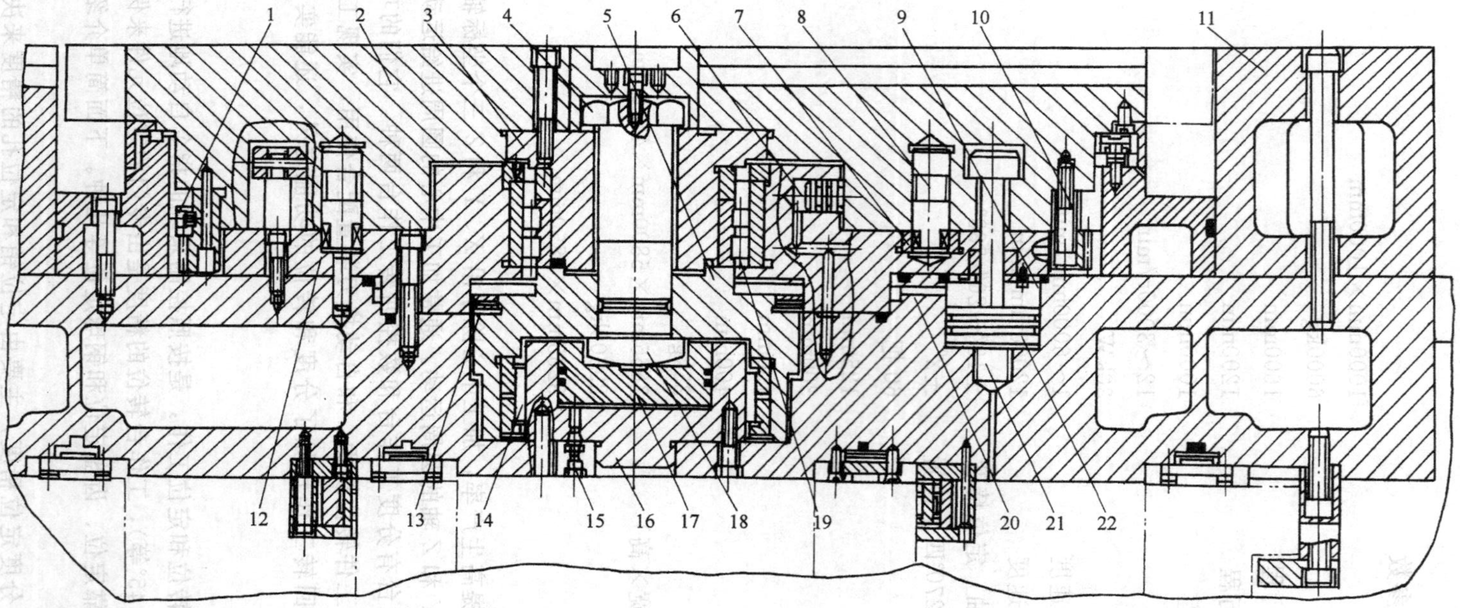

图 3-43　分度工作台

1—挡块　2—分度工作台　3—锥套　4—螺钉　5—支座　6—液压缸　7—定位衬套　8—削边圆柱定位销　9—液压缸　10—大齿轮　11—长方形工作台　12—上底座　13—止锥轴承　14—套　15—管道　16—中央液压缸　17—活塞　18—螺柱　19—主轴承　20—下底座　21—弹簧　22—活塞拉杆

工作台 1 的底部均匀分布着八个削边圆柱定位销 8，工作台只能作 2、4、8 等分的分度运动。

插销式分度工作台作分度运动时，其工作过程分为三步骤：

1）松开锁紧机构并拔出定位销——当数控装置发出指令时，电磁阀控制下底座 20 上的六个均布液压缸 9 锁紧卸荷。活塞拉杆在弹簧 21 的作用下上升，使工作台 2 处于松开状态。同时，间隙消除液压缸也卸荷，压力油经管道 15 流入中央液压缸 16，使活塞 17 上升，并通过螺柱 18 由支座 5 把止推轴承 13 向上抬起，顶在底座口上。再通过螺钉 4、锥套 3 使工作台抬起，固定销从定位衬套 7 中拔出；

2）工作台回转分度——当工作台抬起之后，数控装置发出信号使液压马达驱动减速齿轮，带动与工作台 2 底部联接的大齿轮 10 回转，进行分度运动。在大齿轮 10 上面以 45°的间隔均布八个挡块 1。分度时，工作台先快速回转，当定位销即将进入规定位置时，挡块碰撞第一个限位开关，发出信号使工作台降速。当挡块碰撞第二个限位开关时，工作台 2 停止回转。此时，相应的定位销 8 正好对准定位衬套 7；

3）工作台下降并锁紧——分度完毕后，数控装置发出信号使中央液压缸 16 卸荷，工作台 2 靠自身重力下降，定位销 8 插入定位衬套 7 中完成定位工作。在锁紧工作台之前，消除间隙的液压缸 6 通入压力油，活塞向上顶住工作台 2，消除了径向间隙。然后使锁紧液压缸 9 的上腔通压力油，活塞拉杆 22 下降。通过拉杆将工作台锁紧。

2. 数控回转工作台

数控回转工作台（简称数控转台）的外形和分度工作台没有多大差别，但在结构上则有一系列的特点。由于数控转台能实现进给运动，所以它在结构上和加工中心的进给驱动机构有许多共同之点。不同之点在于加工中心的进给驱动机构实现的是直线进给运动，而数控转台实现的是连续的圆周进给运动。数控转台分为开环和闭环两种。

（1）开环数控转台　如图 3-44 所示，开环数控转台和开环直线进给机构一样，都可用功率步进电动机驱动，由传动机构、间隙消除装置及蜗轮夹紧装置等组成。数控转台的分度定位和分度工作台不同，它是按控制系统所指定的脉冲数来决定转位角度，没有其它的定位元件，开机后需回零，开环数控转台的脉冲当量是指每个脉冲工作台所回转的角度，现有的数控转台的脉冲当量在 0.001°/脉冲～2′/脉冲之间。

该数控转台的圆形导轨采用大型止推轴承 13，使回转运动灵活，径向由双列向心短圆柱滚子轴承 12 及圆锥滚子轴承 22 保证回转精度，调整轴承 12 的预紧力，可以消除回转轴的径向间隙。调整调整套 23 的厚度，可以使圆导轨上有适当的预紧力，保证导轨有一定的接触刚度。这种数控转台可做成标准附件，既能水平轴向安装，又能垂直轴向安装，以适应不同工件的加工要求。

（2）闭环数控回转工作台　闭环数控转台的结构与开环数控转台的大致相同，其区别在于：闭环数控转台有转动角度的测量元件（圆光栅或圆感应同步器）。所测量的结果经反馈与指令值进行比较，按闭环原理进行工作，使转台定位精度更高。

3. APC 工件自动交换

在数控加工中为了减少工件装夹、调整辅助时间，提高自动化生产水平，对于卧式加工中心，目前已比较多地采用了多工位托盘工件自动交换机构，即每台加工中心至少配有两个可自动交换的托盘工作台。当其中一个托盘工作台进入封闭式的数控机床内进行自动循环加工时，对另一个在机床外侧的托盘工作台，就可以进行工件装卸调整。使工件的装夹调整时间与机床加工时间重合，从而节省了机床装夹工件的辅助时间。

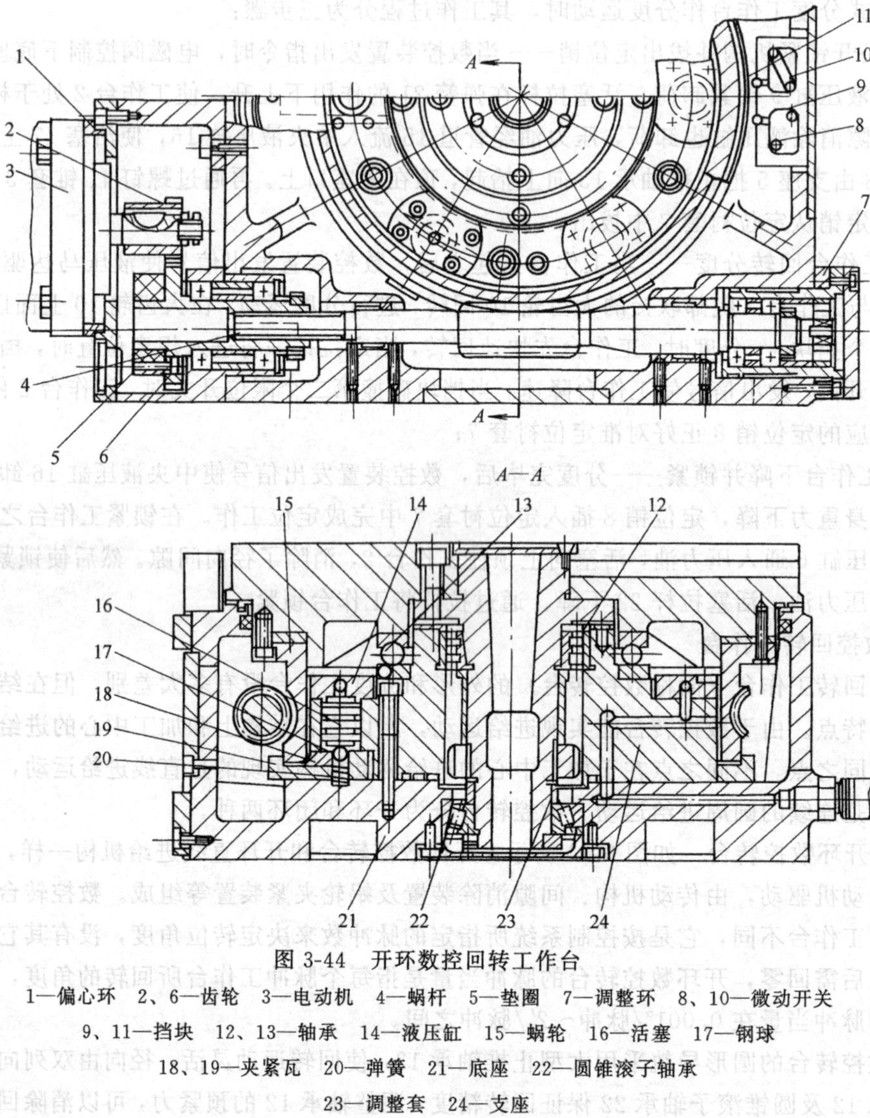

图 3-44　开环数控回转工作台

1—偏心环　2、6—齿轮　3—电动机　4—蜗杆　5—垫圈　7—调整环　8、10—微动开关　9、11—挡块　12、13—轴承　14—液压缸　15—蜗轮　16—活塞　17—钢球　18、19—夹紧瓦　20—弹簧　21—底座　22—圆锥滚子轴承　23—调整套　24—支座

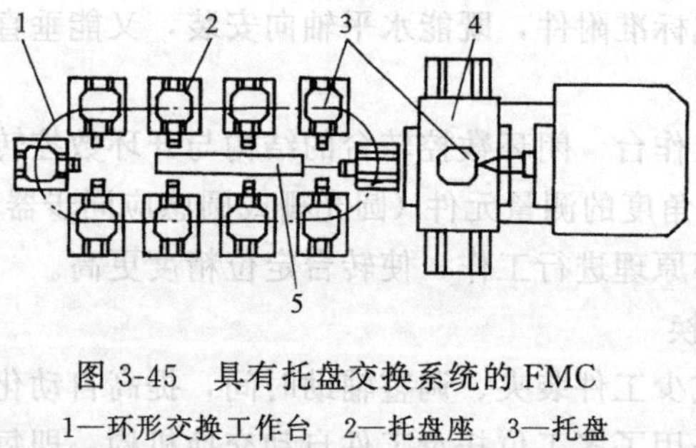

图 3-45　具有托盘交换系统的FMC

1—环形交换工作台　2—托盘座　3—托盘　4—卧式加工中心　5—托盘交换装置

托盘的交换可采用液压活塞推拉机构或机械链式传动等方法来实现。图 3-45 为具有 10 工位托盘自动交换系统的柔性加工单元。托盘支撑在圆柱环形导轨上，由内侧的环链拖动而回转，链轮由电动机驱动。托盘的选定和停位由可编程控制器（PLC）控制，并借助终端开关、光电编码器实现。具有 5 个以上托盘的加工中心，可称为柔性制造单元（FMC）。

4. 排屑装置

为了数控机床的自动加工顺利进行和减少数控机床的发热，数控机床应具有合适的排屑装置。数控铣床、加工中心和数控镗床的工件安排在工作台面上，切屑不能直接落入排屑装置，故往往需要大流量切削液冲刷，或利用压缩空气吹扫等方法，使切屑进入排屑槽，然后再回收切削液并排出切屑。

排屑装置是一种具有独立功能的附件。数控机床排屑装置的结构和工作形式，应根据机床的种类、规格、加工工艺特点、工件的材质和使用的切削液种类等来选择。

常见的排屑装置主要有螺旋式排屑装置、平板链式排屑装置和刮板式排屑装置三种类型。图 3-46 所示为螺旋式排屑装置示意图。该装置是利用电动机经减速装置驱动安装在沟槽中的一根绞笼式螺杆进行工作的。螺旋杆工作时，沟槽中的切屑即由螺旋杆推动连续向前运动，最终排入切屑收集箱。

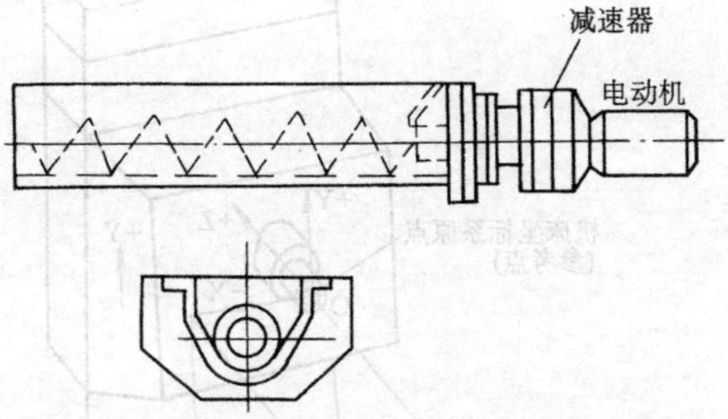

图 3-46 螺旋式排屑装置

排屑装置的安装位置一般尽可能靠近刀具切削区域，如车床的排屑装置装在旋转工件下方，铣床和加工中心的排屑装置装在床身的回水槽上或工作台边侧位置，以利于简化机床和排屑装置结构、减少机床占地面积、提高排屑效率。排出的切屑一般都落入切屑收集箱或小车中，有的直接排入排屑系统。

第八节 卧式加工中心的程序编制

一、卧式加工中心的坐标系

卧式加工中心的坐标系与立式加工中心坐标系即 X、Y、Z 三轴在空间上是不同的。由于卧式加工中心主轴是水平放置的，其机床坐标系的 Z 轴是水平的。卧式加工中心的机床坐标系如图 3-47 所示。工件坐标系的建立方法与立式加工中心相同，如图 3-48 所示。

二、卧式加工中心多工件坐标系坐标值的确定

目前，国内生产的卧式加工中心大多数没有自动测定坐标系的功能，而工件坐标系的测量，精度直接影响加工中心的加工精度。

建立单一工件坐标系，就是要准确地测出工件编程零点在 XZ 平面（即工作台面）内的投

影和机床工作台回转中心之间 X 向、Z 向的距离（见图 3-49）。事实上，在卧式加工中心上加工的零件，大多数是要求多工位加工的复杂零件，为了编程计算方便，要求这两个方向和工作台回转中心之间的距离为零，即编程零点在工作台面上的投影和工作台回转中心重合。但是这样做，对夹具的结构和安装有严格的要求，给操作者带来许多困难，而且增加了测量环节，相应地增大了测量误差。若采用工件偏置坐标系建立多个工件坐标系时，也要分别测量工作台在不同工位时，工件编程零点在机床坐标系中的坐标值，人工测量次数采用计算法则可以有效解决上述两种方法中存在的问题，提高加工中心的加工效率和质量。

图 3-50 为工作台回转中心坐标计算 X 坐标值，分别在 0°工位和 180°工位加工同两个轴孔。

设工作台与主轴中心重合时的 X 坐标为 X_C，对于确定的加工中心，X_C 是一常数，它可以很准确的测量出来。以直接测量方法测得 G54 的 X 坐标为 X_{G54}，在图中，B 轴 0°时工件坐标系 G54 零点设在 I 孔中心线上（A 点），B 轴 180°时，工件坐标系 G56 零点在 E 点，则工作台旋转 180°时，G56 的 X 零点为 E'。

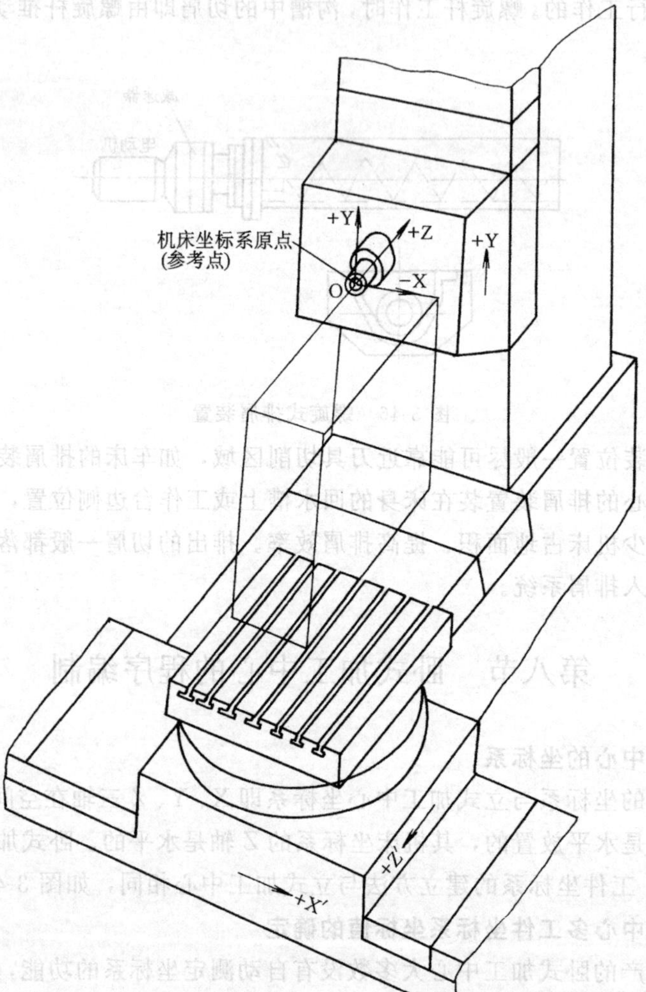

图 3-47　卧式加工中心的机床坐标系

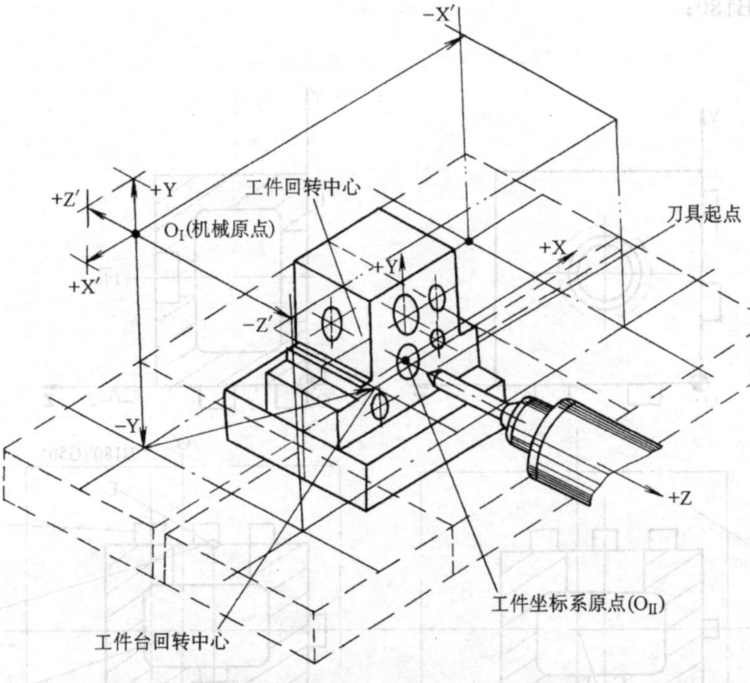

图 3-48　卧式加工中心的工件坐标系

用这种方法不但方便，而且能提高孔的同轴度精度。

编程要点：

(1) 自动换刀　多数卧式加工中心规定的换刀点位置在机床 Y 方向的机床参考点处。故换刀程序一般为：

……

N0070 G49 G00 Z××；

　　(G49 G28 Z0)

N0080 G28 Y0；

N0090 T×× M06；

……

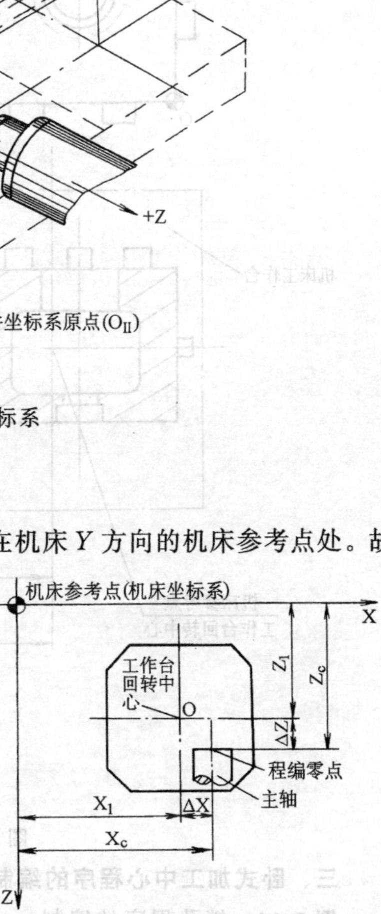

图 3-49　工件坐标系的测量

(2) 工作台旋转指令　卧式加工中心一般配置了旋转工作台装置，其旋转工作台的回转轴是 Y 轴。即加工程序增加了工作台旋转指令。

使用工作台旋转指令时应注意以下几个问题：

1) 工作台旋转是使用 B 指令进行动作。工作台旋转有增量值和绝对值两种。工作台当前在 90°位置时，转到 180°时，对于增量值使用 G91 B90，对于绝对值使用 G90 B180；

2) 工作台旋转时应让刀具退离工件表面，直到机床的安全点：

3) 有的机床旋转应使用 G00 加上工作台旋转指令，否则就会出现工作台旋转没有速度。

例如，O0005

……

N20 G90 G28 Z0；　　　　　　(返回 Z 方向机床零点)

N30 G00 B180;

……

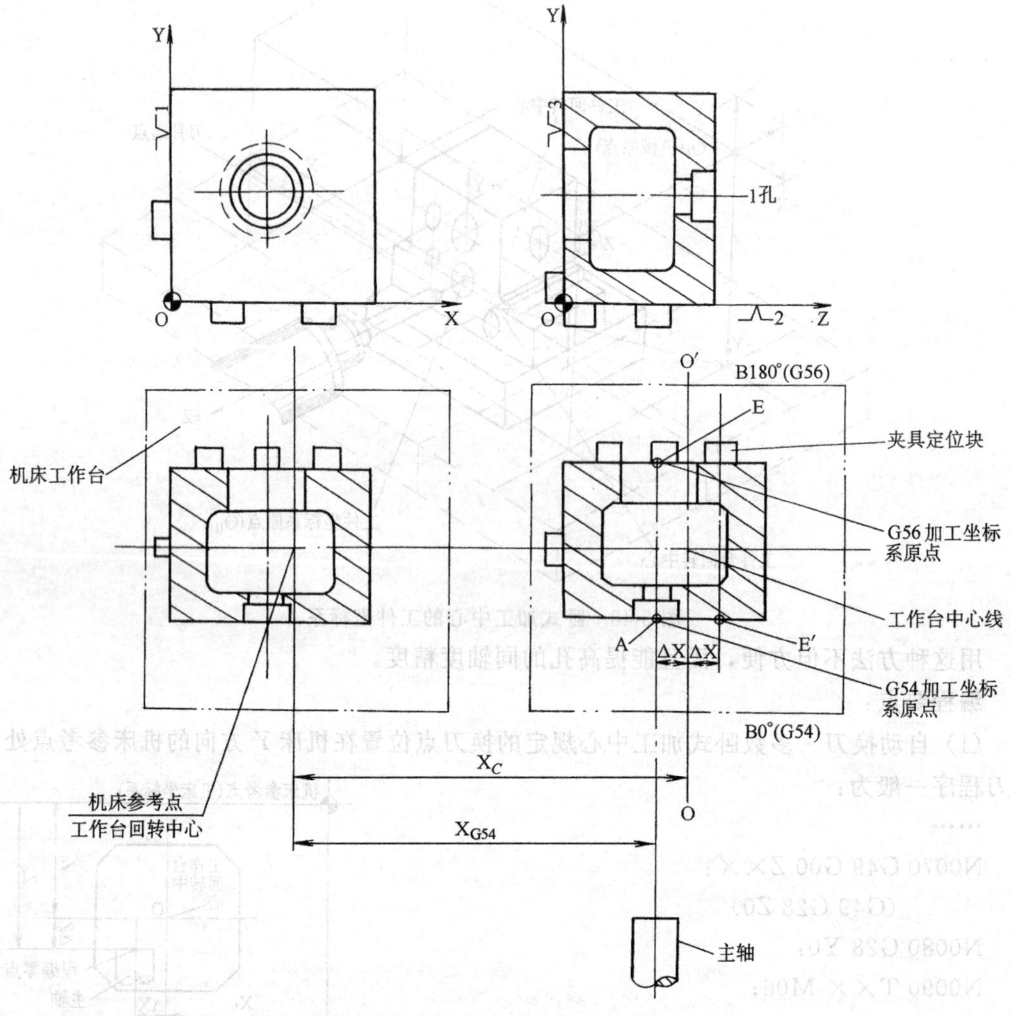

图 3-50　同轴孔工件坐标系的确定

三、卧式加工中心程序的编制

例 3-14　镗孔程序的编制

图 3-51 为轴承支座零件图。加工工艺为：在卧式加工中心上一次装夹，不转动工作台，使用反镗固定循环指令，以保证三个孔的同轴度要求。加工程序为（FANUC-0　MC 系统）：

O1111

N0010 G49 G28 Z0;　　　　(*Z* 向回机床零点)

N0020 G28 Y0;　　　　(回换刀点)

N0030 T01 M06;　　　　(换刀)

N0035 G90 G54 G00 X0 Y0 M08;　　　　(建立工件坐标系，开切削液)

N0040 G43 G00 Z0 H10;　　　　(建立刀具长度补偿)

N0050 M03 S350;　　　　(主轴起动)

N0060 G99 G76 Z-75.0 R-5.0 Q0.3 F40 M09; （精镗 ϕ35H9 孔，关切削液）
N0070 M05; （主轴停转）
N0080 G49 G28 Z0; （取消刀具长度补偿，Z 向回机床零点）
N0090 G28 Y0; （回换刀点）
N0100 T02 M06 M08; （换刀，开切削液）
N0110 M03 S300; （主轴起动）
N0120 G43 G00 Z0 H20; （建立刀具长度补偿）
N0140 G99 G76 Z-25.0 R-5.0 Q0.3 M09; （精镗 ϕ45H7 右侧孔，关切削液）
N0150 M05; （主轴停）
N0160 G49 G28 Z0;
N0170 G28 Y0;
N0180 T03 M06;
N0190 G43 G00 Z0 H30 M08;
N0200 M03 S300;
N0210 G99 G87 Z-55.0 R-75.0 Q6.0; （反镗 ϕ45H7 左侧孔）
N0220 G49 G28 Z0 M09;
N0230 M05;
N0240 M30;

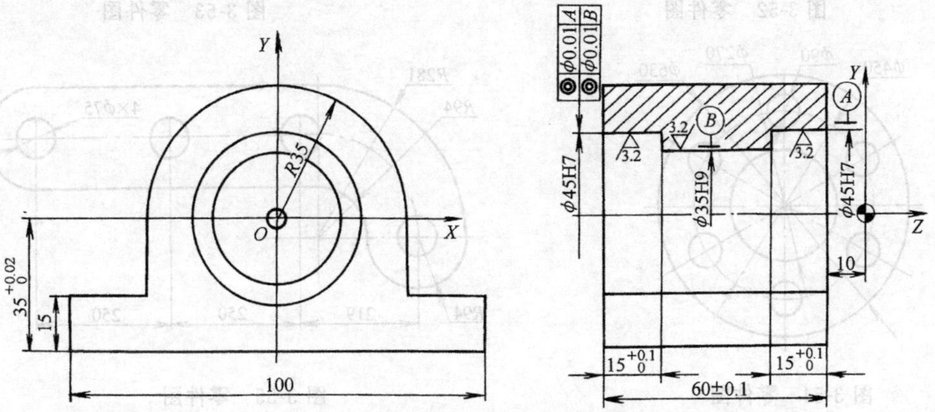

图 3-51 轴承支座

程序特点：

1）使用 G54 设计加工坐标系，加工前用参数设置；

2）有三次换刀指令，实现镗不同孔的目的，卧式加工中心换刀时，Y 轴必须回参考点(N0020，N0090 和 N0170)；

3）用刀具长度补偿处理不同长度的镗刀，使其达到工作点位置一致；

4）程序结束使用 M30，使程序执行完自动复位到程序起始位置。待下一个零件装夹完后，再按一次循环起动，又开始新一轮的加工；

5）在精镗孔循环中，退刀时有一让刀动作，操作者在刀库中装刀时，应特别注意镗刀的刀刃方向。

习题与思考题

3-1 数控铣床与加工中心的区别是什么？

3-2 如何区分立式加工中心和卧式加工中心？

3-3 加工中心有哪几种类型的刀库和换刀形式？

3-4 在加工中心上如何设置工件原点？如何进行多工件坐标系的设置？

3-5 加工中心需考虑哪些基本的工艺问题？

3-6 如图 3-52、3-53、3-54、3-55 所示的平面曲线零件，零件厚为 10mm，加工过程为先铣削轮廓外型，然后进行孔加工，试编写其数控加工程序。

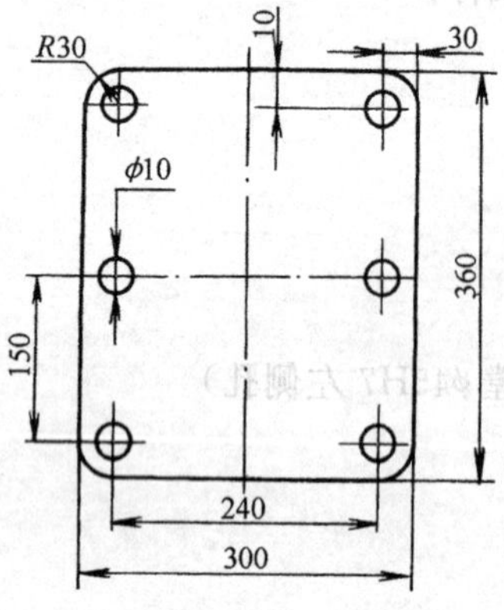

图 3-52 零件图

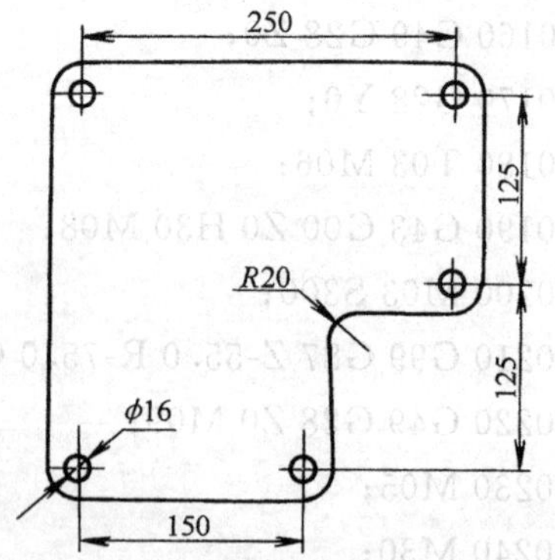

图 3-53 零件图

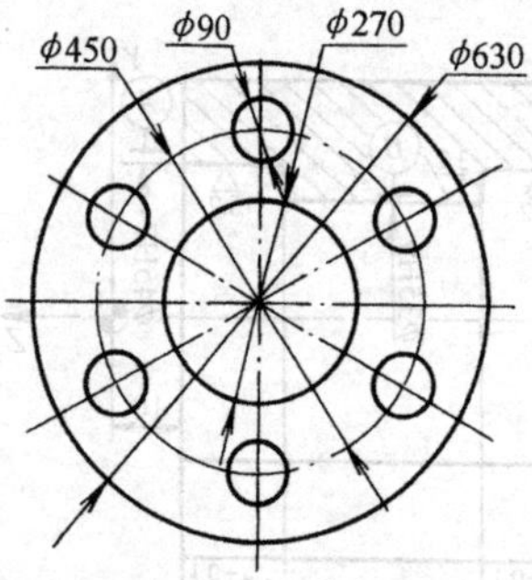

图 3-54 零件图

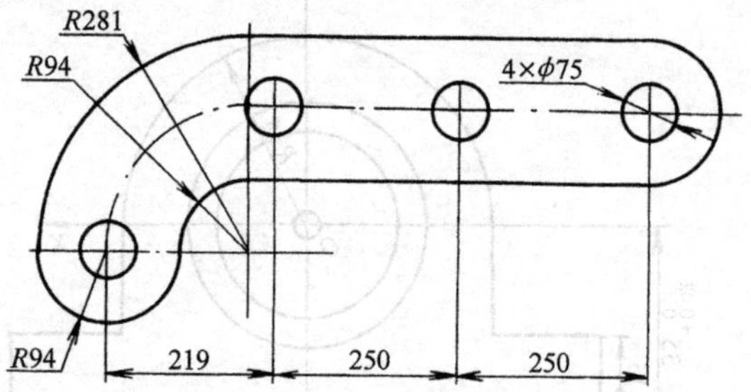

图 3-55 零件图

第四章　特种加工数控设备及其程序编制

20世纪中叶以来，特种加工迅速发展，解决了大量传统切削加工难于或无法实现的加工问题，在机械、电子、航空航天及国防工业中得到了广泛应用。目前特种加工已成为机械制造业中不可缺少的重要部分。

特种加工是电火花加工、激光加工、超声波加工、电解加工、化学加工等各种加工方法的统称。它不同于传统的切削加工，是直接利用电能、声能、光能、化学能、电化学能等，通过介质以熔融、蒸发、腐蚀、溶解等物理、化学过程去除材料，而不是通过工具以切削力对工件进行加工的。

特种加工不同于传统的切削加工，其特点是：加工时工具与工件不直接接触（有些特种加工方法不需要工具），不承受较大的作用力，工具的硬度可以比工件低，因此可用于加工高硬度、高强度、高脆性材料以及低刚度、薄壁零件；在特种加工中，加工余量的去除大都是微量的，因此可用于加工尺寸微小的孔或窄缝，有的还能获得极高的加工精度和极小的表面粗糙度。

各种特种加工方法以其自身的优越性得到了广泛的应用，各种特种加工设备也日趋先进，特别是近些年来数控技术的推广应用，一些特种加工设备也逐步趋向数控化，本章主要介绍数控电火花线切割机、数控电火花成形机、激光切割机的工作原理、组成、用途及数控加工程序的编制。

第一节　数控电火花线切割机

一、电火花加工概述

电火花加工又称电蚀加工或放电加工，它是利用工件与工具电极之间的间隙脉冲放电所产生的局部瞬时高温，对金属材料进行蚀除的一种加工方法。

1. 电火花加工的物理本质

一个物体，无论在宏观上是多么平整，但在微观上其表面总是凹凸不平的，即由无数个高峰与凹谷组成。当处在工作介质中的两电极加上电压，两极间立即建立起一个电场，由于最高峰处极间距离 d 最小，电场强度 E 最大，故最先在该处击穿介质，形成放电通道，释放出大量能量，工件或工具电极表面被电蚀出坑来。从而工件表面的最高峰变成凹谷，另一处电场强度又变成最大，在脉冲能量的作用下，该处又被电蚀出坑来。这样以很高频率连续不断地重复放电，工具电极不断地向工件进给，就可将工具电极的形状复制在工件上，加工出需要的零件。

2. 电火花加工的极性效应

在电火花加工过程中，两极都会受到电腐蚀，但由于所接电源的极性不同，两极的蚀除量不同，这种现象称为极性效应。习惯上通常把工件接正极时的电火花加工称为正极性加工，把工件接负极时的电火花加工称为负极性加工。

从提高生产率和减少工具电极损耗的角度来看，极性效应愈显著愈好，采用短脉冲精加工时，应选用正极性加工；采用长脉冲粗加工时，应选用负极性加工。在实际生产中，极性的选择主要依靠机床参数表或通过试验确定。

3. 实现电火花加工的基本条件

(1) 电火花加工必须采用直流脉冲电源　为了使电火花放电产生的热量来不及传导扩散出去，形成极小范围内的瞬时高温，使金属局部熔化、气化，放电时间必须极其短促，一般小于 1ms。放电之后，为使介质有足够的时间恢复到绝缘状态，还需有一定的放电停歇时间，不然会引起持续的电弧放电。

(2) 脉冲放电能量应足够大　放电通道要有很大的电流密度，脉冲放电产生的热量应足以使金属局部熔化或气化。

(3) 工件与工具电极之间必须保持合理的距离（即放电间隙）　如果两极间距离大于放电间隙，介质不能被击穿，无法产生火花放电；两极间距离小于放电间隙，会导致积炭，甚至发生电弧放电。

(4) 两极间必须充入绝缘介质　电火花成形加工一般用煤油作为介质，线切割加工一般用去离子水或乳化液。绝缘介质是实现电火花放电的必要条件，绝缘介质还有利于排除放电间隙中的电蚀产物，对工件和工具电极起到冷却作用。

4. 脉冲电源

电火花加工用脉冲电源即脉冲发生器，它的作用是把普通 50Hz 的交流电转换成频率较高的单向脉冲电流，以使电极间隙产生电火花放电来蚀除金属。脉冲电源对放电加工的加工速度、表面质量、加工过程的稳定性和工具电极的损耗等技术经济指标有很大的影响。

二、电火花线切割机工作原理

电火花线切割机床的工作原理如图 4-1 所示。卷绕在丝筒上的电极丝（一般快走丝线切割机用钼丝，慢走丝线切割机用黄铜丝）与高频脉冲电源的负极相接，连续地沿其自身轴线行进，并在张紧状态下由上、下导丝轮支承着通过加工区。安装在坐标工作台上的工件接脉冲电源的正极。工作液由喷嘴以一定的压力喷向加工区。当脉冲电压击穿电极丝和工件之间的极间间隙时，两者之间随即产生火花放电而蚀除工件。

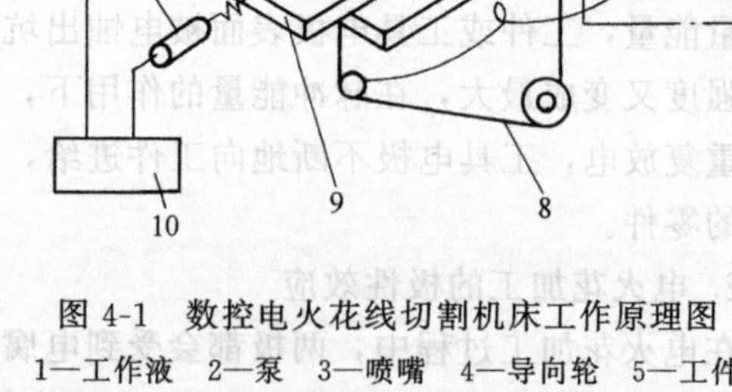

图 4-1　数控电火花线切割机床工作原理图

1—工作液　2—泵　3—喷嘴　4—导向轮　5—工件
6—丝筒　7—脉冲电源　8—电极丝　9—坐标工作台
10—数控装置　11—步进电动机

为了切割过程中能始终保持适宜的极间间隙，从而使火花放电能持续不断地进行，而不产生或少产生短路、空载和电弧放电，在电火花线切割机床的控制系统中设有控制电极丝和工件间相对运动速度的变频进给控制电路。它是一个频率可变的脉冲发生器，能把极间放电电压的变化转换成脉冲频率的变化，以控制输入步进电动机的进给脉冲的速度。

三、电火花线切割机的用途

电火花线切割机广泛用于加工硬质合

金、淬火钢模具零件；用于切割样板；由于所用的电极丝直径很细，特别适用于加工形状复杂的细小零件、窄缝等。如形状复杂、带有尖角的窄缝形小型凹模，可采用整体结构淬火后线切割加工，既能保证模具精度，又可简化模具设计和制造。此外，电火花线切割加工，还可用于除盲孔以外的其它难加工金属零件的加工。

四、数控电火花线切割机及其主要技术参数

数控电火花线切割机由脉冲电源、机床本体、数字程序控制系统和工作液循环系统等四大部分组成。图 4-2、图 4-3 分别是快速走丝、慢速走丝数控电火花线切割机示意图。

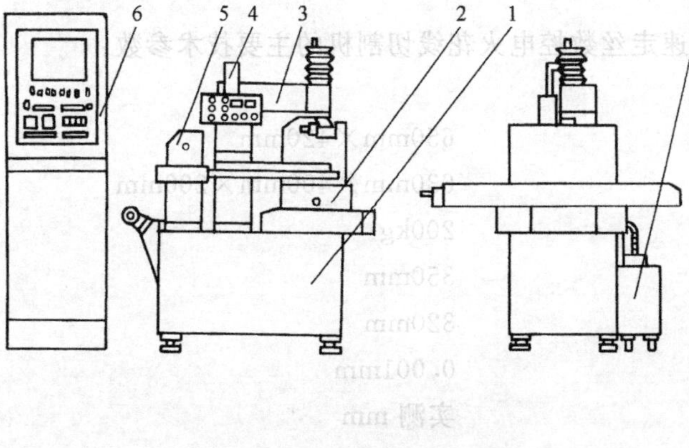

图 4-2　快速走丝电火花线切割机

1—床身　2—工作台　3—丝架　4—立柱　5—贮丝筒
6—数控箱　7—工作液循环系统

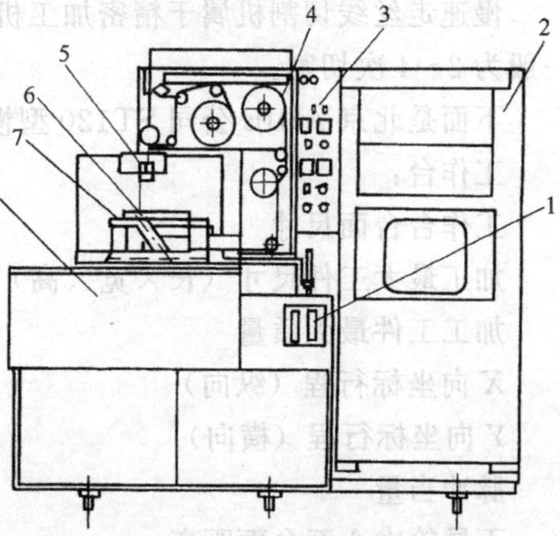

图 4-3　慢速走丝电火花线切割机

1—工作液流量计　2—数控箱　3—手控盒
4—走丝系统　5—上丝架　6—下丝架
7—工作台　8—床身

1. 快速走丝电火花线切割机

快速走丝电火花线切割机电极丝运行速度快，达 8～10m/s，而且作双向往返循环运行，即电极丝反复通过加工间隙，一直使用到断丝为止。电极丝一般用耐电蚀性较好钼丝，直径为 ϕ0.1～0.2mm。快速走丝线切割机由于走丝速度快，能自动排除短路现象。工作时，工作液靠快速运行的钼丝带入加工间隙。

快走丝电火花线切割机结构简单，但快速走丝容易造成电极丝抖动，而且电极丝换向时，放电和进给停止，使加工表面出现凹凸不平的斑马形条纹。此外由于电极丝的导向采用导轮机构，导轮的损耗大；而且电极丝反复使用，电极丝也有一定损耗，这些都决定了快速走丝线切割机的加工精度和加工表面质量不会很高。一般快速走丝线切割机加工精度为 0.01～0.02mm，表面粗糙度为 R_a2.5μm。

由于快速走丝线切割加工时难以达到高精度和高表面质量的要求，所以一般采用较高的加工速度一次切割成形。

2. 慢速走丝电火花线切割机

慢速走丝电火花线切割机运丝速度一般为 1～4m/min 左右。电极丝多采用黄铜丝或镀锌黄铜丝，直径为 0.03～0.35mm。工作时电极丝单向运行，经放电加工后不再使用，避免了电极丝损耗给加工精度带来的影响。此外还配备了电极丝张力调节机构，使电极丝在慢速运行过程中，工作平稳、均匀、抖动小。所有这些保证了慢速走丝线切割机的加工高精度。一般

慢速走丝线切割机加工精度为0.005～0.01mm，表面粗糙度为R_a0.4μm。

慢速走丝线切割机常用的工作液是去离子水，采用去离子水作工作液，具有冷却速度快、流动容易、不易燃等优点。去离子水的电阻率大小对加工速度、加工表面粗糙度、放电间隙大小都有影响。为了提高切割速度和防止工件锈蚀，常在去离子水中加入少量的导电液和防锈液。但高精度加工时必须有效控制去离子水的电阻率，具体数值应根据被加工工件的材料和厚度来调整。慢速走丝线切割机使用可以调节压力的上、下喷嘴将去离子水喷入放电间隙，实现火花放电。

慢速走丝线切割机属于精密加工机床，为了达到高精度加工的要求，通常进行多次切割，一般为2～4次切割。

下面是北京AGIE公司ST120型慢速走丝数控电火花线切割机的主要技术参数：

工作台：	
工作台台面尺寸	650mm×420mm
加工最大工件尺寸（长×宽×高）	630mm×400mm×200mm
加工工件最大质量	200kg
X向坐标行程（纵向）	350mm
Y向坐标行程（横向）	320mm
脉冲当量	0.001mm
下导轮中心至台面距离	实测mm
锥度切割装置	
Z向坐标行程	150mm
上导丝轮U向坐标行程	±9mm
上导丝轮V向坐标行程	±9mm
切割最大圆锥角度	±3°（工件高度50mm）
贮丝筒：	
电极丝（钼丝）直径	φ0.12～φ0.20mm
电极丝速度	8.7m/s
贮丝筒尺寸（直径×长度）	φ120mm×198mm
贮液箱：	
贮液箱容积	0.05m^3
主要工艺指标：	
最大生产率	>100mm^2/min
最佳表面粗糙度R_a	2.5μm
X、Y坐标定位精度	0.017mm
最大加工电流	5A
机床供电：	
电网电源	3×380V±10V/50Hz±1Hz
机床消耗总功率	2kW
外形尺寸及净重	
主机外形尺寸	1615mm×1222mm×1630mm

主机净重	1350kg
数控电源柜外形尺寸	533mm×622mm×1714mm
数控电源柜净重	350kg

五、数控电火花线切割机的主要部件结构

1. *X*、*Y* 轴移动工作台

X、*Y* 轴移动工作台如图 4-4 所示。下拖板 2 固定在床身 1 上，中拖板 3 可作横向移动，上拖板（工作台）4 则可作纵向移动。上拖板与中拖板、中拖板与下拖板之间均采用滚动导轨。线切割加工时，*X*、*Y* 轴伺服电动机通过齿轮传动和滚珠丝杠，分别拖动中拖板、上拖板带动工件作 *X*、*Y* 方向的进给运动。工作台的纵、横向移动也可以手动。

2. 锥度切割装置

线切割系统一般都具有锥度切割功能，锥度切割如图 4-5 所示。钼丝相对于工件的左右运动（即工作台纵向运动）为 *X* 轴坐标运动，钼丝相对于工件的前后运动（即工作台横向运动）为 *Y* 轴坐标运动。坐标轴正方向的规定如图所示。进行锥度切割时，下丝架不动，而上丝架上的十字拖板将作左右、前后移动，其中平行于 *X* 轴的左右移动为 *U* 轴坐标运动，平行于 *Y* 轴的前后移动为 *V* 轴坐标运行。*U*、*V* 轴运动将使电极丝倾斜，而 *X*、*Y*、*U*、*V* 四轴联动，就可以切割出各种锥度要求的工件。

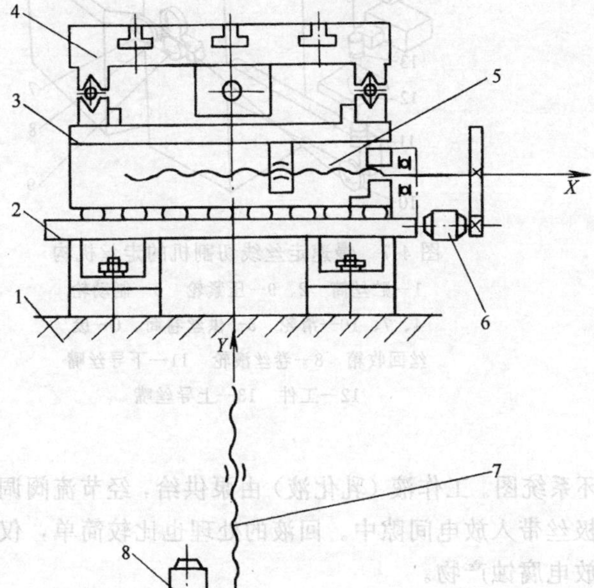

图 4-4 *X*、*Y* 轴移动工作台

1—床身 2—下拖板 3—中拖板 4—上拖板 5—*X* 轴丝杠 6—*X* 轴伺服电动机 7—*Y* 轴丝杠 8—*Y* 轴伺服电动机

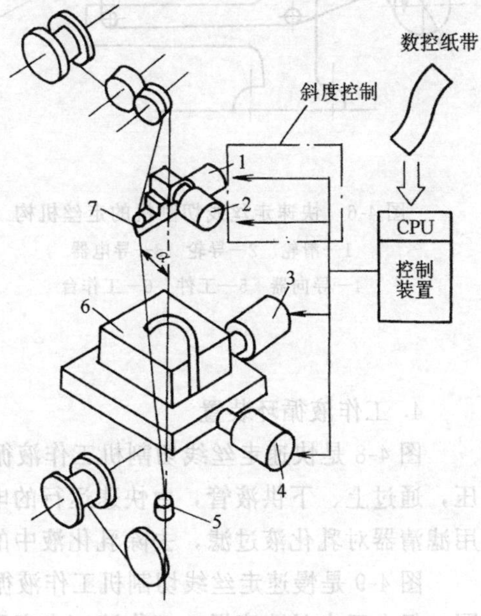

图 4-5 锥度切割装置

1—*X* 轴伺服电动机 2—*Y* 轴步进电动机 3—*U* 轴伺服电动机 4—*V* 轴步进电动机 5—下导向器 6—工件 7—上导向器

3. 电极丝驱动装置

电极丝驱动装置又称走丝机构，其作用是使电极丝以一定速度连续不断地通过放电加工区。

图 4-6 是快速走丝线切割机的走丝机构示意图，电极丝由贮丝筒经丝架、导轮和导向器，穿过工件后，再经过导向器和导轮返回到贮丝筒。工作时，电动机通过弹性联轴器带动贮丝筒作旋转运动，同时贮丝筒作轴向移动，这样电极丝就整齐地卷绕在贮丝筒上。当贮丝筒移动到终端时，贮丝筒立即反向转动，同时作反向移动。如此往复运动，使电极丝始终卷绕在贮丝筒上，反复使用直至断丝。

图 4-7 是慢速走丝线切割机的走丝机构示意图，电极丝由供丝卷筒，通过电极丝张紧机构（由滑轮、压紧轮、制动轮组成），穿过上导丝嘴、工件、下导丝嘴后，再由滑轮导向，经卷丝机构（由卷丝滚轮、压紧轮、滑轮组成），进入废丝回收箱。可见，慢速走丝线切割机电极丝单向运行，经放电加工后不再使用。

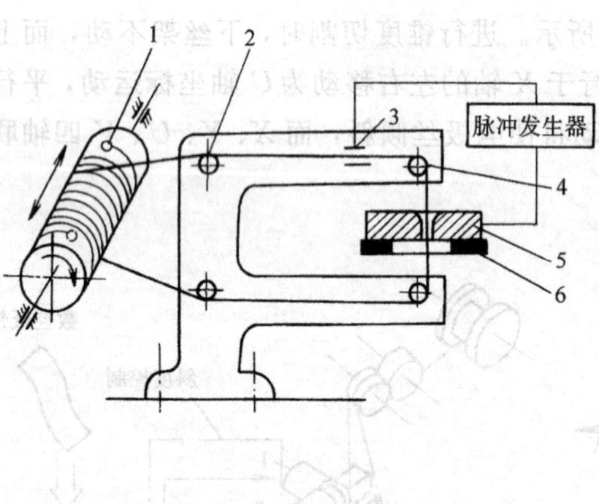

图 4-6 快速走丝线切割机的走丝机构
1—滑轮 2—导轮 3—导电器
4—导向器 5—工件 6—工作台

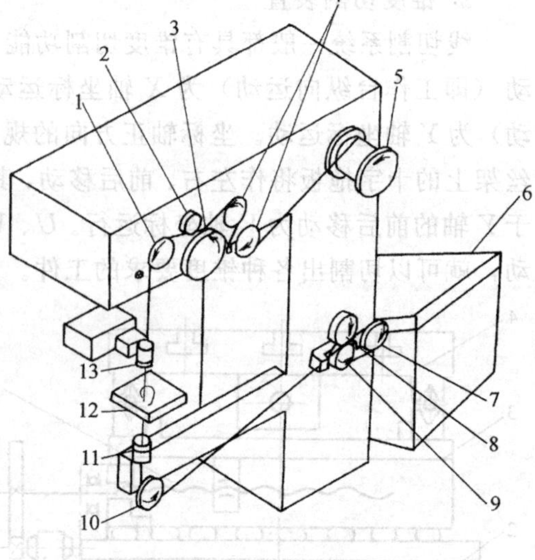

图 4-7 慢速走丝线切割机的走丝机构
1—贮丝筒 2、9—压紧轮 3—制动轮
4、7、10—滑轮 5—供丝卷筒 6—废丝回收箱 8—卷丝滚轮 11—下导丝嘴
12—工件 13—上导丝嘴

4. 工作液循环装置

图 4-8 是快速走丝线切割机工作液循环系统图。工作液（乳化液）由泵供给，经节流阀调压，通过上、下供液管，由快速运行的电极丝带入放电间隙中。回液的处理也比较简单，仅用滤清器对乳化液过滤，去除乳化液中的放电腐蚀产物。

图 4-9 是慢速走丝线切割机工作液循环系统图。其供液系统与快速走丝线切割机基本相同，但由于走丝速度慢，工作液（去离子水）主要是靠上、下高压喷嘴喷入放电间隙的。慢速走丝线切割机的回液系统主要是对工作液进行去离子处理的离子交换树脂净化装置。

六、编程前的工艺处理

由于电火花线切割加工工艺与通用机械加工工艺有很大差别，因此数控电火花线切割编程与其它数控机床相比，有着自己的特点。编程前应细致分析零件的加工要求和特点，充分考虑零件的线切割加工工艺，做好编程前的工艺处理。

1. 工件装夹方法的确定

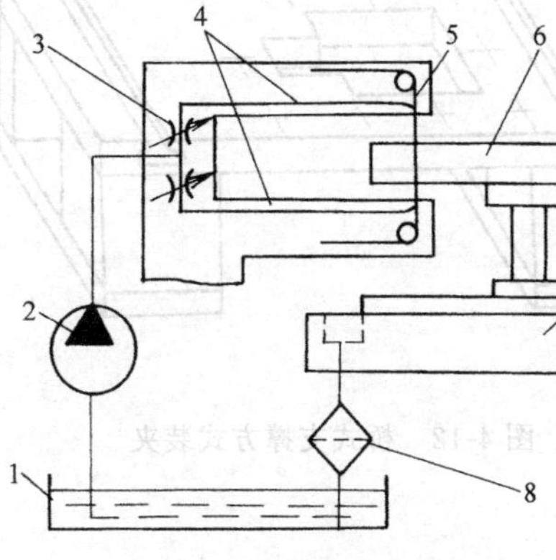

图 4-8 快速走丝线切割机的工作液循环装置

1—贮液箱 2—泵 3—节流阀 4—上、下供液管 5—电极丝 6—工件 7—工作台 8—滤清器

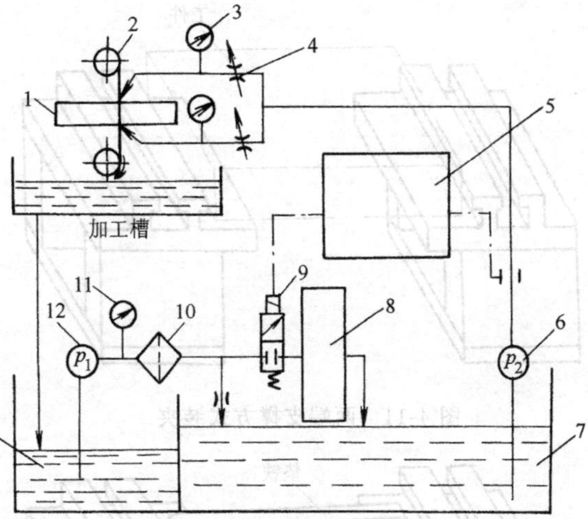

图 4-9 慢速走丝线切割机的工作液循环装置

1—工件 2—电极丝 3、11—压力表 4—节流阀 5—电阻率检测装置 6、12—泵 7—清液槽 8—离子交换树脂净化器 9—电磁阀 10—过滤器 13—污液槽

工件在机床工作台或夹具中的位置直接影响工件各基点坐标的计算，同时也影响切割部位和切割起点的选择。合理装夹工件不但有利于编程，而且有利于减少加工变形，保证加工精度。线切割加工中工件的装夹方法主要有以下几种：

(1) 悬臂式装夹 如图 4-10 所示，这种方式装夹方便、通用性强，但装夹误差较大。仅用于工件加工精度要求不高或悬臂校短的情况。

(2) 两端支撑方式装夹 如图 4-11 所示，这种方式装夹方便、稳定，定位精度高，但不适于装夹较小的零件。

(3) 桥式支撑方式装夹 如图 4-12 所示，在通用夹具上放置垫铁后再装夹工件。这种方式装夹方便，对大、中、小型工件都能适用。

(4) 板式支撑方式装夹 如图 4-13 所示，使用有通孔的支撑板装夹工件。这种方式装夹精度高，但通用性差。

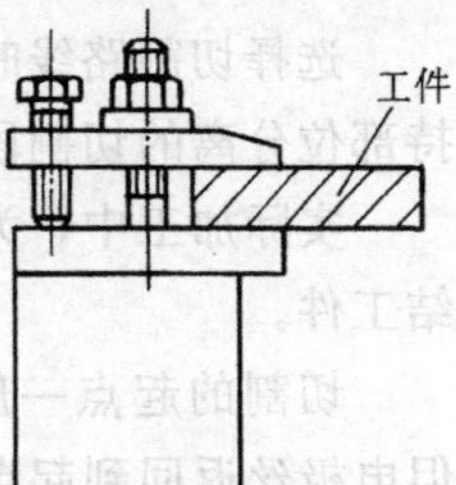

图 4-10 悬臂方式装夹工件

编程前应根据工件的形状特点，合理选择工件的装夹方式。装夹过程中还需使用百分表找正工件，使工件的定位基准面分别与机床的工作台面及 X、Y 坐标轴保持平行，以保证所切割的表面与基准面之间的相对位置精度。

2. 切割部位、切割起点、穿丝孔位置和切割路线的选择

在电火花线切割加工中，常出现加工变形问题，影响了加工精度，严重时会造成工件报废。工件变形的主要原因是工件中存在的内应力在线切割加工时重新分布而造成。为了减少工件变形，必须考虑工件在坯料中的切割部位，合理选择切割起点、穿丝孔位置和切割路线。

线切割加工时，坯料的边角处变形较大（尤其是热处理性能较差的淬火钢和硬质合金），因此在选择切割部位、切割路线时，应尽量避开坯料的边角处，使切割轨迹距离各边角处尺寸均匀，如图 4-14 所示。

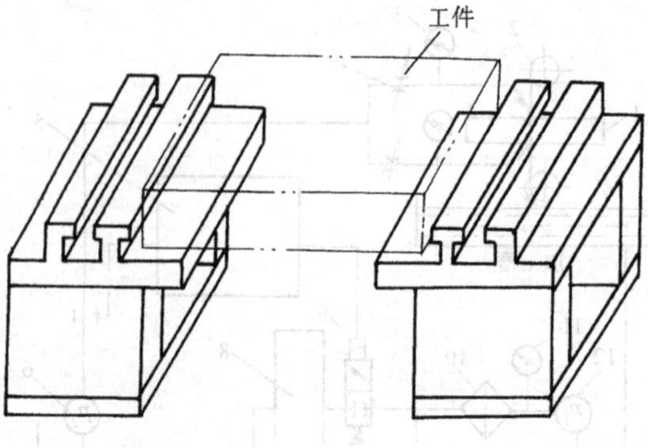

图 4-11 两端支撑方式装夹

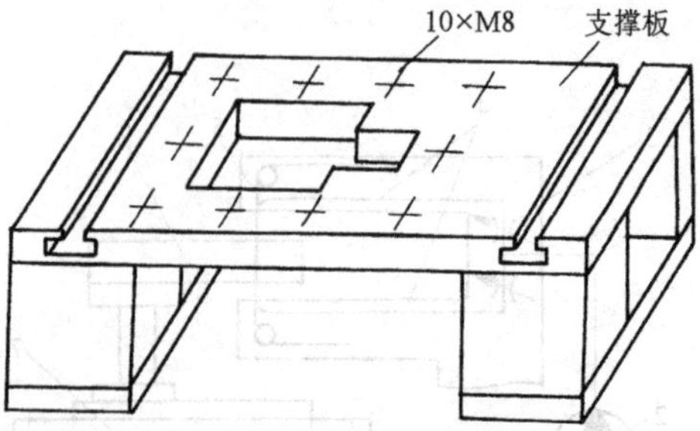

图 4-12 桥式支撑方式装夹

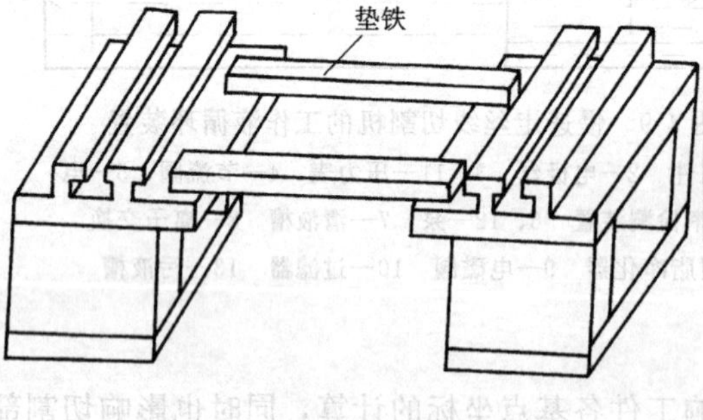

图 4-13 板式支撑方式装夹

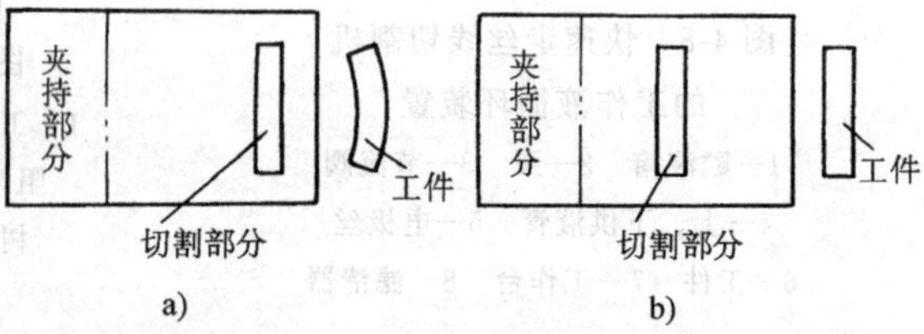

图 4-14 切割部位的选择

a）不合理 b）合理

选择切割路线时，应尽量使工件在整个切割过程中具有较好的刚性，一般将工件与其夹持部位分离的切割段安排在最后切割，以减小工件变形，如图 4-15 所示。

实际加工中，为了保持工件的刚性，有时采用边切割边夹持的方法，如加工中用胶水粘结工件。

切割的起点一般也是切割的终点，但电极丝返回到起点时必然存在重复位置误差，造成加工痕迹，影响了切割精度和表面质量。为此，应合理选择加工起点：

1)应在表面粗糙度要求较小的表面上选择切割起点；

2)应尽量在切割图形的交点上选择切割起点；

3) 对于无切割交点的工件，切割起点应尽量选择在便于钳工修复的部位。如外轮廓的平面、半径大的弧面，要避免选择在凹入部分的表面上。

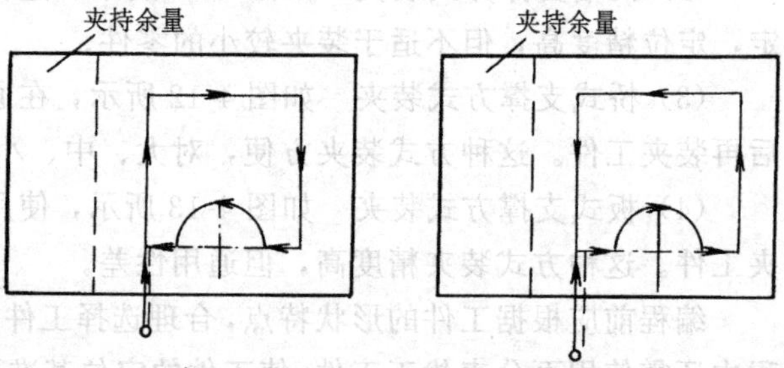

图 4-15 切割路线的选择

a）不正确 b）正确

使用穿丝孔切割工件，可使坯料保持完整，从而有利于保持刚度，减小工件变形。在切割起点确定后，可以确定穿丝孔位置，一般穿丝孔加工在切割起点的附近，直径不宜太大或太小，一般选在 3～10mm 范围内，如图 4-16 所示。

3. 引入和切出方式的选择

(1) 引入方式　在线切割加工中，引入点通常与工件切割起点不重合，这就需要一段从引入点切割到切割起点的引入切割段。当切割起点选在切割图形的交点上时，引入切割段通常采用直线方式；当切割起点选在切割图形的表面上时，对于无补偿的切割，引入切割段通常采用圆弧方式，并与切割起始段相切，对于带补偿的切割，引入切割段在圆弧方式引入前需增加用于建立补偿的直线段，如图4-17所示。

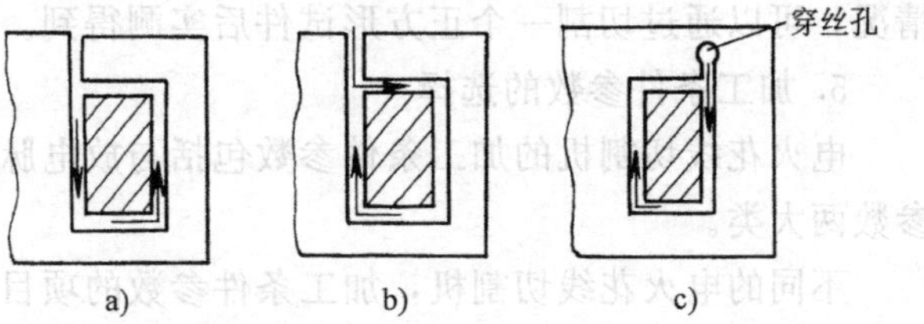

图 4-16　穿丝孔

a）不正确　b）不好　c）好

(2) 切出方式　一般工件轮廓切割完后，还需增加一段切出切割段。与引入方式相同，切出方式也有直线和圆弧两种，如图 4-18 所示。

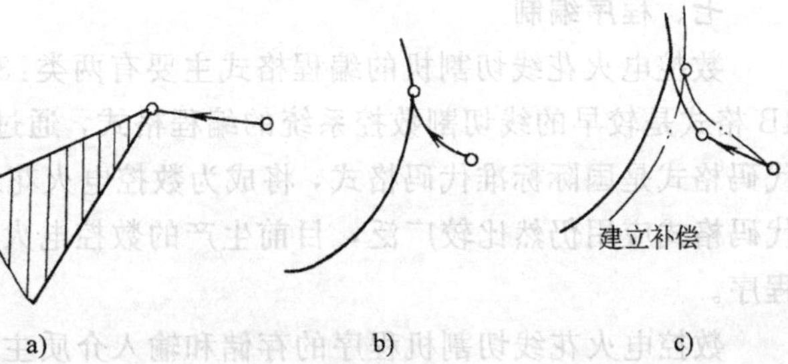

图 4-17　引入方式

a）直线引入　b）无补偿切割的圆弧引入　c）带补偿切割的圆弧引入

此外，当电极丝切割到边缘时，材料易发生变形，会造成切口闭合而夹断电极丝。因此，有时在切出切割段还增设一段保护电极丝的切割段，如图 4-19 中的 $A'A''$切割段。

4. 偏移量的计算

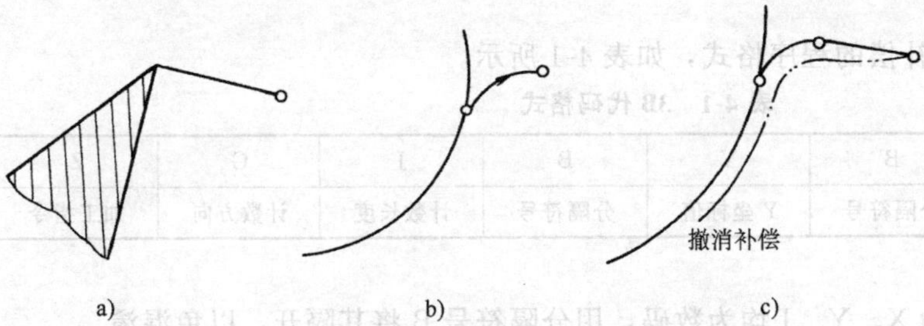

图 4-18　切出方式

a）直线切出　b）无补偿切割的圆弧切出　c）带补偿切割的圆弧切出

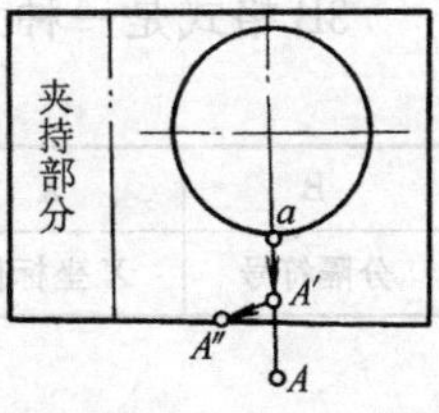

图 4-19　切出切割段中的保护切割段

电火花线切割加工中偏移量的计算比较简单，偏移量为电极丝半径与单边放电间隙之和(如图 4-20)，即

$$f=d/2+\Delta$$

式中　f——偏移量；

d——电极丝直径；

Δ——单边放电间隙。

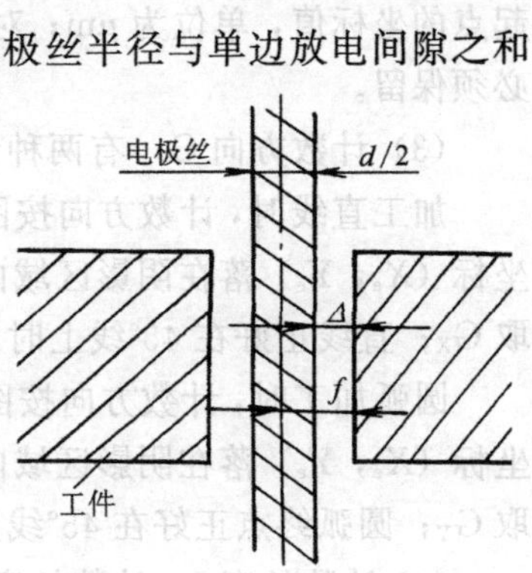

图 4-20　偏移量的计算

电极丝直径的选择应根据工件厚度和拐角尺寸大小来选择。若加工大厚度工件或大电流切割时应选较粗的电极丝，若加工带尖角、窄缝的小零件宜选用较细的电极丝。

放电间隙的大小与加工条件参数有关，可以通过查表

(机床生产厂家提供的加工条件参数表）再计算得到，一般快速走丝线切割加工时，取单边放电间隙 $\Delta=0.01\sim0.02$mm。对于加工条件参数表中查不到的加工情况和加工精度要求很高的情况，可以通过切割一个正方形试件后实测得到。

5. 加工条件参数的选择

电火花线切割机的加工条件参数包括与放电脉冲设定有关的参数和与机械、控制有关的参数两大类。

不同的电火花线切割机，加工条件参数的项目及其取值会有一定差异。

加工时，若要求获得较好的表面粗糙度，应该选用较小的脉冲参数；若要求获得较快的切割速度，应该选用较大的脉冲参数，但加工电流的增大受排屑条件及电极丝截面积的限制，过大的电流易引起断丝。

七、程序编制

数控电火花线切割机的编程格式主要有两类：3B 格式（或 4B 格式）和 ISO 代码格式。3B、4B 格式是较早的线切割数控系统的编程格式，通过一段时间的过渡，将逐步被淘汰，而 ISO 代码格式是国际标准代码格式，将成为数控电火花线切割机编程的主流格式。但由于 3B、4B 代码格式应用仍然比较广泛，目前生产的数控电火花线切割机一般都能够接受这两种格式的程序。

数控电火花线切割机程序的存储和输入介质主要有穿孔纸带和磁盘，穿孔纸带是较早的线切割数控系统采用的程序存储和输入的介质，磁盘将成为程序存储和输入的主要介质。

（一）3B 格式程序编制

1. 程序格式

3B 格式是一种无间隙补偿的程序格式，如表 4-1 所示。

表 4-1　3B 代码格式

B	X	B	Y	B	J	G	Z
分隔符号	X 坐标值	分隔符号	Y 坐标值	分隔符号	计数长度	计数方向	加工指令

（1）分隔符号 B　因为 X、Y、J 均为数码，用分隔符号 B 将其隔开，以免混淆。

（2）坐标值 X、Y　对于斜线，坐标原点移到加工起点，X、Y 值为终点坐标值，单位为 μm，但允许将 X 和 Y 值按相同的比例缩放；对于圆弧，坐标原点移至圆心，X、Y 值为圆弧起点的坐标值，单位为 μm；对于平行于 X 轴、Y 轴的直线，X、Y 值均可不写，但分隔符号必须保留。

（3）计数方向 G　有两种计数方向，即计 X 和计 Y，分别写成 G_X 和 G_Y。

加工直线时，计数方向按图 4-21a 选取，即以直线的起点为切割坐标系的原点，直线终点坐标（X_e，Y_e）落在阴影区域内，计数方向取 G_Y；直线终点坐标落在阴影区域外，计数方向取 G_X；直线正好在 45°线上时，计数方向可任意选取。

圆弧加工时，计数方向按图 4-21b 选取，即以圆弧的圆心为切割坐标系的原点，圆弧终点坐标（X_e，Y_e）落在阴影区域内，计数方向取 G_X；圆弧终点坐标落在阴影区域外，计数方向取 G_Y；圆弧终点正好在 45°线上时，计数方向可以任意选取。

（4）计数长度 J　计数长度是指工作台在计数方向上进给的总长度，单位为 μm。编程时，计数长度一般应补足六位，如计数长度为 1988μm，应写成 001988。

加工直线时，计数长度等于该直线在计数方向上的投影长度。如图 4-22 所示，斜线 OC 的计数长度为 $J_1=|Y_e|$。

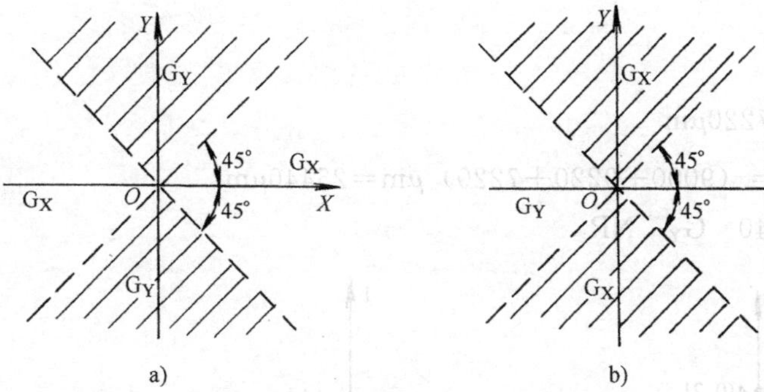

图 4-21　计数方向的选取

a）加工直线　b）加工圆弧

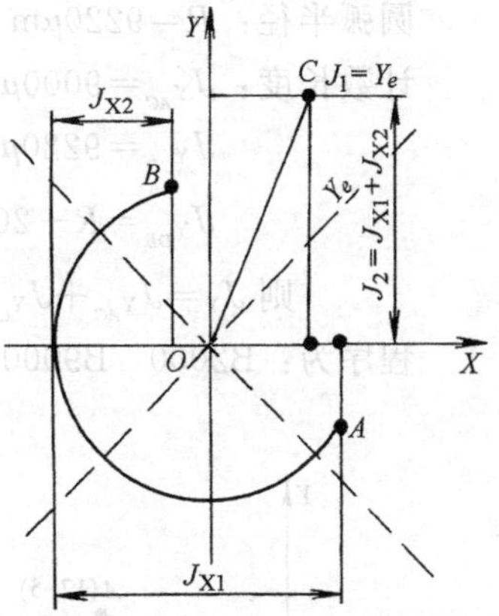

图 4-22　计数长度的确定

加工圆弧时，应将该圆弧以坐标象限分段，计数长度等于各分段圆弧在计数方向上投影长度的总和。如图 4-22 所示，圆弧 AB 的计数长度为 $J_2=J_{X1}+J_{X2}$。

（5）加工指令 Z　加工指令 Z 是用来传送被加工图形的形状、所在象限和加工方向等信息。加工指令共 12 种，直线按走向和终点所在象限分为 L1、L2、L3、L4 四种，如图 4-23a、图 4-23b；圆弧按起点所在象限及走向（顺时针或逆时针）分为 SR1、SR2、SR3、SR4 及 NR1、NR2、NR3、NR4 八种，如图 4-23c、图 4-23d，如果圆弧起点刚好在坐标轴上，其指令可选相邻两象限中的任何一个。

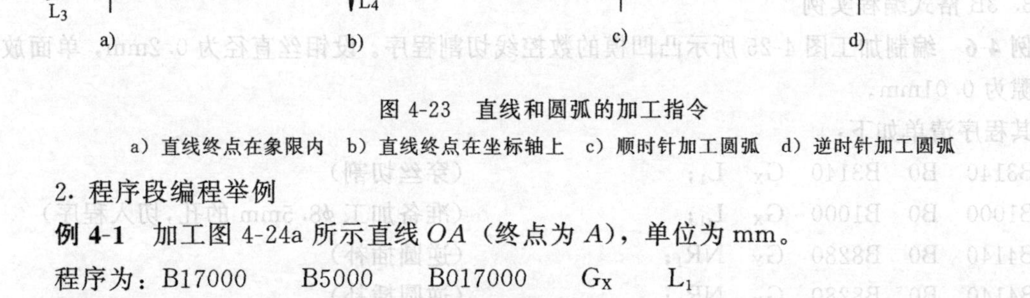

图 4-23　直线和圆弧的加工指令

a）直线终点在象限内　b）直线终点在坐标轴上　c）顺时针加工圆弧　d）逆时针加工圆弧

2．程序段编程举例

例 4-1　加工图 4-24a 所示直线 OA（终点为 A），单位为 mm。

程序为：B17000　　B5000　　B017000　　G_X　　L_1

例 4-2　加工图 4-24b 所示直线 OA（终点为 A）。

程序为：B　B　B021500　G_Y　　L_2

例 4-3　加工如图 4-24c 所示圆弧，A 为起点，B 为终点。

程序为：B5000　B　B010000　G_Y　　SR_2

例 4-4　加工如图 4-24d 所示的 1/4 圆弧，A 为起点，B 为终点。

程序为：B707　B707　B001414　G_X　NR_1 或 B707　B707　B000586　G_Y　NR_1

例 4-5　加工图 4-24e 所示圆弧，加工起点为 A（−2，9），终点为 B（9，−2）。

圆弧半径：$R=9220\mu m$

计数长度：$J_{Y_{AC}}=9000\mu m$

$J_{Y_{CD}}=9220\mu m$

$J_{Y_{DB}}=R-2000\mu m=7220\mu m$

则 $J_Y=J_{Y_{AC}}+J_{Y_{CD}}+J_{Y_{DB}}=(9000+9220+7220)\ \mu m=25440\mu m$

程序为：B2000　B9000　B025440　G_Y　NR_2

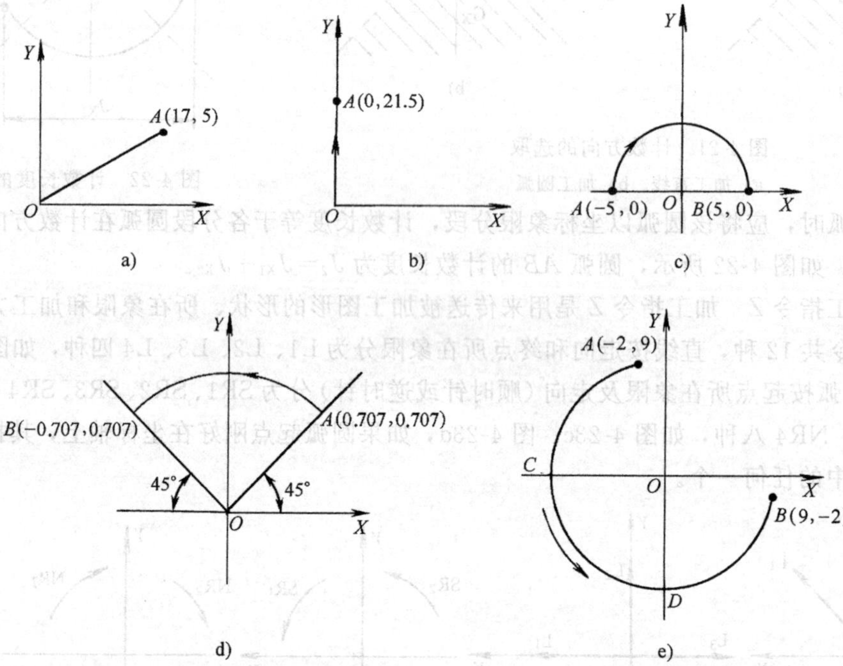

图 4-24　编程图形

3. 3B 格式编程实例

例 4-6　编制加工图 4-25 所示凸凹模的数控线切割程序。设钼丝直径为 0.2mm，单面放电间隙为 0.01mm。

其程序清单如下：

B3140　B0　B3140　G_X　L_1；	（穿丝切割）
B1000　B0　B1000　G_X　L_1；	（准备加工 ϕ8.5mm 的孔，切入程序）
B4140　B0　B8280　G_Y　NR_1；	（逆圆插补）
B4140　B0　B8280　G_Y　NR_3；	（逆圆插补）
B1000　B0　B1000　G_X　L_3；	（直线插补）
D；	（暂停，取废料）
B3140　B0　B3140　G_X　L_3；	（直线插补）
D；	（暂停，拆丝）
B27104　B23369　B27104　G_X　L_4；	（空走，定位）

D;　（暂停，穿丝）

B7994　B10　B7994　G_X　L_2；　（直线插补）

B1000　B1　B1000　G_X　L_2；　（直线插补）

B0　B10752　B10752　G_Y　L_4；　（直线插补）

B36220　B0　B36220　G_X　L_3；　（直线插补）

B0　B19721　B19721　G_Y　L_2；　（直线插补）

B110　B9389　B13529　G_Y　NR_3；　（逆圆插补）

B9571　B861　B20942　G_Y　SR_3；　（顺圆插补）

B8429　B4139　B10461　G_X　NR_2；　（逆圆插补）

B0　B8968　B8968　G_Y　L_4；　（直线插补）

B1000　B1　B1000　G_X　L_4；　（直线插补，切出程序）

B7994　B10　B7994　G_X　L_4；　（直线插补）

(∵The Cutting length＝185.015226mm)；　（切割总长）

加工程序单是按加工顺序依次逐段编制的，每加工一条线段或圆弧，就应编写一个程序段。加工程序单中除安排切割工件图形的程序外，还应安排切入、退出、空走以及停机拆丝、穿丝等程序。

（二）4B格式程序编制

1. 间隙补偿原理

为了减少数控线切割加工编程的工作量，目前已广泛采用带有间隙自动补偿功能的数控系统。所谓间隙补偿，是指切割加工时，电极丝中心运动轨迹能按照要求由编程轨迹自动向内或向外偏移一个补偿距离。

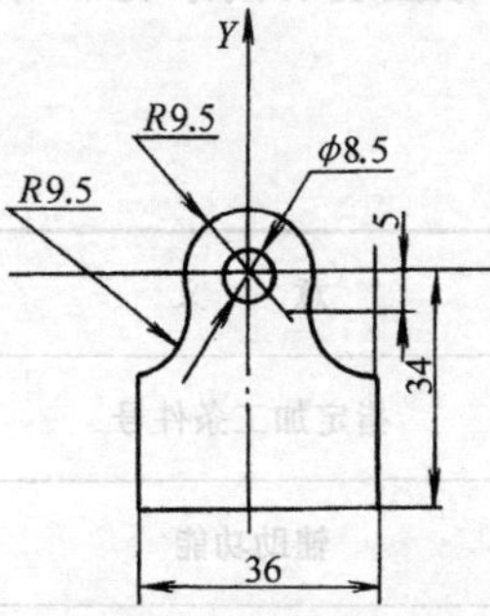

图 4-25　凸凹模零件图

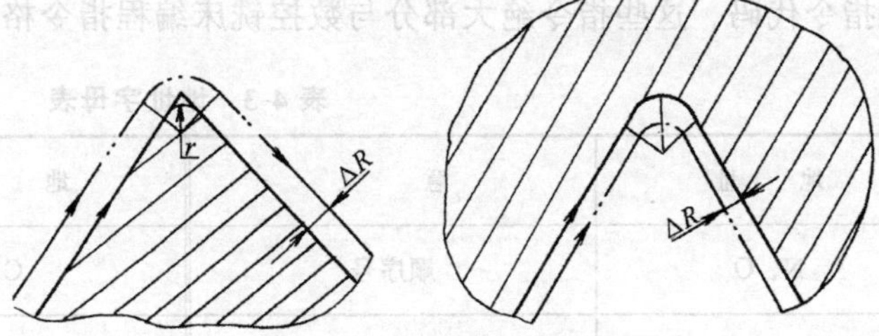

图 4-26　带补偿切割原理图

a）切割凸形轮廓　b）切割凹形轮廓

图 4-26 所示，是带补偿切割凸形和凹形轮廓的情况。为使图形不出现尖角，常在图形尖角处用半径 r 小于 0.1mm 的小圆弧平滑过渡，可以认为工件的形状几乎无改变。

图 4-26 中实线为编程轨迹，双点画线为补偿后的电极丝中心轨迹。由图可见，对于直线段，补偿后电极丝中心轨迹的长度和方向与编程轨迹相同，用 3B 格式对编程轨迹编制的程序与对补偿后电极丝中心轨迹编制的程序相同；对于圆弧段，电极丝中心轨迹的圆弧半径与各自对应的编程轨迹的圆弧半径相差 ΔR，如果仍然用对编程轨迹编制的程序加工，则需要增加编程轨迹的圆弧半径 R、偏移补偿量 ΔR 和偏移方向（可由切割的凸模还是凹模、凸曲线还是凹曲线所决定）等信息。

2. 4B 程序格式

带有补偿功能的电火花线切割机，可以单独输入偏移补偿量 ΔR，可以用面板上的凸凹开关来选择切割的凸模还是凹模。这样，为了用对编程轨迹编制的 3B 格式程序来切割补偿后的电极丝中心轨迹，只要在切割圆弧时增加切割圆弧半径 R 和图形凸、凹信息即可，形成 4B 程序格式，见表 4-2。

表 4-2　4B 程序格式

B	X	B	Y	B	J	B	R	G	D 或 DD	Z
分隔符号	X 坐标值	分隔符号	Y 坐标值	分隔符号	计数长度	分隔符号	圆弧半径	计数方向	曲线形式	加工指令

注：表中 R 为圆弧半径，对加工图样的尖角一般取 $R=0.1$mm 的过渡圆弧来编程。D 代表凸曲线，DD 代表凹曲线。

在带补偿的线切割加工中，通常把半径增大称为正补偿，半径减小称为负补偿。因此，加工凸模时的凸曲线为正补偿，加工凸模的凹曲线为负补偿；加工凹模则相反。

3. 间隙补偿的引入、切出程序

对于线切割加工，一般都需要一个引入、引出程序。用 4B 格式编程，可以编制不加过渡圆弧的引入、引出程序。方法是：将电极丝沿加工图形的法线方向引入到切割起点，同时在 4B 格式的程序中，取 $J=R=a$（a 为引入点到起始切割段的法向距离），此时数控装置会自动将计数长度 J 修改为 $J-(J\times\Delta R)/R=a-\Delta R$，从而使电极丝正确地引入到加工轨迹上。

（三）ISO 代码格式程序编制

1. 功能指令

电火花线切割机数控系统中，使用的地址如表 4-3。表 4-4 列出了数控线切割系统常用的 ISO 指令代码。这些指令绝大部分与数控铣床编程指令格式相同。

表 4-3　地址字母表

地　址	意　义	地　址	意　义
N、O	顺序号	C	指定加工条件号
G	准备功能	M	辅助功能
X、Y、Z、U、V	坐标轴移动指令	A	指定加工锥度
I、J	指定圆弧中心坐标	R_I、R_J	图形旋转的中心坐标
T	机械设备控制	R_X、R_Y	图形或坐标旋转的角度 角度＝arctan（R_Y/R_X）
H	指定补偿偏移量		
P	指定调用的子程序号	R_A	图形或坐标旋转的角度
L	指定子程序调用次数	R	转角 R 功能

表 4-4　常用 ISO 指令代码

代码	功　　能	属性	代码	功　　能	属性
G00	快速定位	模态	G54	加工坐标系 1	模态
G01	直线插补	模态	G55	加工坐标系 2	模态
G02	顺圆插补	模态	G56	加工坐标系 3	模态
G03	逆圆插补	模态	G57	加工坐标系 4	模态
G04	暂停		G58	加工坐标系 5	模态
G05	*X* 轴镜像	模态	G59	加工坐标系 6	模态
G06	*Y* 轴镜像	模态	G80	移动轴到接触感知	
G08	*X-Y* 轴交换	模态	G81	移动轴到机床极限	
G09	取消镜像和 *X-Y* 轴交换	模态	G82	移动到当前位置坐标的一半处	
G11	打开跳转（SKIP ON）	模态	G90	绝对坐标指令	
G12	关闭跳转（SKIP OFF）	模态	G91	增量坐标指令	
G20	英制	模态	G92	设置当前点的坐标值	
G21	公制	模态	M00	程序暂停	
G28	尖角圆弧过渡	模态	M02	程序结束	模态
G29	尖角直线过渡	模态	M05	忽略接触感知	模态
G40	取消电极丝补偿	模态	M98	子程序调用	模态
G41	电极丝左偏	模态	M99	子程序调用结束	
G42	电极丝右偏	模态	T84	起动液泵	
G50	消除锥度	模态	T85	关闭液泵	
G51	左锥度	模态	T86	起动走丝机构	
G52	右锥度	模态	T87	关闭走丝机构	

2. ISO 代码格式编程实例

例 4-7　编制图 4-27 所示凹模的切割程序。电极丝直径为 0.12mm，单边放电间隙为 0.01mm，刃口斜度 $A=0.5°$，工件厚度 $H=15$mm，下导轮中心到工作台面的距离 $W=60$mm，工作台面到上导轮中心高度 $S=100$mm。

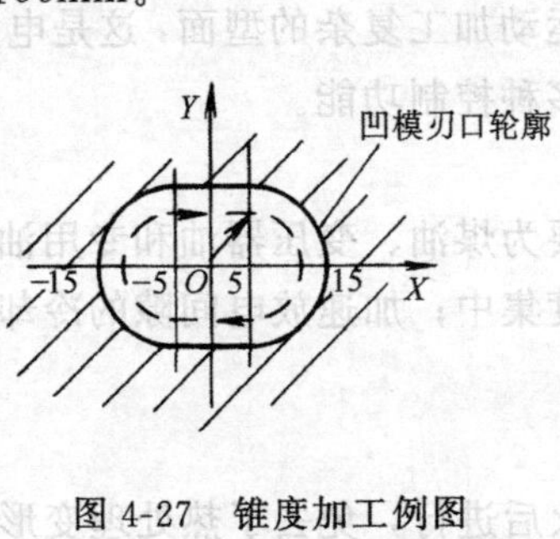

图 4-27　锥度加工例图

偏移量：$f=$（0.12/2＋0.01）mm＝0.07mm

程序如下：

```
W60000                                        （确定 W、S、H 的数值）
H15000
S1000000
G51  A0.5                                     （左锥度）
G42  D70                                      （右补偿）
G01  X5000  Y10000                            （直线插补）
G02  X5000  Y-10000  10  J-10000              （顺圆插补）
G01  X-5000  Y-10000                          （直线插补）
G02  X-5000  Y10000  10  J10000               （顺圆插补）
G01  X5000  Y10000                            （直线插补）
G50                                           （撤消锥度）
G40                                           （撤消补偿）
G01  X0  Y0
M02                                           （程序结束）
```

第二节　数控电火花成形机

20 世纪 70 年代起，数控技术进入成形加工领域并高速发展。在这种机床上还可以进行电火花展成加工，这时的加工表面由工具电极相对于工件运动时的轨迹包络而成。

一、组成

数控电火花成形机主要由主轴、脉冲电源和机床电气、数控系统和工作液等部分组成。

1. 主机及附件

机床本体包括床身、立柱、主轴头、工作台等。附件包括用以实现工件和工具电极的装夹、固定和调整其相对位置的机械装置；工具电极自动交换装置（ATC 或 AEC）等等。

2. 脉冲电源

脉冲电源是电火花成形的重要部分之一，其作用是为放电过程提供能量。

3. 数控系统

数控系统的功能主要包括多轴控制、多轴联动加工、自动定位、展成加工。其中展成加工可以用简单电极通过复杂的运动加工复杂的型面，这是电火花成形工艺的一大突破。此外，还能进行自动电极交换及实现多种控制功能。

4. 工作液系统

电火花成形机的工作液主要为煤油、变压器油和专用油。工作液在放电过程中起的作用是：压缩放电通道，使能量高度集中；加速放电间隙的冷却和消除电离。

二、应用范围

1. 加工模具

电火花成形加工可以在淬火后进行，免去了热处理变形的修正问题。多种型腔可整体加工，避免了常规机械加工方法因需拼装而带来的误差。

2. 加工高温合金等难加工材料

例如，一台新型喷气发动机的涡轮叶片和一些环形件上，大约需要一百万个冷却小孔，其材料为又硬又韧的耐热合金，电火花加工是合适的工艺方法。

3．微细精加工

通常可用于0.01～1mm范围内的型孔加工。

4．加工各种成形工具、量具

加工各种成形刀具、样板、工具、量具、螺纹等成形零件。

5．利用数控功能可显著扩大应用范围

如水平加工、锥度加工、多型腔加工，采用简单电极进行三维型面加工，利用旋转主轴进行螺旋面加工等。

第三节　数控激光切割机

激光发生器与数控机床结合就构成了数控激光加工机，目前，国内外使用的最普遍的工业激光加工机是数控激光切割机。

一、激光切割的原理

从激光器输出的激光，经反射光道进入切割嘴，依机床结构不同，或割嘴动，或工件动，或两者都动，以此实现二维 XY 平面内的任意形状的加工。Z 轴由高度压力传感器控制，随着板材的起伏而上下移动。数控箱和激光发生器控制箱联为一体置于机床旁。

二、激光切割机的组成及应用

1．组成

数控激光切割机主要由激光器及其冷却装置、光路系统、装有工作台的主机和数控系统组成。

2．应用

1）能切割多种材料，除金、银、铜、玻璃纤维之外，几乎包括所有金属材料和非金属材料；

2）由于能量密度高，被切割材料瞬时加热、溶化和蒸发，因此材料的热影响区很小，热变形小；

3）对薄板和金属材料能进行高速切割；

4）由于是非接触性加工，可以实现细微高精度的切割；

5）更适于高精度、高速度和形状复杂零件的切割。

习题与思考题

4-1　试述数控电火花线切割机的加工原理。

4-2　快速走丝电火花线切割机与慢速走丝电火花线切割机有何不同？

4-3　试述3B格式编程指令与4B格式编程指令的异同点。

4-4　在进行数控电火花切割加工时，电极丝如何选择？

4-5　什么是工件的切割变形现象？减少工件变形的主要方法有哪些？

4-6　何为辅助程序？怎样合理规划辅助程序？

4-7　编制图4-28中各零件的切割加工程序。

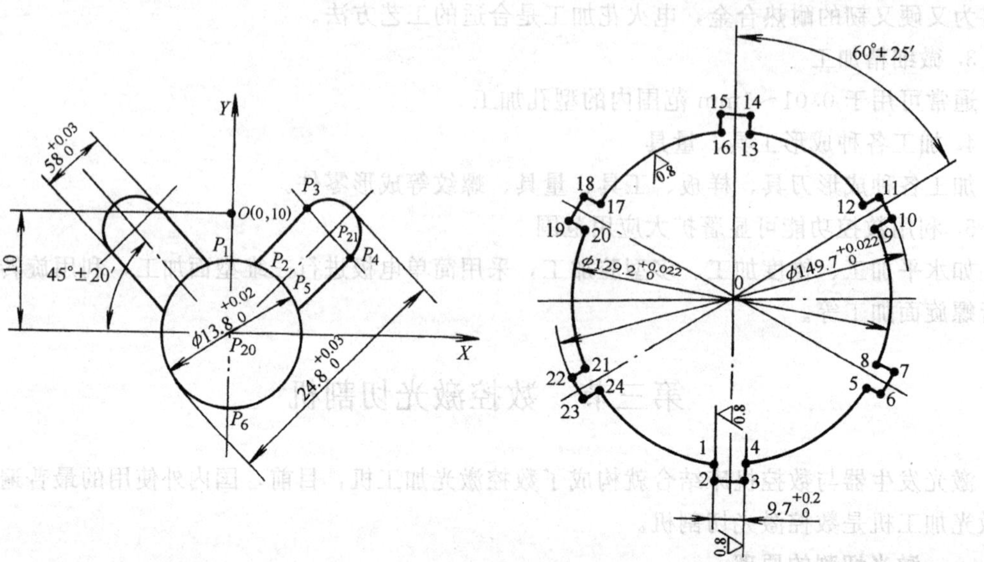

a)　　　　b)

图 4-28　习题 4-7 图

a）凸模　b）凹模

第五章 其它数控设备

第一节 数控冲床

传统的冲压工艺用整体模具一次冲压成形，因模具结构复杂、容易磨损、价格昂贵。因此，人们希望能够尽量简化冲压加工的模具，采用不包络或仅局部包络工件形状的模具，通过模具对于工件的运动形成工件形状。所以，只有在冲压加工中采取数控技术，充分发挥数控冲压设备的加工过程自动控制和生产效率高的特点，才能实现用小模具冲压加工形状复杂的大工件，对传统的冲压工艺进行变革。

本节对最早出现并且也是目前国内外使用数量最多的数控锻压机械之一的数控回转头自动冲床进行简介。

一、数控冲床的工作原理、特点

1．数控冲床的工作原理

数控回转头自动冲床能够把许多副模具同时装夹在回转头中，并且利用“编程”的方式对冲床实行数字控制。它能够自动选择装夹在回转头中的模具，并按板材加工要求把工件上不同尺寸、形状和孔距要求的孔一次全部冲完。当一种孔冲好而需要换模时，回转头把另一副模具转至滑块下，工作台受数控程序控制自动驱动板料至所需的位置就可以冲另一种孔，并能自动改变冲孔次数、其它工艺参数和辅助功能。利用组合冲裁法还可以冲制形状较复杂的孔或容量超过压力机吨位的孔。

目前，数控回转头冲床利用计算机实现自动化操作。加工时，按图样上冲孔的直径、孔距等要求编制数控加工程序，冲床按输人的程序自动进行工作。它是一种高效、精密的数控锻压设备，特别适用于多品种、中小批量的板材加工，广泛用于开关、电子、仪器仪表、计算机、纺织机械等行业。

2．数控冲床的特点

由于该冲床能一次集中完成多种工艺和各种形状、尺寸和孔距的孔加工，能减少板件装夹、测量和机床的调整时间，减少工件周转、搬运和存放时间，使生产效率提高几倍至几十倍。该冲床与传统的冲床相比，具有冲孔精度高、效率高、减少模具设计和制造费用及生产准备周期、减少工人劳动强度等特点，尤其在加工形状复杂、精度要求高、品种更换频繁的板件时，具有显著的技术经济效益。

二、数控冲床的主要结构

数控回转头自动冲床的机械传动主要由三部分组成：主传动系统、转盘选模系统和进给系统。

1．主传动系统

如图 5-1 所示，主传动系统由主电动机 1 通过 V 带 2 驱动飞轮 3 转动，再通过离合器制动器 4、偏心轴 5、滑块 6 驱动打击器 23 对板料进行高速冲孔。

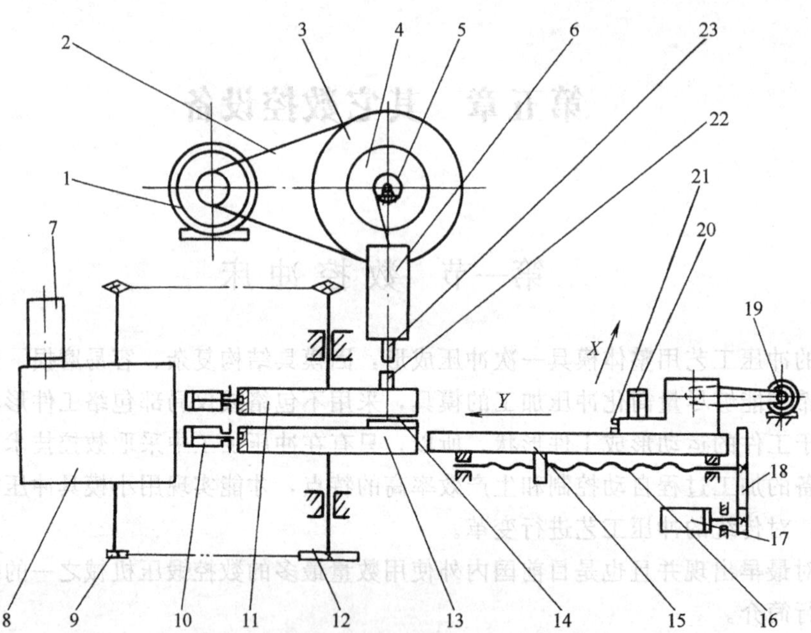

图 5-1　数控回转头自动冲床机械传动系统图

1—主电动机　2—V 带　3—飞轮　4—离合器—制动器　5—偏心轴　6—滑块
7—直流伺服电动机　8—转盘减速器　9—小链轮　10—转盘定位销气缸
11—上转盘　12—大链轮　13—下转盘　14—下模　15—活动工作台
16—滚珠丝杠副　17—Y 轴伺服电动机　18—齿形带　19—X 轴
伺服电动机　20—夹钳气缸　21—夹钳　22—上模　23—打击器

2. 转盘选模系统

转盘选模系统由直流伺服电动机 7 通过转盘减速器 8、链传动 9、12 驱动上下转盘 11、13 同步转动，选择模具对工件进行冲孔，转盘上装有若干套模具。上模 22 在上转盘上，下模 14 装在下转盘上，上下转盘侧面有定位锥套，气缸 10 推动锥销插入定位套内，以保证安装在上下转盘上的模具同轴。

3. 进给系统

进给系统由 X、Y 轴进给系统和夹钳 21 组成。板材在 Y 方向的进给伺服电动机 17 通过齿形带 18 驱动滚珠丝杠副 16 转动，从而推动活动工作台 15、夹钳 21 及板材在 Y 轴方向上高速移动及定位，以完成板材冲孔坐标在 Y 方向的选择。夹钳 21 是由气缸 20 推动的，用来夹紧板材。X 轴和 Y 轴传动系统完全相同。

三、数控冲床的程序编制

数控冲床的程序编制是根据板材零件图样，按照数控系统规定采用的代码和程序格式，编成计算机能识别的语言输入计算机，控制机床自动加工出符合零件图要求的合格工件，所以，在编制零件的加工程序前，应了解数控冲床的规格、性能、数控系统所具备的各种功能及编制程序的指令格式等。同时对要加工的零件图样的技术要求、孔的尺寸、形状、位置和距离等进行分析，并进行数值计算以确定加工方法和加工路线。然后根据数控系统所采用的代码和程序格式，将板材所要求的孔距、运动轨迹、位移量、模具号、速度以及辅助功能编制成加工程序单，输入数控系统进行加工。

数控冲床的指令通常分为冲床工作指令及冲裁指令两种格式。其中，工作指令控制冲床完成定位、移动及结束等动作；冲裁指令则指挥冲床完成各种形状的冲裁工作。各种型号的数控冲床的工作指令大同小异；而冲裁指令则与冲床的功能（主要包括加工范围、工位数、最大板厚及最小设定单位）有关。功能先进的数控冲床其冲裁指令格式多，冲裁形状也较多，冲制各种形状的工件时比较灵活，效率高。

现以 AMADA 公司的 VELA—Ⅱ型 NCT 数控冲床为例，介绍数控冲床的常用指令格式及程序编制。

该冲床的加工范围：1270mm×2540mm；最大板厚 0.8～6.35mm；最小设定单位 0.01mm；工位数 56 个（即同时装有 56 副模具）。

1. 工作指令

（1）结束指令　G50

（2）定位指令（G72、G90）

指令格式：G72　X＿　Y＿

X：*X* 向原点坐标；Y：*Y* 向原点坐标。

指令格式：G90　X＿　Y＿　T＿

X：*X* 向初始状态模具中心坐标；Y：*Y* 向初始状态模具中心坐标；T：模具编号。G72、G90 均起定位作用，但 G90 可在定位处冲孔，而 G72 只定位不冲孔。

例 5-1　　G90　X100　Y100　T249

该指令定位后用编号为 249 的模具冲孔。

例 5-2　　G72　X100　Y100

则定位后不冲孔，在 G72 指令后不能写上模具编号。

（3）移动指令（G92）

指令格式：G92　X＿　Y＿

X：*X* 向最大移动距离；Y：*Y* 向最大移动距离。

它由机床工作台引程确定。

（4）排样指令（G98）

指令格式：G98　X＿　Y＿　I＿　J＿　P＿　K＿

X：*X* 向沿边值；Y：*Y* 向沿边值；I：*X* 向步距；

J：*Y* 向步距；P：*X* 向排样数目；K：*Y* 向排样数目。

P、K 后的数目分别表示 *X*、*Y* 向排样个数，但必须除去第一个，即 *X* 向排了 6 个工件，则为 P5；*Y* 向排了 5 个工件，则为 K4。

（5）排样执行指令（G75、G76）

指令格式：G75　W＿Q＿

　　　　　G76　W＿Q＿

W：方向转换角度；Q：初始位置号。

如图 5-2 所示，在一张整板料上需冲 *a*、*b*、*c*、*d*、*e*、*f* 六个孔。如果先冲 *X* 方向的孔，后冲 *Y* 方向的孔则用 G75 指令。反之，如果先冲 *Y* 方向的孔后冲 *X* 方向的孔则用 G76 指令。Q 后的数字表示所冲第一个孔

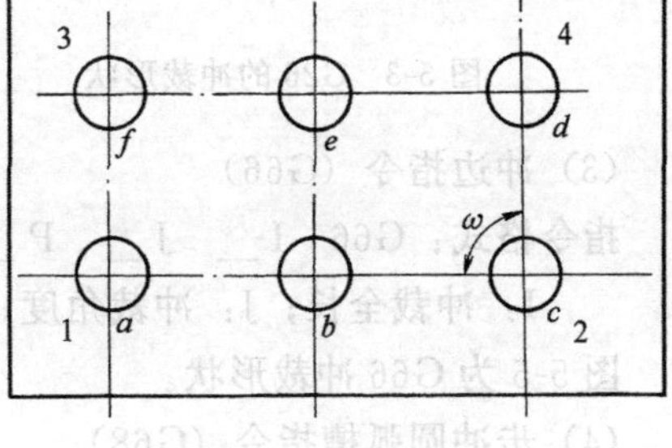

图 5-2　冲裁次序图

的位置。一般我们将一整张板料分成4个角，其中1表示左下角，2表示右下角，3表示左上角，4表示右上角。Q后必须填写1～4中的任一个数字。

在图5-2中，冲制 *a*、*b*、*c*、*d*、*e*、*f*6个孔时，通常有8种冲压次序，其对应的排料执行程序如下：

G75	W90	Q1	*a*→*b*→*c*→*d*→*e*→*f*
G76	W90	Q1	*a*→*f*→*e*→*b*→*c*→*d*
G75	W90	Q3	*f*→*e*→*d*→*c*→*b*→*a*
G76	W90	Q3	*f*→*a*→*b*→*e*→*d*→*c*
G76	W90	Q4	*d*→*c*→*b*→*e*→*f*→*a*
G75	W90	Q4	*d*→*e*→*f*→*a*→*b*→*c*
G75	W90	Q2	*c*→*b*→*a*→*f*→*e*→*d*
G76	W90	Q2	*c*→*d*→*e*→*b*→*a*→*f*

2. 冲裁指令格式

数控冲床常用的冲裁指令格式如下：

(1) 均布圆周孔冲压指令（G26）

指令格式：G26 I__ J__ K__

I：孔圆周半径：J：J为冲第一孔时对 *X* 轴夹角；K：为圆周上的冲孔数。其中：J、K取“+”时为逆时针方向，取“−”时为顺时针方向、见图5-3。

(2) 冲排子孔指令（G36）

G36指令格式：G36 I__ P__ J__ K__

I：*X* 轴向孔距；P：*X* 轴向孔距间隔数；J：*Y* 轴向孔距；K：*Y* 轴向孔距间隔数。其中I、J的“+”、“−”号按所在坐标取值，见图5-4。

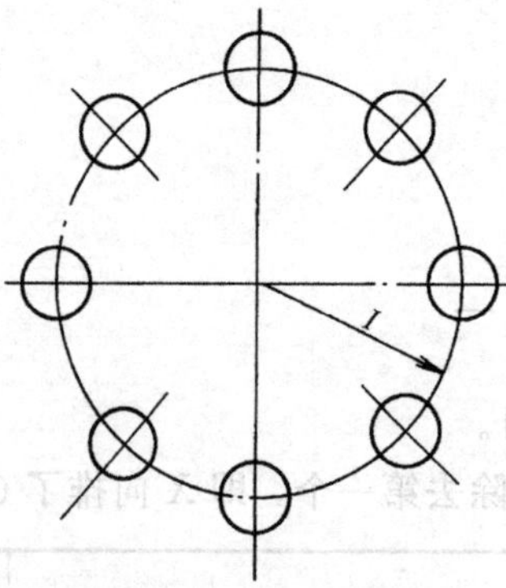

图5-3 G26的冲裁形状

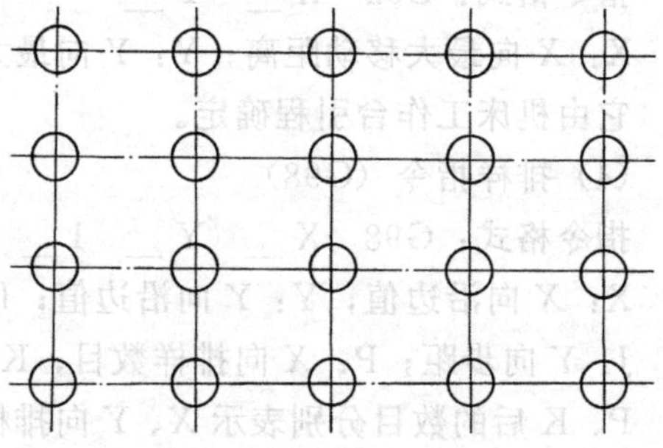

图5-4 G36冲裁形状

(3) 冲边指令（G66）

指令格式：G66 I__ J__ P__ Q__

I：冲裁全长；J：冲裁角度；P：模具的长；Q；模具的宽。式中I≥1.5P

图5-5为G66冲裁形状。

(4) 步冲圆弧槽指令（G68）

指令格式：G68 I__ J__ K__ P__ Q

I：圆弧半径；J：始冲点对 X 轴的夹角，逆时针为＋，顺时针为－；

K：圆心角；P：冲模直径，“－”号表示冲内圆周；Q：步冲间距。

图 5-6 为 G68 冲裁形状。

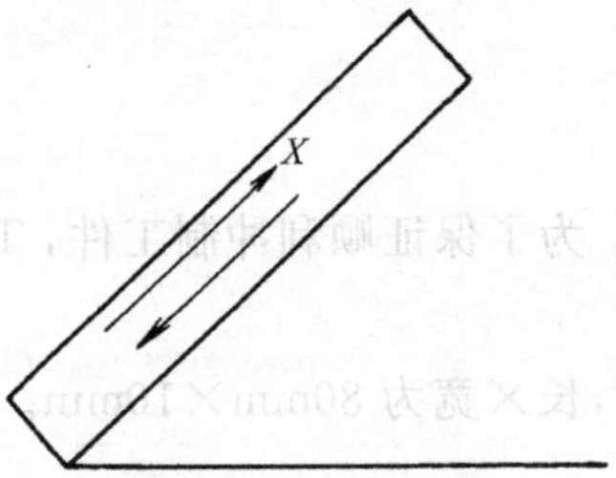

图 5-5　G66 冲裁形状

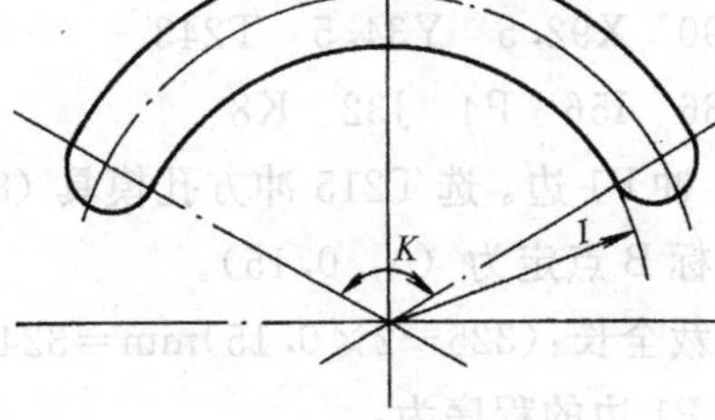

图 5-6　G68 冲裁形状

3. 程序编制举例

如图 5-7 所示，工件长 409mm，宽 325mm，因工件尺寸较大，需在大板料上冲制。现有板材规格为 1000mm×1000mm，试编制程序加工该工件。

1）因板材的规格为 1000mm×1000mm，在设定冲床的送料装置 X、Y 间最大移动距离，一般应比板材长，比板材宽。此时设定为 1270mm×1270mm。程序为：

G92　X1270　Y1270

2）画出排样图，填写排样图程序。根据图 5-8 所示的排样，其程序为

G98　X20　Y90　I430　J340　P1　K1

3）冲 291mm×291mm 的方孔时，选取用 T243 号模具，该编号的模具为冲方孔（35mm×67mm）模。模具初始位置的中心坐标 X_0、Y_0 分别为：

$$X_0=(59+67/2)\text{mm}=92.5\text{mm}$$

$$Y_0=(17+35/2)\text{mm}=34.5\text{mm}$$

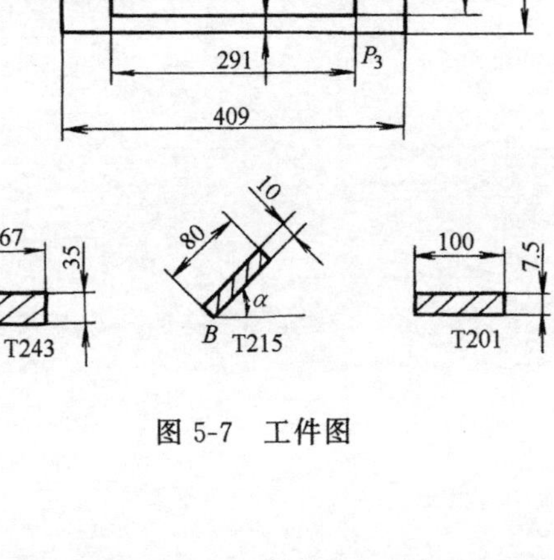

图 5-7　工件图

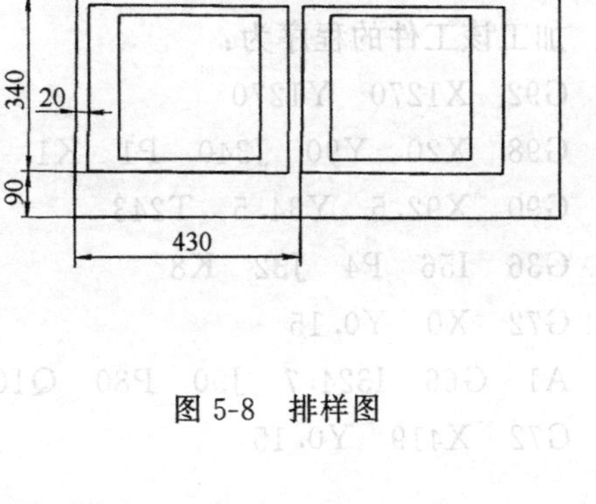

图 5-8　排样图

利用组合冲裁法冲制该方孔，模具中心在 X 向移动距离为 224mm（291mm－67mm－224mm），可分 4 步，步距为 56mm。Y 向移动距离为 256mm（291mm－35mm＝256mm），可分为 8 步，步距为 32mm。56mm×32mm 在 T243 冲制范围 67mm×35mm 之内。

冲 291mm×291mm 方孔的程序为：

G90　X92.5　Y34.5　T243

G36　I56　P4　J32　K8

4）冲 P1 边。选 T215 冲方孔模具（80mm×10mm）。为了保证顺利冲制工件，T215 的初始点坐标 B 点定为（0，0.15）。

冲裁全长：(325－2×0.15)mm＝324.7mm，角度 90°，长×宽为 80mm×10mm。

冲 P1 边的程序为：

G72　X0　Y0.15

A1　G66　I324.7　J90　P80　Q10　T215

A1 是为了以后重复调用该程序所设的标记。

5）冲 P2 边

T215 的初始坐标 B 点移至

X 向：（409＋10）mm＝419mm　Y 向：0.15mm

故 B 点的坐标为（419，0.15）

冲 P2 边程序为：

G72　X419　Y0.15

B1　　　　　　（B1 表示调用 A1 指令动作）

6）冲 P3 边

选用 T201 号模具（100×7.5）冲制，则其初始坐标为（0.15，－7.5）。

冲裁全长：（409－2×0.15）mm＝408.7mm　角度：0°，长×宽为 100mm×7.5mm

冲 P3 边程序为：

G72　X0.15　Y－7.5

A2　G66　I408.7　J0　P100　Q7.5　T201

7）冲 P4 边。将 T201 模具的初始坐标移至：X 向：0.15　Y 向：325

冲 P4 边的程序为：

G72　X0.15　Y325

B2（B2 表示调用 A2 指令动作）

8）结束　G50。

加工该工件的程序为：

G92　X1270　Y1270

G98　X20　Y90　J340　P1　K1

G90　X92.5　Y34.5　T243

G36　I56　P4　J32　K8

G72　X0　Y0.15

A1　G66　I324.7　J90　P80　Q10　T215

G72　X419　Y0.15

B1

G72　X0.15　Y7.5

A2　G66　I408.7　J0　P100　Q7.5　T201

G72　X0.15　Y305

B2

G50

第二节　工业机器人

一、概述：

机器人(Robot)一词最早出现于捷克作家 Karel Capck 的剧本《罗萨姆的万能机器人》中，捷克的 Robota 意为一种人造劳动者，英语 Robot 由此衍生而来。

机器人是随着数控机床一起发展起来的。1954 年美国人 George. C. Devol 设计、制作了可编程序的关节型搬运装置，提出了工业机器人的概念。20 世纪 60 年代，美国的 Unimation 公司生产了世界上第一台机器人，是一台用于压铸的五轴液压机器人。手臂的控制由一台计算机完成，能记忆 180 多个工作步骤。机器人中的位置控制系统与数控机床中的一样，也是由专用的数字控制系统控制，伺服系统和执行机构以及传感器也大致相同，只是结构上有区别。

机器人可代替人完成重复的、繁琐的或危险的劳动，组成单机自动化或自动生产线。而机器人中应用最多的为工业机器人，据统计 1998 年全世界有 72 万多台工业机器人在运行，2000 年底已接近 100 万台。工业机器人已广泛应用于汽车、焊接、装配、搬运、机械加工、喷漆等工作领域。

工业机器人是提高生产过程自动化、改善劳动条件、提高产品质量和生产效率的有效手段之一。我国国家标准 GB/T 12643—1990 将工业机器人定义为“是一种能自动定位控制，可重复编程的、多功能的、多自由度的操作机。能搬运材料、零件或操作工具，用以完成各种作业。”工业机器人与机械手的主要区别是前者有独立的控制系统，可以通过编程的方法来实现动作程序的变化；而机械手就只能完成简单的搬运、抓取及上下料工作，一般只能作为数控机床或者是自动线上的附属装置，其程序固定不变。

二、工业机器人的应用

工业机器人最早应用在汽车制造工业，常用于焊接、喷漆、搬运和上下料等。它延伸和扩大了人的手足和大脑功能，可代替人从事各种恶劣环境下的工作，还可以代替人完成 24h 单调、繁重的重复劳动。工业机器人与数控机床自动搬运小车以及自动检测系统可以组成柔性制造系统（FMS）和计算机集成制造系统（CIMS），以实现生产的自动化。

以前，工业机器人只是作为一台数控机床的附件，但自从发展柔性制造技术以来，要将一台台的数控机床联系起来，将工件与刀具、加工与装配、成品与毛坯等有机的联系起来，除了采用无人自动搬运小车之外，工业机器人还承担了重要的工作。工业机器人可以在一台数控机床与工件、毛坯传送架之间执行上下料的任务；也可以在几台数控机床之间，将毛坯、半成品的工件执行工序间传递的任务；还可以执行刀具、夹具的交换，甚至装配等工作。由于工业机器人可以重复编程，灵活机动，可以完成高度智能化工作，因此，在 FMS 中日益得到广泛的应用。但是由于它们的价格昂贵，还不能完全取代运输小车，而是与运输小车 AGV 配套应用。在 FMS 中，自动化仓库、无人自动搬运小车以及工业机器人组成了 FMS 物流作业系统（见图 5-9）。

日本 FANUC 公司开发的一种 GR 系列的工业机器人，这种 Robot 是装在无人自动搬运小车上，由无人自动搬运小车带着 Robot 到处行走，使之成为一个可以自由行走的机器人，使得 FMS 的物流系统更加灵活。此外，工业机器人还可以安装在中央刀库中，实现刀具的交换，也可以安装在夹具站，实现夹具的交替或机床主轴箱体的移动。

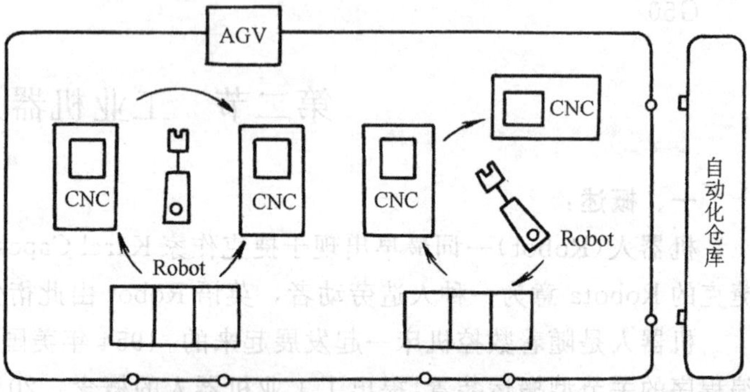

图 5-9 工业机器人在物流中

随着工业机器人技术的发展，其应用已扩展到宇宙空间、深海开发、核科学研究和医疗福利领域。

三、工业机器人的发展过程

工业机器人的发展过程可以分为以下三个阶段：

第一代机器人为目前工业中大量使用的示教再现型机器人，通过示教存储信息，工作时读出这些信息，向执行机构发出指令，执行机构按指令再现示教的操作，广泛应用于焊接、上下料、喷漆和搬运等。

第二代机器人是带感觉的机器人，机器人带有视觉、触觉等功能，可以完成检测、装配、环境探测等作业。

第三代机器人即智能机器人，它不仅具备感觉功能，而且能根据人的命令，按所处环境自行决策，规划出行动。

目前，在工业上运行的 90% 以上的机器人都不具备智能。在 FMS 中，目前应用的为第一代和第二代机器人。

四、工业机器人的组成

工业机器人一般由以下几部分组成，如图 5-10 所示。

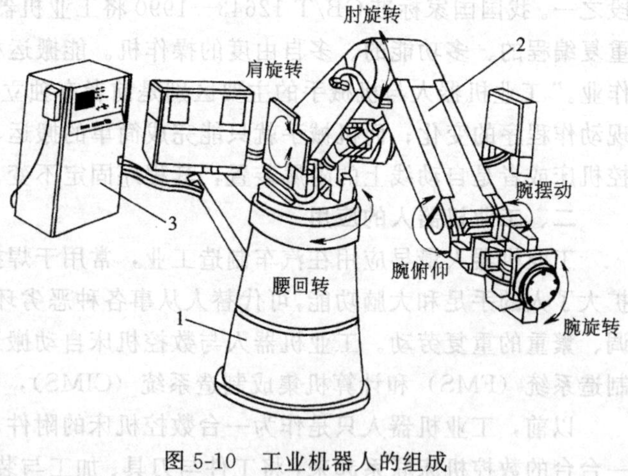

图 5-10 工业机器人的组成

1—机座 2—操作机 3—控制系统

（1）机座 它是工业机器人的支撑者，由它支撑着机器人的“手”。可分为固定式和移动式，移动式机座下部安装行走机构，可扩大机器人的工作范围。

（2）操作机 操作机具有和人臂相似的功能，包括手臂、手腕和末端执行器。末端执行器（又称“手”）它是工业机器人接触工件的部件，“手”有手指和安全机构，不同的作业对象，可以选择不同的“手”；手腕是连接手臂与末端执行器的部件，它支撑“手”作灵活动作，可以弯曲任意角度，也可以回转 90°、180°或 270°；手臂包括肘关节和肩关节，用于支承和调整手腕与末端执行器。

（3）控制系统 用来控制工业机器人按规定要求动作，很多工业机器人采用计算机控制，可分为开环控制系统和闭环控制系统。

五、焊接机器人

焊接机器人是最大的工业机器人应用领域，它占工业机器人总数的35%左右，由于对许多构件的焊接精度和速度等提出越来越高的要求，一般工人已难以胜任这一工作，此外，由于焊接过程中的火花及烟雾等，会对人体造成危害，因此，焊接过程的完全自动化已成为重要的研究课题，其中非常重要的就是焊接机器人的应用。

1. 点焊机器人

点焊机器人被广泛用来焊接薄板材料，进行点焊作业。点焊机器人手臂上所握焊枪包括电极、电缆、气管、冷却水管及焊接变压器，质量大，要求手臂的负重能力较强。采用直流或交流伺服电动机驱动方式可以满足要求，其重复定位精度可达到±0.30～±1mm。

2. 弧焊机器人

弧焊机器人被用于焊接金属连续接合的缝焊工艺，目前，许多新一代弧焊机器人都采用视觉方法对焊缝进行自动检测和自动跟踪，并且采用先进的控制方法，使焊接质量及自动化程度达到更高的水平。

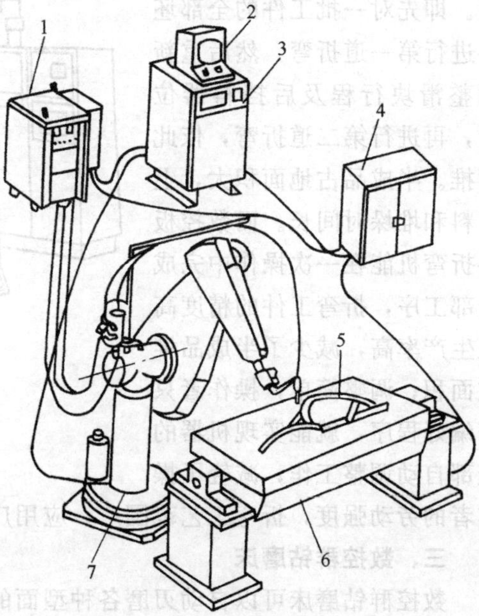

图 5-11　弧焊机器人系统

1—焊接电源　2—显示器　3—机器人控制装置

4—夹具控制装置　5—工件　6—焊接夹具

7—机器人

图5-11所示为日本汽车工业使用的一种曲柄式弧焊机器人，其驱动方式采用交、直流伺服电动机系统，用于焊接车架的侧梁或双轮机管结构车架。由于采用了动作范围的设定、速度设定、自我诊断、以及其它安全措施，保证了焊线均匀和焊接质量的稳定。

第三节　其它数控设备

一、数控直角剪板机

数控直角剪板机有互成90°角的上下两组刀片，并在一次行程中能完成板材垂直方向上的切断加工，此外，它还设有半剪切和再定位机构，能实现板材沿长度方向的任意剪切，扩大其使用范围。

数控冲模回转头冲床与数控直角剪板机联合使用，可以实现先冲后剪的自动加工。既能保证加工精度又能获得高的材料利用率，还能更好的发挥两种设备的加工能力。数控直角剪板机的外形如图5-12所示。数控直角剪板机可以用自动编程机自动编制加工程序，也可以在MDI方式下用手动输入数据编制加工程序，进行切断加工。

二、数控板料折弯机

数控板料折弯机是一种金属板料冷加工成形机。在冷态下它可利用所配的各种模具，将金属板材折弯成各种几何截面的工件，如图5-13所示。

数控板料折弯机能对滑块行程（凸模进入凹模深度）和后挡料器位置进行自动控制。以实现对折弯工件的不同折弯角度和折弯边宽度的折弯成形。

传统的板料折弯是在普通的板料折弯机上进行多道折弯。即先对一批工件的全部坯料进行第一道折弯，然后重新调整滑块行程及后挡料器位置，再进行第二道折弯，依此类推。半成品占地面积大，上下料和堆垛时间长。而数控板料折弯机能在一次操作中完成全部工序，折弯工件的精度高及生产率高，减少了半成品堆放面积；调整简单，操作者只需编好程序，就能实现机器的全部自动调整工作；减轻了操作者的劳动强度，折弯工艺范围广，应用广泛。

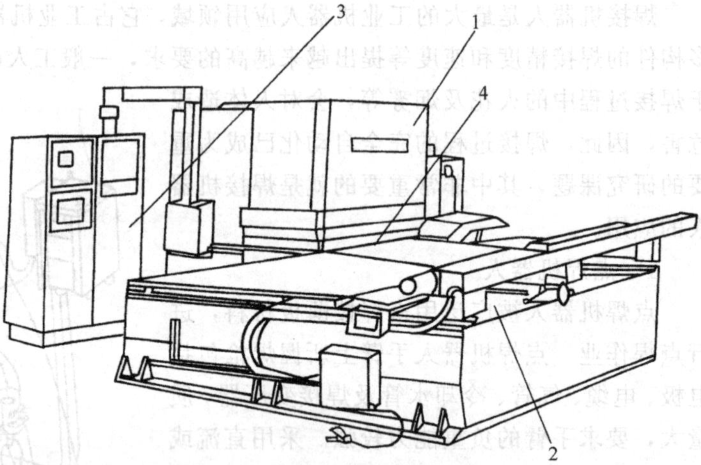

图 5-12 数控直角剪板机外形图

1—机身 2—工作台 3—数控系统 4—刀片

三、数控群钻磨床

数控群钻磨床可以自动刃磨各种型面的钻尖，特别适用于刃磨加工不同材料的各种群钻。群钻是我国发明的一种有特殊刃形的麻花钻头，其切削性能好，但其刃形复杂。钻尖的磨削参数和加工中需要刃磨的钻尖几何参数之间的关系是一组复杂的超越函数方程。因此，目前国内外生产的许多钻尖磨床都是根据经验设计的，在刃磨钻头时不能根据钻尖参数直接调整机床参数，所以不可能刃磨出正确的钻尖几何参数。

数控群钻磨床是在数学模型的基础上，按照钻尖刃磨参数的需要设计的全新设备，它不仅实现了群钻的自动刃磨，而且刃磨效率高，钻尖几何参数准确、质量好。

数控群钻磨床共有五个运动坐标，其中三个旋转坐标集中在安装钻头的头架上，两个直线移动坐标由溜板实现使砂轮进给。机床的布局见图 5-14 所示。

四、钻削中心

钻削中心是以钻削为主，并兼有攻螺纹、铣削等功能的自动换刀数控机床。钻削中心适用于机械制造各行业中小型零件的孔、平面及槽的加工，并可加工平面凸轮，当配有数控分度头后，还可以加工圆柱凸轮或工件上的几个面。当配有工业机器人时，尚可自动装卸工件，实现无人化生产。

钻削中心的主要加工对象有以下几类：

(1) 孔类零件　钻削中心尤其适合于加工中、小批量，中小型的多孔类零件，特别

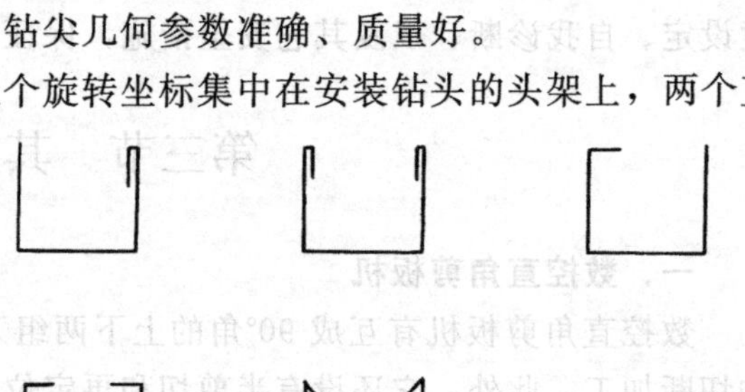
图 5-13 各种成形工件截面

是孔数比较多而且每个孔须经几道工序加工才能完成的零件。

（2）钻、铣联合加工类零件　钻削中心有一定的铣削功能，宜于加工钻、铣联合加工类零件，可避免在钻床与铣床上进行两次安装。尤其是对那些钻孔和铣削之间有位置精度要求的零件，更易于保证其位置精度要求。

（3）阀体类零件 阀体元件上有多孔需要加工及键槽形孔的铣削等。

（4）此外还可加工凸轮类零件。

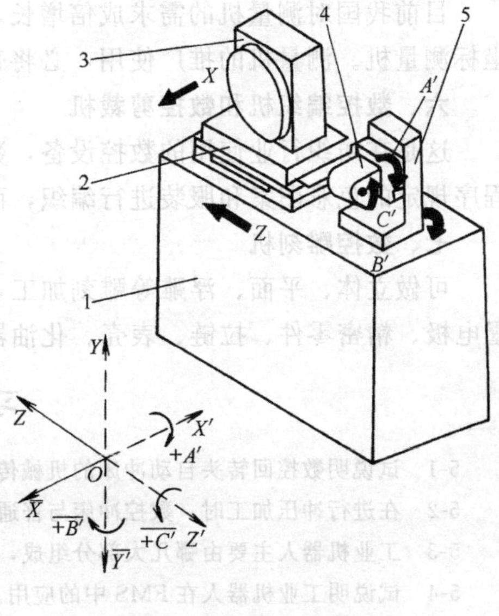

图 5-14　机床的布局

1—床身　2—溜板　3—砂轮架

4—工件夹具　5—工件头架

五、三坐标测量机

三坐标测量机用来测量复杂零件的空间尺寸及形位误差，被广泛应用于机床、汽车、模具、石油机械及航空航天工业。

下面以我国自行设计制造的 ZC 系列三坐标测量机为例说明三坐标测量机的构成、功能和应用。

1．构成

测量机由测量机本体及数控系统两大部分组成，外观如图 5-15 所示。

（1）测量机本体　由底座、导轨、工作台、立柱、横梁、Z 轴、滑架等部件组成。Z 轴前端带有测头，测量机上的三个轴的基础为光栅尺，三个轴的驱动由直流伺服电动机经减速器驱动。

（2）数控系统　采用了 STD 总线微型机。

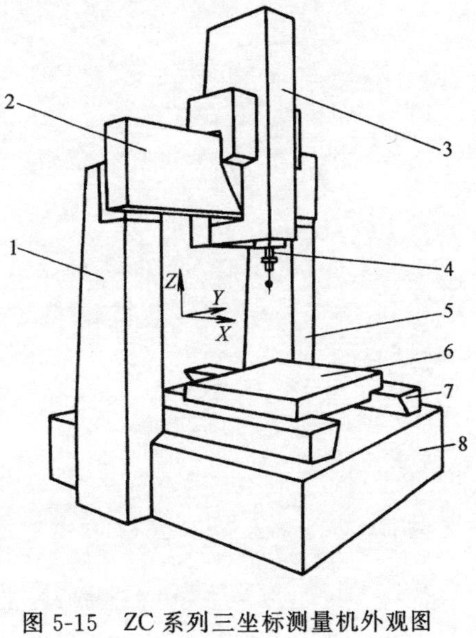

图 5-15　ZC 系列三坐标测量机外观图

1—左立柱　2—横梁　3—滑架　4—Z 轴

5—右立柱　6—工作台　7—导轨　8—底座

2．功能

（1）软件功能　通用软件功能包括几何元素的测量、几何元素的联接及组合、形位公差、坐标转换等。专用软件功能包括曲线曲面测量、齿轮测量、螺纹测量等。

（2）示教功能　操作者在示教方式下工作一遍后，测量机在计算机控制下再现运行。

（3）程序的编辑功能　能对 CNC 程序进行删除、增加或修改。

（4）其它功能　有文件的存储/删除功能；用操纵杆进行操作运行功能；按数字化方式运行的功能，确定了运动平面、起点及运动方向后测量机自动探路（自动调节方向及自行调节步长）运行，将所测各点的坐标输出到打印机或外部设备；把测量机和加工设备通过一定格式文件连接形成 CMM/CAD/CAM 一体化，或成为柔性加工单元的一部分。

3．应用

三坐标测量机按其用途既可用于未知尺寸形状零件的检测，又可用于已知基本尺寸零件的检查比较。例如飞机制造公司用它来检查其翼形样板，机床厂用它来检查机床床头箱的同轴度。

三坐标测量机的出现，特别是与计算机结合起来，在多方面替代了传统的几何测量仪器，尤其在空间尺寸的高精度测量中，具有高精度、高效率的特点，几乎还没有其它仪器可以替代。在一些加工中心，如镗铣加工中心上，现在已装有一件测量头，由于闭环系统中有测量装置，因此，也能够成坐标测量机的功能，可在工序间测量或做成测量机，以节省一个测量站。

目前我国对测量机的需求成倍增长，除了大型工厂外，中小型工厂、车间已开始配备三坐标测量机。测量机的推广使用，必将带来显著的效益。

六、数控编织机和数控剪裁机

这是在纺织行业使用的数控设备，数控编织机的数控系统，控制编针的配置，使其按照程序规定的色彩图案和服装进行编织，而数控剪裁机则将多层纺织品精确地裁剪下来。

七、数控雕刻机

可做立体、平面、浮雕等雕刻加工，适用于各种金属模型、合金钢模具、印钞模具、石墨电极、精密零件、拉链、表壳、化油器、鞋模、印章等的雕刻。

习题与思考题

5-1　试说明数控回转头自动冲床的机械传动部分，主要由哪几大部分组成？

5-2　在进行冲压加工时，数控冲床与普通冲床相比较，有何特点？

5-3　工业机器人主要由哪几大部分组成，它的发展主要经过了哪几个阶段？

5-4　试说明工业机器人在 FMS 中的应用。

5-5　试说明三坐标测量机的用途。

第六章 自动编程

第一节 概 述

一、自动编程的种类

数控设备的程序编制工作大部分或全部由计算机完成的过程，称为自动编程，也称作计算机辅助编程。根据编程信息的输入与计算机对信息的处理方式不同，自动编程可分为以自动编程语言为基础和以计算机绘图为基础的两种自动编程方法。

二、自动编程的产生及其发展

以自动编程语言为基础的自动编程发展很早。1953 年，在美国军方的资助下，麻省理工学院着手研究自动编程问题，1955 年，将研究成果公布，奠定了 APT（Automatically Programmed Tools）语言编程基础。1958 年，在麻省理工学院的协助下，美国航空协会组织多家工厂，进一步发展 APT 系统，产生了可用于平面曲线自动编程的 APT Ⅱ。1962 年，又发展了可用于 3～5 坐标立体曲面的 APT Ⅲ。1970 年发表了可处理自由曲面的 APT Ⅳ。APT 系统长期以来一直是一种应用最广泛的数控编程软件。与此同时，各主要工业国家相继开发了自己的数控编程语言，如德国的 EXAPT，法国的 IFAPT，日本的 FAPT、HAPT，我国开发的 SKC、ZCX 等。

近年来，随着计算机图形处理技术的发展，图形交互式自动编程应运而生，并后来居上。目前，这种自动编程软件可以十分方便的实现三维曲面的几何造型，或直接调用 CAD 图形文件，经过运算处理实现 2～5 轴数控加工。当前国内市场上销售和应用较为普遍的 CAD/CAM 软件有，美国的 Pro/Engineer 系统、UG（Unigraphics）系统、MasterCAM 系统、MDT（Mechanical Desktop）系统、Solid Works 系统，日本的 GRADE/CUBE—NC 系统，以色列的 CIMATRON 系统，以及我国的 CAXA-ME 系统等。

三、图形交互式自动编程的特点和基本原理

（一）图形交互式自动编程的特点

同手工编程及以语言为基础的自动编程相比，图形交互式自动编程有以下几个特点：

1）在计算机上直接面向零件的几何图形，以光标指点、菜单选项、交互对话方式进行编程，其结果也以图形的方式显示在屏幕上，简便、直观、便于检查修改；

2）通常，图形交互式自动编程软件和相应的 CAD 软件是有机的联在一起的一体化软件系统，既可进行计算机辅助设计，又可直接调用设计好的零件图进行交互编程，对实现 CAD/CAM 一体化十分有利；

3）编程过程中，图形数据的提取、节点数据的计算、程序的编制和输出都是由计算机自动进行的，速度快、效率高、准确性好；

4）软件在计算机上运行，不需要专用的编程机，便于普及推广。

（二）图形交互式自动编程的基本原理

目前，国内外图形交互式自动编程软件的种类很多，其软件功能、接口方式有所不同，所以，编程的具体过程及编程过程中所使用的指令也不尽相同。但从总体上讲，其编程的基本原理和步骤大体上是一致的。归纳起来可分为四大步骤：①零件图样及加工工艺分析；②几何造型；③刀位轨迹计算及生成；④后置处理。

1．零件图样及加工工艺分析

零件图样及加工工艺分析是数控编程的基础，无论是手工编程还是自动编程，首先要进行这项工作，作为后续工作的基础。

2．几何造型

几何造型就是利用图形交互自动编程软件图形绘制、编辑修改、曲线曲面等有关指令，将零件被加工部位的几何图形准确的绘制在计算机屏幕上。与此同时，在计算机内自动生成零件的图形数据文件。这些数据是下一步刀位轨迹计算的依据。自动编程过程中，软件将根据加工要求自动提取这些数据，进行分析判断和必要的数学处理，以形成加工的刀位轨迹数据。

3．刀位轨迹计算及生成

刀位轨迹的生成是面向屏幕上的图形交互进行的。首先在刀位轨迹生成菜单中选择所需的菜单项并填写参数，然后根据对话框提示，用光标选定相应的图形目标，指定相应坐标点。软件将自动从图形文件中提取编程所需的信息，进行分析判断，计算出节点数据，并将其转化成刀位数据，存入指定的刀位文件中或直接进行后置处理生成数控加工程序，同时在屏幕上显示刀位轨迹图形。

4．后置处理

后置处理的目的是生成数控指令文件。由于各种机床所用的控制系统不同，所以，所用的数控指令文件代码及格式也有所不同，这一问题由软件的后置处理文件解决。在生成数控指令文件前，编程人员进行必要的后置设置，按后置处理文件规定的格式定义数控指令文件所使用的代码、程序格式、圆整化等内容，软件在执行后置处理命令时将自行按设置定义的内容，输出所需要的数控指令文件。

第二节　CAD/CAM 软件的使用

CAD/CAM 软件是实现图形交互式自动编程必不可少的应用软件。本节介绍北京北航海尔软件有限公司自主研发的，面向数控铣床、加工中心和测量机的计算机辅助自动编程系统 CAXA 制造工程师 2000V2（即 ME2000V2）。

一、ME2000V2 功能介绍

ME2000V2 利用灵活、强大的实体曲面混合造型功能和丰富的数据接口，可以实现产品复杂的三维造型设计；通过加工工艺参数和机床后置的设定，选取需加工的部分，自动生成适用于任何数控系统的加工代码；通过直观的加工仿真和代码反读来检验加工工艺和代码质量。实现了从造型设计到加工代码生成、校验的一体化。

（一）系统的工作环境

ME2000V2 以 PC 微机为硬件平台。最低要求：80486DX 处理器，8MB 内存；40M 硬盘。可运行于 DOS、WINDOWS 和 NT 等系统平台之上。

（二）用户界面

ME2000V2 用户界面如图 6-1 所示，包括以下几部分：

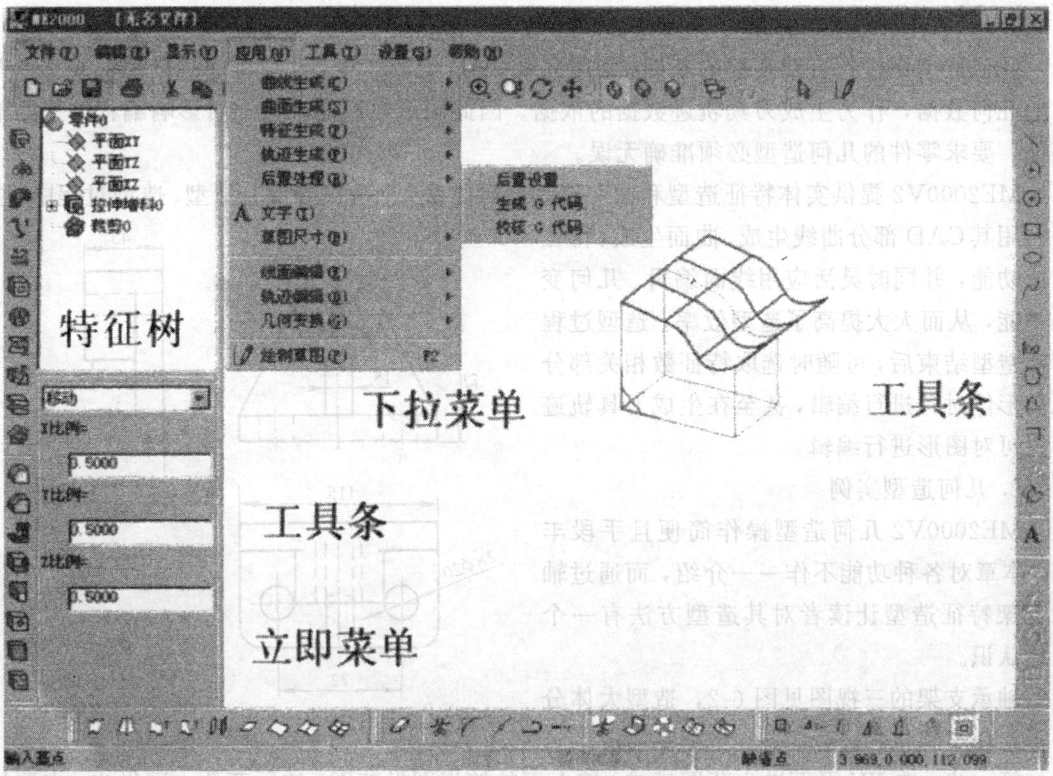

图 6-1　ME2000V2 用户界面

1. 绘图区

绘图区是用户进行绘图的工作区域，位于屏幕的中心，并占据了屏幕的大部分区域。绘图区的中央显示一个直角坐标架，构成绝对坐标系，坐标原点为（0，0，0），用户可根据需要建立自己的用户坐标系。一般情况下，在绘图区用鼠标拾取的点或由键盘输入的点，均为以绝对坐标系原点为基准的绝对坐标值。

2. 菜单系统

（1）下拉菜单　下拉菜单位于标题栏下方，它由菜单条和下拉菜单组成。菜单条包括文件、编辑、显示、应用、工具、设置和帮助等七个部分。

（2）立即菜单　当执行输入命令后，在特征树下方弹出的菜单称为立即菜单，立即菜单描述了该命令执行的各种选项和使用条件。用户根据作图要求，正确选择某一项，即可得到准确的响应。

（3）屏幕对话框　当执行某些命令后，在屏幕上弹出的对话框称为屏幕对话框。屏幕对话框描述了该命令执行的各种选项和使用条件，如图 6-3 所示拉伸增料对话框。用户根据命令要求，正确填写各项，点击确定后继续执行命令。

3. 工具条

工具条位于绘图区外，见图 6-1。包括：标准工具条、几何变换工具条、曲面工具条、曲线工具条、特征工具条、显示工具条、线面编辑工具条、状态工具条。另外，还可用相关快捷键弹出工具菜单。

二、CAD 几何造型及其应用实例

1. 几何造型的基本方法

几何造型是进行自动编程的基础，利用三维 CAD 绘图产生，计算机同时自动生成零件图形的几何数据，作为生成刀具轨迹数据的依据。因此图形数据的准确与否影响编程结果的准确性，要求零件的几何造型必须准确无误。

ME2000V2 提供实体特征造型和曲面造型两种方法，也可二者混合造型。造型过程中，主要利用其 CAD 部分曲线生成、曲面生成、特征生成功能，并同时灵活应用线面编辑、几何变换功能，从而大大提高了造型效率。造型过程中和造型结束后，可随时选取特征数相关部分几何形体对其进行编辑，甚至在生成刀具轨迹后也可对图形进行编辑。

2. 几何造型实例

ME2000V2 几何造型操作简便且手段丰富，本章对各种功能不作一一介绍，而通过轴承支架特征造型让读者对其造型方法有一个大体认识。

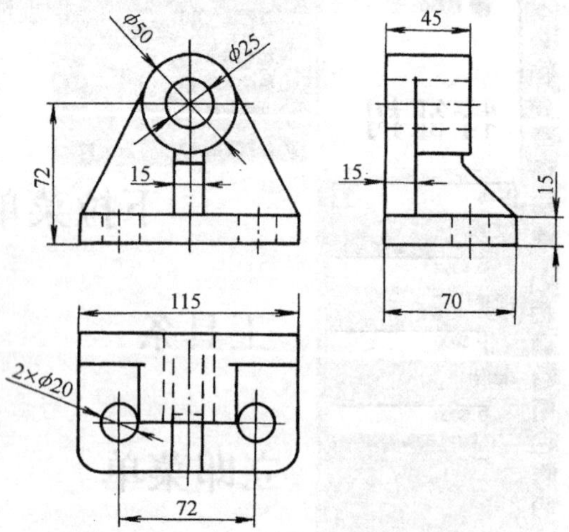

图 6-2　轴承支架

轴承支架的三视图见图 6-2，造型大体分以下几个步骤：

第一步：选 *XY* 平面进入草图模式。按上面的俯视图做草图，连同两孔一同做出。点取拉伸增料会自动退出草图，拉伸深度选 15，按确定，见图 6-3。

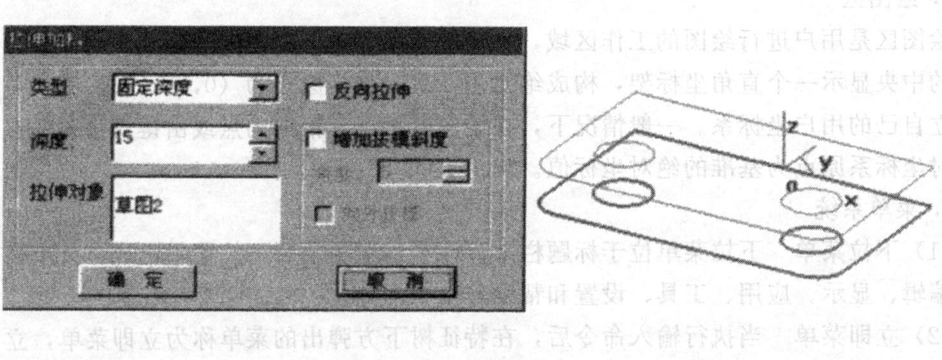

图 6-3　底板拉伸增料

第二步：选 *XZ* 平面。进入草图，按主视图做出草图。选拉伸增料，深度 15，按确定，见图 6-4。

第三步：点取立板前面作为基准面，进入草图，做出直径 50 和 25 两圆，选拉伸，深度 30，按确定，见图 6-5。

第四步：选 *YZ* 作为基准面，做加强筋上的一条线，选筋板按钮，选双向加厚，厚度 15，按确定，见图 6-6。

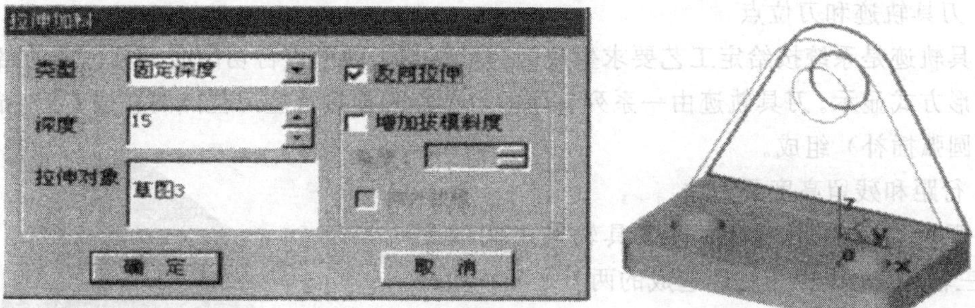

图 6-4 立板拉伸增料

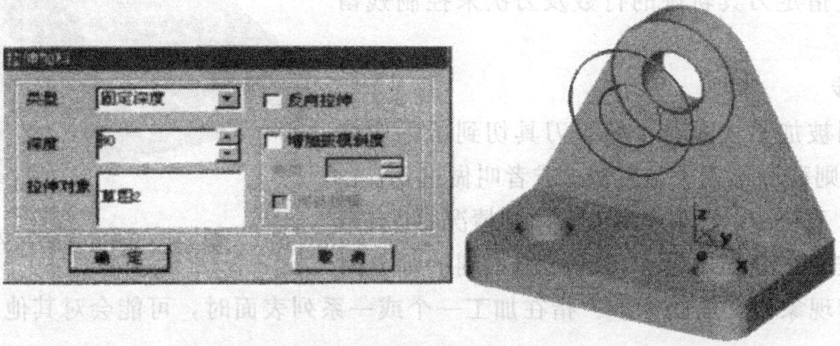

图 6-5 立板拉前圆台伸增料

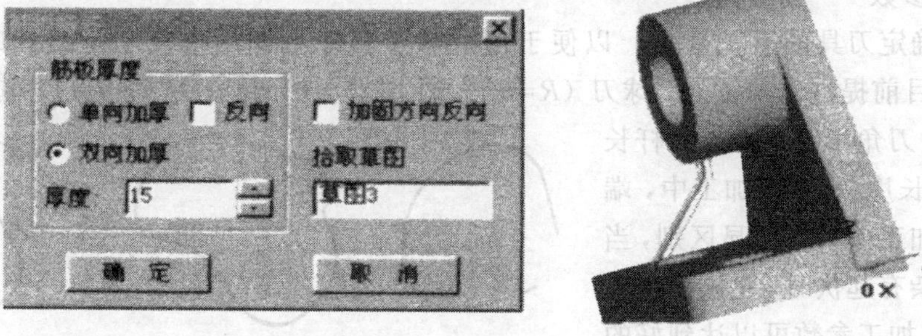

图 6-6 筋板生成

第五步：倒圆角。在根部和棱边处倒圆，见图 6-7。

三、CAM 刀具轨迹生成与后置处理

(一) 基本概念

1. 轮廓

轮廓是一系列首尾相接曲线的集合。在生成刀具轨迹时，常常需要用户指定图形的轮廓，用来界定被加工的区域或被加工的图形本身。如果轮廓是用来界定被加工区域的，则要求指定的轮廓是闭合的；如果加工的是轮廓本身，则轮廓也可以不闭合，见图 6-8。

2. 区域和岛

区域指由一个闭合轮廓围成的内部空间，其内部可以有“岛”。岛也是由闭合轮廓界定的。区域指外轮廓和岛之间的部分。外轮廓用来界定加工区域的外部边界，岛用来屏蔽其内部不需加工或需保护的部分（参见图 6-15）。

3．刀具轨迹和刀位点

刀具轨迹是系统按给定工艺要求生成的对给定加工图形进行切削时刀具行进的路线，系统以图形方式显示。刀具轨迹由一系列有序的刀位点和连接这些刀位点的直线（直线插补）或圆弧（圆弧插补）组成。

4．行距和残留高度及刀次

行距指加工轨迹相邻两行刀具轨迹之间的距离。在三轴加工中，由于行距造成的两刀之间一些材料未切削，这些材料距切削面的高度即是残留高度。在加工时，可通过控制残留高度来控制加工的精度。有时可通过指定刀具轨迹的行数及刀次来控制残留高度。

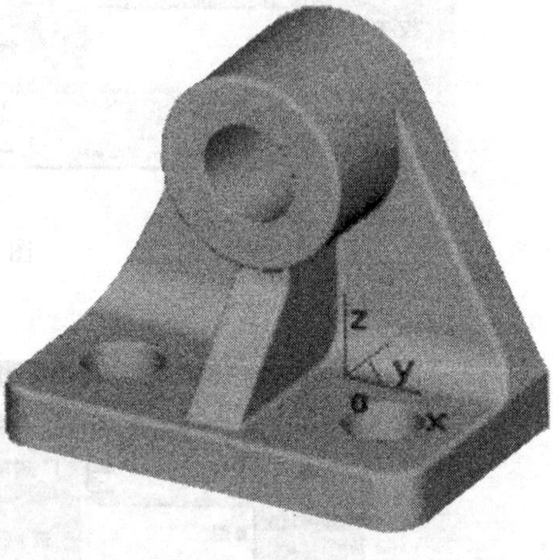

图 6-7　轴承支架实体图形

5．干涉

在切削被加工表面时，如果刀具切到了不应该切的部分，则称为出现干涉现象，或者叫做过切。在ME2000V2 系统中，干涉分为以下两种情况：①自身干涉；指被加工表面中存在刀具切削不到的部分时存在的过切现象；②面间干涉：指在加工一个或一系列表面时，可能会对其他表面产生过切的现象。

（二）刀具库设置

1．铣刀参数

定义、确定刀具的有关数据，以便于用户从刀具库中调用信息和对刀具库进行维护。ME2000V2 目前提供三种铣刀：球刀（$R=r$）、端刀（$r=0$）和 R 刀（$r<R$），其中 R 为刀具的半径，r 为刀角半径，L 为刀杆长度，l 为刀刃长度。在三轴加工中，端刀和球刀的加工效果有明显区别，当曲面形状复杂有起伏时，建议使用球刀，适当调整加工参数可以达到好的加工效果。在二轴中，为提高效率建议使用端刀，因为相同的参数，球刀会留下较大的残留高度。选择刀刃长度和刀杆长度时请考虑机床的情况及零件的尺寸是否会干涉。

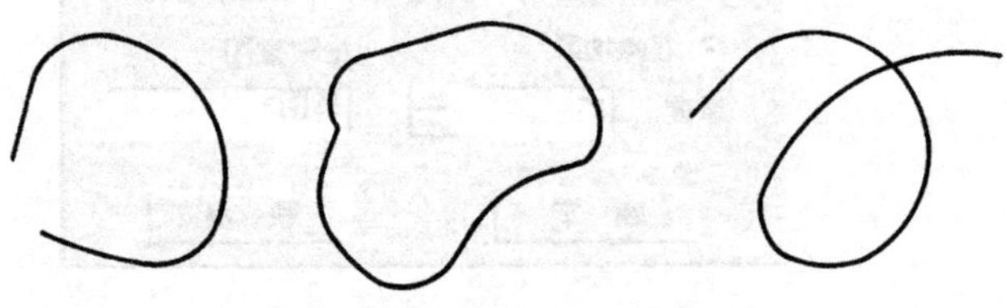

图 6-8　轮廓示例

a）开轮廓　b）闭轮廓　c）有自交点的轮廓

2．操作

用鼠标左键点取“刀具定义”功能后，系统弹出“刀具库管理”对话框，如图 6-9 所示。

此时，只要用鼠标点取“当前刀具名”列表中的刀具，则选中的刀具就成为当前刀具。各参数项内显示该刀具的参数，同时预显框内可按比例显示刀具形状。此后生成的刀具轨迹，其使用的刀具就是当前刀具。刀具库管理具有如下功能：

(1) 增加刀具　用于增加刀具到刀具库中。按“增加刀具”按钮弹出对话框，输入增加刀具的名称，确定后可修改刀具的各个参数。

(2) 删除当前刀具　删除刀具库中不需要的刀具。选择需删除的刀具，然后按“删除当前刀具”按钮，确认删除后，该刀具即被删除。注意：删除当前刀具后，当前刀具自动设为刀具库中的其它刀具，当刀具库中只有一把刀具时，不能删除该刀具。

(3) 预显刀具参数　修改刀具参数后，按“预显刀具参数”按钮可显示参数修改后刀具的形状。

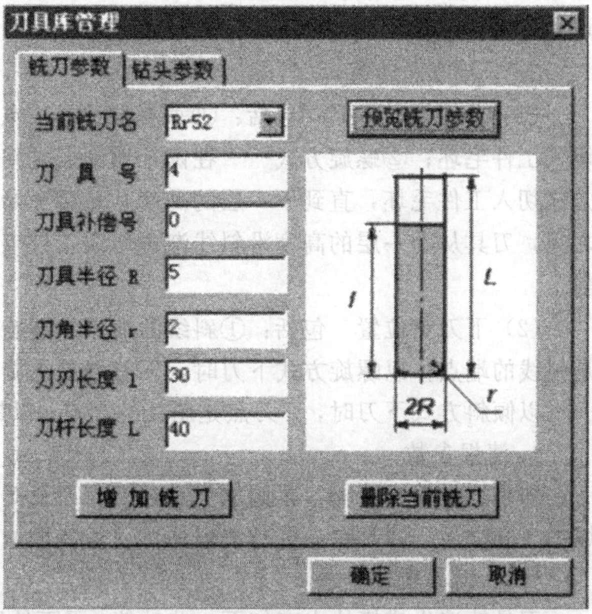

图 6-9　“刀具库管理”对话框

(三) 刀具轨迹生成通用参数设置

刀具轨迹生成模块中有如下一些功能：平面轮廓加工、平面区域加工、参数线加工、限制线加工、曲面轮廓加工、曲面区域加工、投影加工、曲线加工、粗加工、等高线加工、等高线补加工、钻孔、轨迹生成批处理等。在各种轨迹生成功能中，要设置一些通用的选项，如切削用量、进退刀参数、下刀参数、清根参数、刀具参数等。

1. 切削用量

(1)速度值　包括主轴转速、进给速度、接近速度、退刀速度和行间连接速度。如图 6-10 所示，接近速度为从满速下刀高度切入工件前刀具行进的线速度，又称进刀速度；退刀速度为刀具离开工件回到安全高度时刀具行进的线速度；在安全高度以上刀具行进的线速度取机床的 G00。行间连接速度用于有往复加工的加工方式中，避免在顺逆铣的变换过程中，机床的进给方向产生急剧变化对机床及工件的损坏，此速度一般小于进给速度。

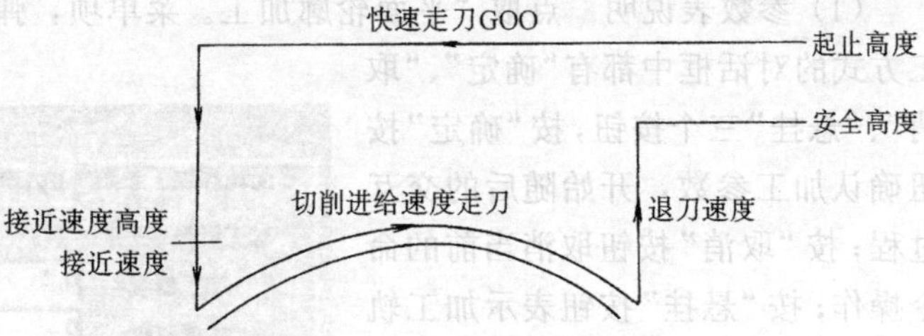

图 6-10　速度和高度参数

(2) 高度值　包括起止高度、安全高度、慢速下刀高度。如图 6-10 所示起止高度是进退刀时刀具的初始高度，起止高度应大于安全高度。安全高度是指保证在此高度以上可以快速走刀不发生干涉的高度，应高于零件的最大高度。每一次下刀，刀具都是快速运动（G00)，当距下刀点某一距离值时，刀具以合理的接近速度下降。这个距离值称为慢速下刀高度。

2. 进退刀参数

指定进退刀方式，避免刀具碰撞以及得到好的接刀口质量。

(1) 进刀方式　包括：①垂直——刀具在工件的第一个切削点处直接开始切削；②直线相切——刀具按给定长度，以相切方式向工件的第一个切削点前进；③圆弧相切——刀具按给定半径，以 1/4 圆弧向工件的第一个切削点前进；④转角——圆弧所在的空间平面与 Z 轴的夹角；⑤强制——刀具从给定一个点向工件的第一个切削点前进。

（2）退刀方式　包括：①垂直——刀具从工件的最后一个切削点直接退刀；②直线相切——刀具按给定长度，以相切方式从工件的最后一个切削点退刀；③圆弧相切——刀具从工件的最后一个切削点按给定半径，以 1/4 圆弧退刀；④强制——刀具从工件的最后一个切削点向给定一个点退刀。

3. 下刀切入参数

（1）下刀切入方式　包括：①垂直方式——在两个切削层之间刀具从上一层的高度直接切入工件毛坯；②螺旋方式——在两个切削层之间，刀具从上一层的高度沿螺旋线以渐进的方式切入工件毛坯，直到下一层的高度，然后开始正式切削；③倾斜方式——在两个切削层之间，刀具从上一层的高度沿斜线渐进切入工件毛坯，直到下一层的高度，然后开始正式切削。

（2）下刀点位置　包括：①斜线的端点或螺旋线的切点——以倾斜方式下刀时，下刀点是斜线的端点；以螺旋方式下刀时，下刀点是螺旋线的切点；②斜线的中点或螺旋线的圆心——以倾斜方式下刀时，下刀点是斜线的中点；以螺旋方式下刀时，下刀点是螺旋线的圆心。

4. 清根参数

如果选择轮廓清根，区域加工完之后，刀具对轮廓进行清根加工；如果选择岛清根，区域加工完之后，刀具对岛进行清根加工。做清根加工时，还可选择清根轨迹的进退刀方式。

（四）刀具轨迹生成

刀具轨迹生成模块中有如下一些功能：平面轮廓加工、平面区域加工、曲面轮廓加工、曲面区域加工、粗加工、钻孔等。

1. 平面轮廓加工

主要用于加工内外轮廓，生成沿轮廓切削的两轴刀具轨迹。操作说明如下：

（1）参数表说明　点取“平面轮廓加工。菜单项，弹出如图 6-11 所示的对话框。每种加工方式的对话框中都有“确定”、“取消”、“悬挂”三个按钮，按“确定”按钮确认加工参数，开始随后的交互过程；按“取消”按钮取消当前的命令操作；按“悬挂”按钮表示加工轨迹并不马上生成，交互结束后并不计算加工轨迹，而是在执行轨迹生成批处理命令时才开始计算，这样就可以将很多计算复杂、耗时的轨迹生成任务准备好，直到空闲的时间，才开始真正计算，大大提高了工作效率。平面轮廓加工参数包括：走刀方式、切削参数、补偿方式等，各种参数的含义和填写方法如下：

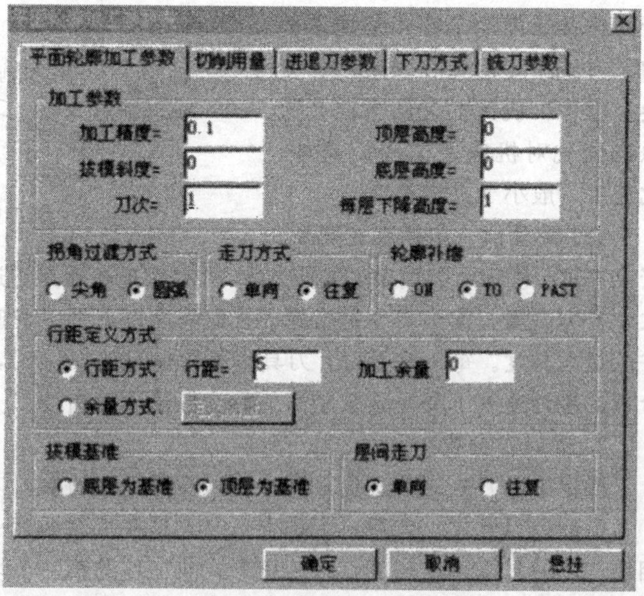

图 6-11　平面轮廓加工参数表

1）走刀方式　指刀具轨迹行与行之间的连接方式，可选单向或往复走刀。单向时有行间抬刀，往复是在进给完一个行距后刀具沿着相反的方向进行加工，行间不抬刀。

2）拐角过渡方式 可选尖角或圆弧过渡，与轮廓补偿配合使用。

3）切削用量 包括一些参考平面的高度参数，当需要进行锥度加工时，还需要给定拔模斜度和每层下降高度。

4）切削参数 包括行距、刀次、轮廓加工余量和加工误差。

5）轮廓补偿 补偿是左偏还是右偏取决于加工的是内轮廓还是外轮廓。包括：①ON——刀具中心线与轮廓重合，即不考虑补偿；②TO——刀具中心线不到轮廓，相差一个刀具半径；③PAST——刀具中心线超过轮廓一个刀具半径。

6）行距定义方式 确定加工刀次后，刀具每次加工的位置可有两种方式确定。包括：①行距方式——确定最后加工完工件的余量及每次加工之间的行距；②余量方式——定义每次加工完所留的余量。

7）拔模基准 当加工的工件带有拔模斜度时，工件顶层轮廓与底层轮廓的大小不同。“拔模基准”用来选择轮廓是工件的顶层轮廓或是底层轮廓。

（2）具体操作步骤

1）填写参数表。

2）拾取轮廓线 填写完参数表后，点取确认键，系统将提示：“拾取轮廓”，要求用户选择轮廓线，可以利用曲线拾取工具菜单，用空格键弹出工具菜单，如 6-12a、b 所示。工具菜单提供三种拾取方式：单个拾取、链拾取和限制链拾取。

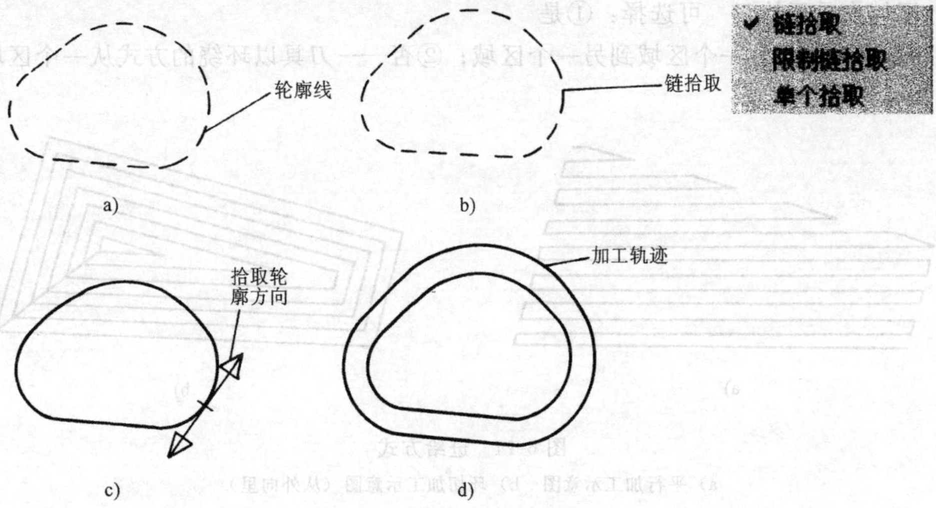

图 6-12 平面轮廓加工示意图

a）轮廓线示意图 b）拾取轮廓和加工方向 c）选择加工侧边 d）刀具轨迹

3）轮廓线拾取方向 当拾取第一条轮廓线后，此轮廓线变为红色的虚线。系统给出提示：选择方向。要求用户选择一个方向，此方向表示刀具的加工方向，同时也表示拾取轮廓线的方向。图 6-12c 所示。选择方向后，如果采用的是链拾取方式，则系统自动拾取首尾连接的轮廓线，如果采用单个拾取，则系统提示继续拾取轮廓线。如果采用限制链拾取则系统自动拾取该曲线与限制曲线之间连接的曲线。

4）选择加工的侧边 当拾取完轮廓线后，系统要求继续选择方向，此方向表示加工的侧边：是加工轮廓线以内还是轮廓线以外的区域。

5）生成刀具轨迹　选择加工侧边之后，系统生成绿色的刀具轨迹，如图 6-12d 所示。图中最外面的两圈曲线就是刀具轨迹线。至此完成利用平面轮廓方法生成刀具轨迹。

2. 平面区域加工

其功能是生成具有多个岛的平面区域的刀具轨迹。操作说明如下：

（1）参数表说明　点取“平面区域加工”菜单项，弹出图 6-13 所示的对话框。加工参数包括：走刀方式、加工参数、补偿方式等，其具体含义可参看加工基本概念的解释，参数的含义和填写方法如下：

1）进给方式　如图 6-14 所示，进给方式包括：①平行加工——刀具以平行进给方式切削工件，可改变生成的刀位行与 X 轴的夹角，还可选择单向还是往复方式；②环切加工——刀具以环状走刀方式切削工件。可选择从里向外还是从外向里的方式。

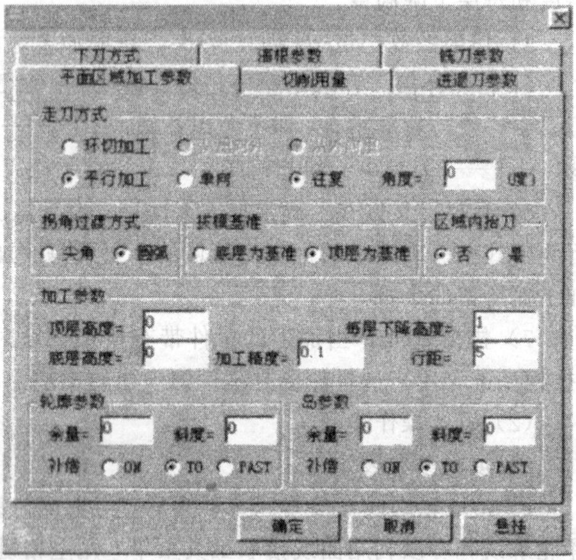

图 6-13　平面区域加工参数表

2）区域内是否抬刀　可选择：①是——刀具以抬刀方式从一个区域到另一个区域；②否——刀具以环绕的方式从一个区域到另一个区域。

a)　　b)

图 6-14　进给方式

a）平行加工示意图　b）环切加工示意图（从外向里）

（2）具体操作步骤　见图 6-15。

1）填写参数表。

2）拾取轮廓线　填写完参数表格后，系统提示：“拾取轮廓”。可以利用曲线拾取工具菜单拾取轮廓线。

3）轮廓线走向拾取　拾取第一条轮廓线后，此轮廓线变为红色的虚线。系统给出提示：选择方向。要求用户选择一个方向，此方向表示刀具的加工方向，同时也表示拾取轮廓线的方向。

4）岛的拾取　拾取完区域轮廓线后，系统要求拾取第一个岛。在拾取岛的过程中，系统会自动判断岛自身的封闭性。如果所拾取的岛由一条封闭的曲线组成，则系统提示拾取第二个岛；如果所拾取的岛由二条以上的首尾连接的封闭曲线组合而成，当拾取到一条曲线后，系统提示继续拾取。直到岛轮廓已经封闭。如果有多个岛，系统会继续提示选择岛。

5）生成刀具轨迹　岛选择完毕，用鼠标右键确认。确认后，系统立即给出刀具轨迹。

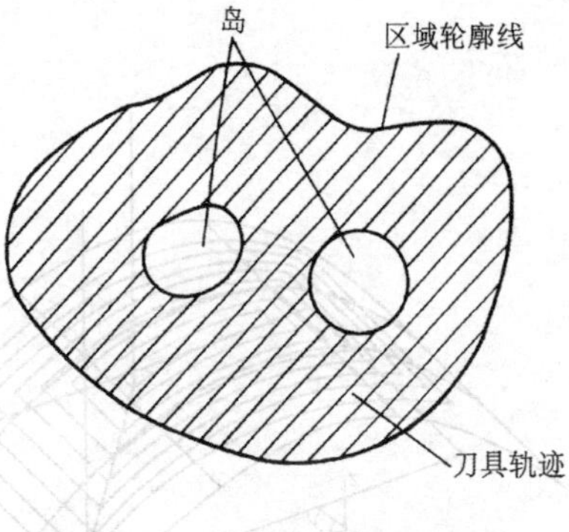

图 6-15　平面区域加工刀具轨迹示意图

3. 曲面轮廓加工

其功能是生成沿一个轮廓线加工曲面的刀具轨迹。其操作说明如下：

（1）参数表说明　选取“曲面轮廓”菜单条，弹出如图 6-16 所示对话框。对话框内容包括：刀具信息、各种进给速度、加工方式、切削参数、轮廓补偿等。参数的含义和填写方法如下：

1）行距和步长　①行距——每行刀位之间的距离；②步长——刀具轨迹的最小步距。

2）轮廓精度　指拾取的轮廓有样条时的离散精度。

（2）具体操作步骤

1）填写参数表。

2）拾取曲面　填写完参数表格后，点取确认键，系统给出提示：“拾取曲面”。要求用户选择被加工曲面。鼠标右键结束曲面拾取。拾取时可用拾取工具菜单。

3）拾取轮廓及轮廓走向　拾取完曲面后，系统提示：“拾取轮廓”。要求用户给出需加工的轮廓线。当拾取到第一条轮廓线后，系统提示选择轮廓走向，此方向表示轮廓线的连接方向，即下一条轮廓线与此轮廓线的位置关系。选取完方向后，系统提示：“继续选取曲线”。

4）选择区域加工方向　拾取轮廓线时，若轮廓线封闭，则系统自动结束轮廓线拾取状态。若轮廓线不封闭，可以继续拾取，直至右键结束。拾取完所需的轮廓线后，系统接着提示：“选择加工的侧”边。此方向表示加工轮廓线的右边还是左边。

5）生成刀具轨迹　系统生成刀具轨迹如图 6-17 所示。

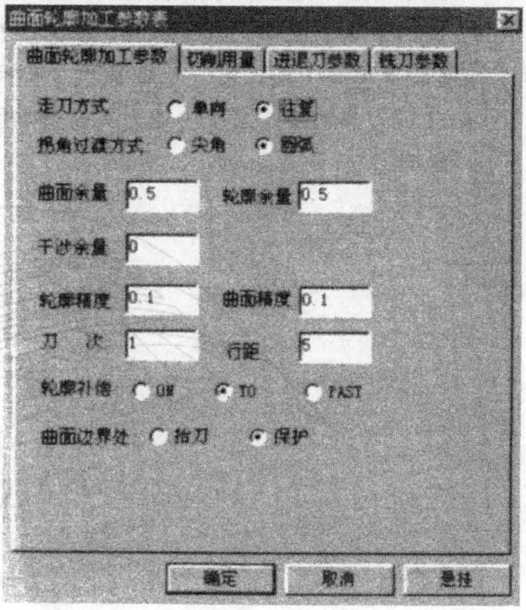

图 6-16　曲面轮廓加工参数表

4. 曲面区域加工

曲面区域加工的功能是生成加工曲面上的封闭区域的刀具轨迹。其操作说明如下：

（1）参数表说明　选取“曲面区域加工”菜单项，弹出图 6-18 所示对话框。加工参数包括：走刀方式、切削参数、轮廓补偿、岛补偿等。参数的含义和填写方法与平面区域加工类似，这里不作说明。

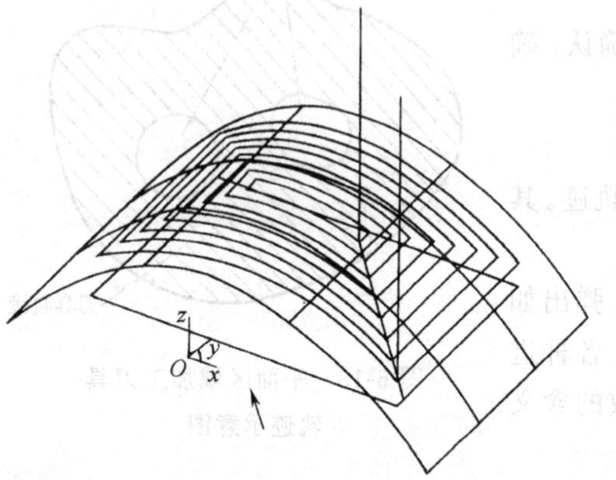

图 6-17　刀具轨迹

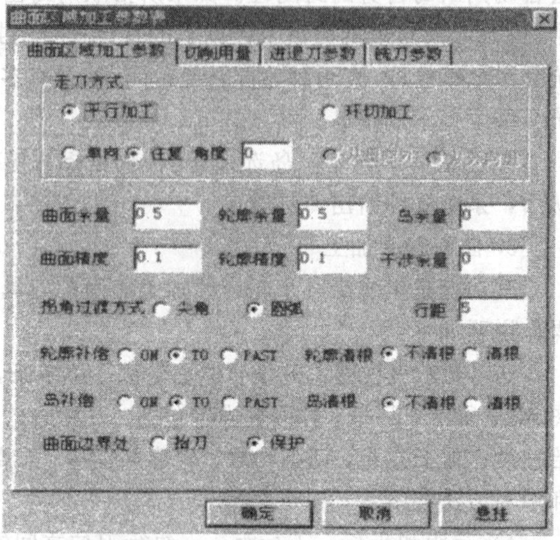

图 6-18　曲面区域加工参数表

（2）具体操作步骤：

1）填写参数表。

2）拾取曲面　填写完参数表格后，拾取确认键，系统给出提示：“拾取曲面”，提示用户选择被加工曲面，如下图所示。鼠标右键结束曲面拾取。

3）拾取轮廓线及轮廓线走向　拾取完曲面后系统提示：“拾取轮廓”。轮廓线的拾取可以采用矢量工具菜单。用单个拾取方式时，拾取到一条轮廓线后，系统给出表示轮廓线拾取方向的双箭头，要求用户选择拾取方向。按照箭头方向的指示选取轮廓线，在拾取轮廓线的过程中，系统自动判断轮廓线的封闭性。

4）岛的拾取　轮廓完全封闭后，系统接着提示：“拾取第 1 个岛”。拾取到一个岛后，系统会提示拾取第 2 个岛，第三个岛等等。鼠标右键结束岛的拾取。

5）生成刀具轨迹　系统生成刀具轨迹如图 6-19 所示。

5. 粗加工

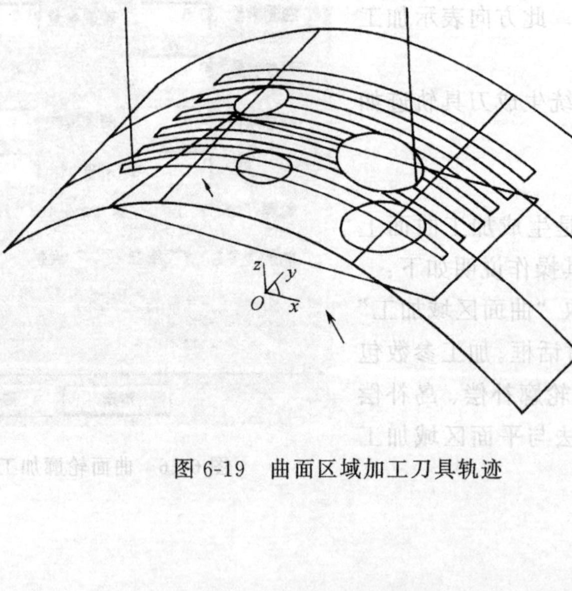

图 6-19　曲面区域加工刀具轨迹

粗加工的功能是生成大量去除毛坯材料的刀具轨迹。其操作说明如下：

(1) 参数表说明　选取“粗加工”菜单条，弹出如图 6-20 所示对话框。加工参数包括：毛坯类型和切入方式、走刀类型和方式、余量、高度参数等。

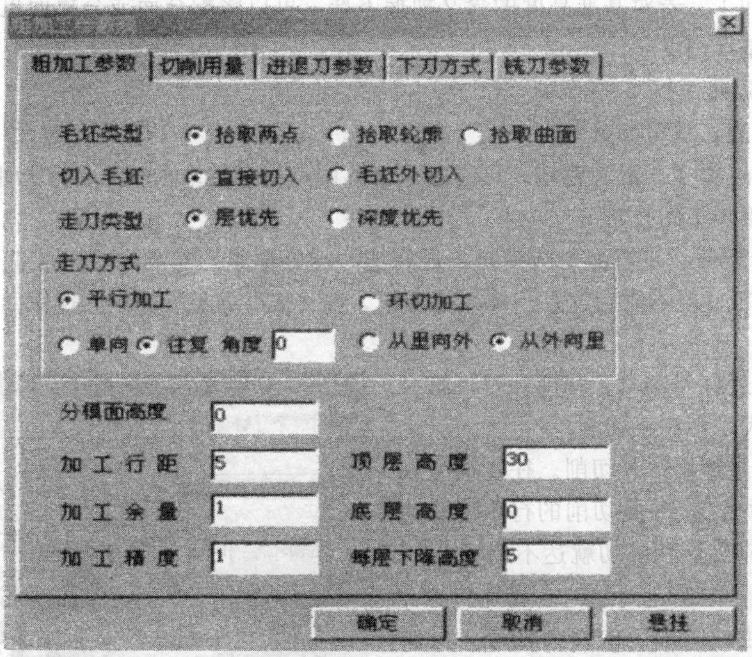

图 6-20　粗加工参数表

1）毛坯类别　如图 6-21 所示，包括：①拾取两点——指两角点形成的长方体作为毛坯。两角点为长方体的对角点，而不是矩形的对角点；②拾取曲面——拾取一系列曲面模型作为

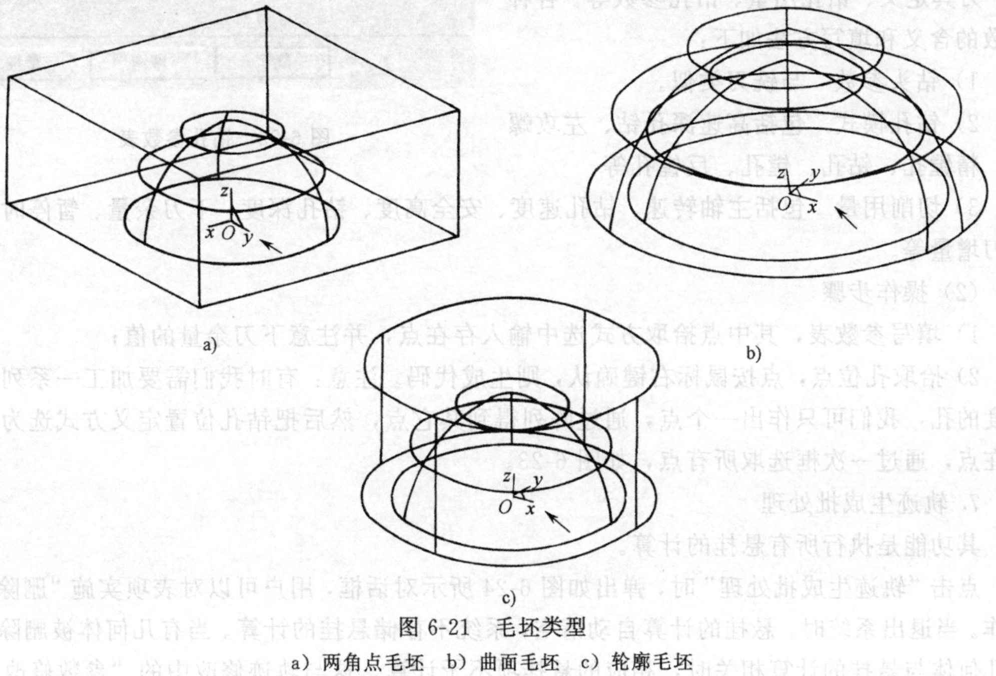

图 6-21　毛坯类型

a）两角点毛坯　b）曲面毛坯　c）轮廓毛坯

毛坯，主要针对锻造件和铸造件；③拾取轮廓——轮廓曲线与顶层高度和底层高度围成毛坯。

2）基准高度　从刀轴往下看，工件（拾取的曲面列）覆盖不到的区域切削后的高度。其实，对模具而言，若分模面是一个水平面，基准高度就是分模面的高度。本功能可以实现任何几何体的粗加工。若对基准高度的含义把握不准，可以将配合面或分模面也造型出来。这样就可以不用基准高度了。

（2）操作说明

1）弹参数表，填写参数

2）根据毛坯类型，定义毛坯。可通过“拾取两点”、“拾取曲面”和“拾取轮廓”完成。

（3）使用粗加工的技巧

1）若选择环切，在粗加工凸模时，最好选“从外向里”选项；在加工凹模时，最好选“从里向外”选项。若不能确定是凸模还是凹模，选“从外向里”选项。这样能保证刀具从材料外进刀。

2）粗加工最好用端刀。若用球刀，第一刀的吃刀量很大，不利于切削；

3）粗加工最好用往复切削。往复切削效果好，用空刀时候少。往复切削的行距可以达到刀具直径的70%，而环切就达不到。

6. 钻孔

其功能是生成孔加工的刀具轨迹。操作说明如下：

（1）参数表说明　选取“钻孔”菜单项，弹出如图6-22所示对话框。内容包括：钻孔模式、刀具定义、钻孔用量、钻孔参数等。各种参数的含义和填写方法如下：

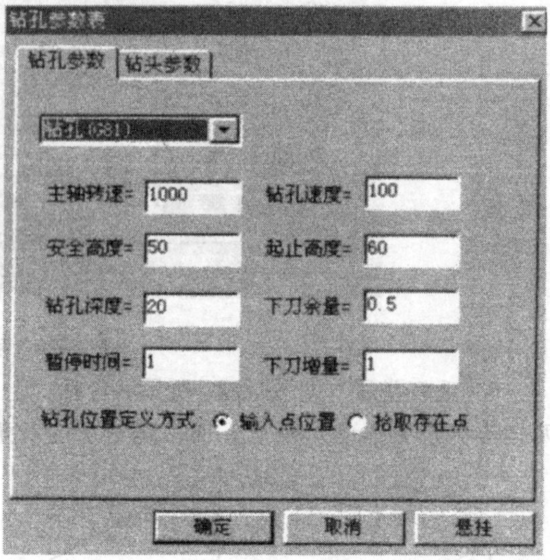

图6-22　钻孔参数表

1）钻头参数　与铣刀类似。

2）钻孔模式　包括高速深孔钻、左攻螺纹、精镗孔、钻孔、镗孔、反镗孔等。

3）切削用量　包括主轴转速、钻孔速度、安全高度、钻孔深度、下刀余量、暂停时间和进刀增量等。

（2）操作步骤

1）填写参数表，其中点拾取方式选中输入存在点，并注意下刀余量的值；

2）拾取孔位点，点按鼠标右键确认，则生成代码。注意：有时我们需要加工一系列同样深度的孔，我们可只作出一个点，通过阵列得到其它点，然后把钻孔位置定义方式选为拾取存在点，通过一次框选取所有点，如图6-23。

7. 轨迹生成批处理

其功能是执行所有悬挂的计算。

点击“轨迹生成批处理”时，弹出如图6-24所示对话框，用户可以对表项实施“删除”的动作。当退出系统时，悬挂的计算自动清空，系统不存储悬挂的计算。当有几何体被删除，而该几何体与悬挂的计算相关时，相应的悬挂项不予计算。这与轨迹修改中的“参数修改”一样，一旦有相关的几何体被删除，则不做计算。

（五）轨迹编辑

轨迹编辑是对已经生成的刀具轨迹的刀位行或刀位点进行增加、删减、仿真等。系统提供多种刀具轨迹编辑和仿真手段，主要用于对生成的刀位进行必要的调整或在实际加工之前在计算机上对刀具的运动情况进行模拟仿真。系统提供刀位裁剪、刀位反向、插入刀位、删除刀位、清除抬刀、轨迹打断、轨迹连接、两点间抬刀、轨迹仿真（线框连续、线框手动和真实感仿真）等手段。

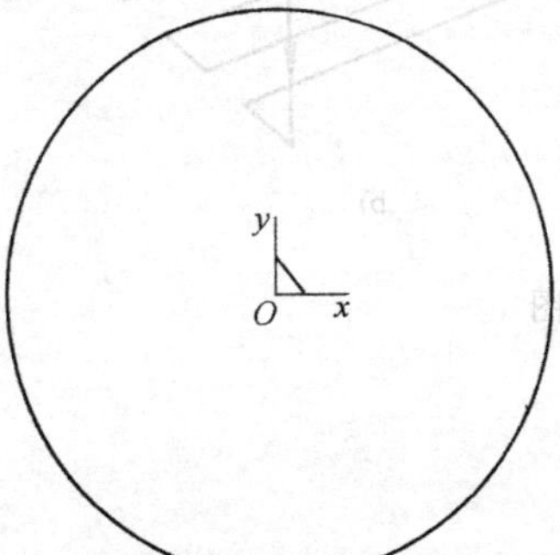

图 6-23　实例结果

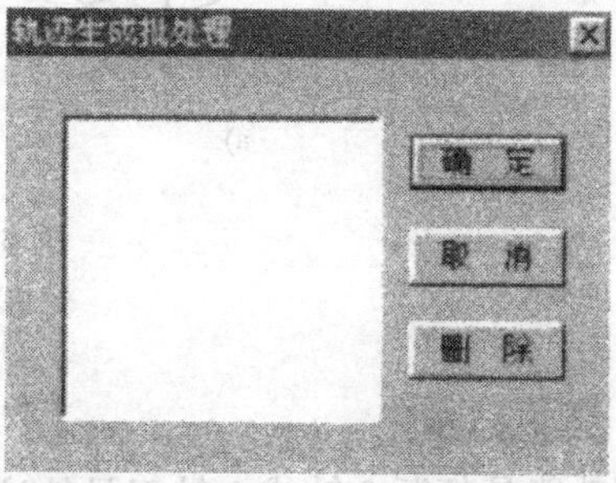

图 6-24　轨迹生成批处理

1. 刀位裁剪

其功能是用曲线对 3 轴刀具轨迹在 *XOY* 面进行裁剪，如图 6-25 所示。

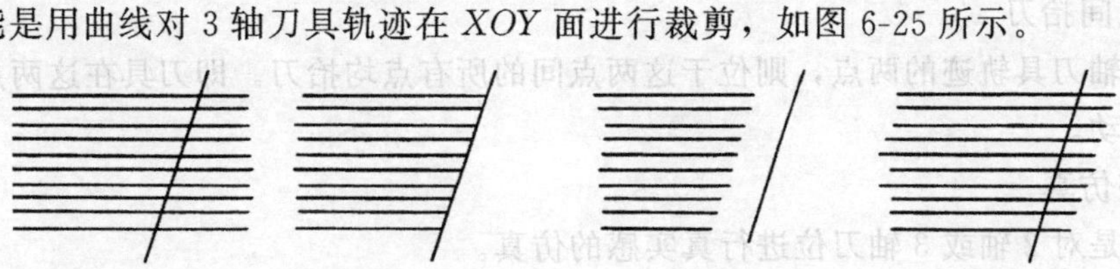

a)　b)　c)　d)

图 6-25　刀具轨迹裁剪

a）裁剪前　b）0N 方式裁剪后　c）T0 方式裁剪　d）PAST 方式裁剪

2. 刀位反向

其功能是对生成的刀具轨迹（2 轴和 3 轴）中刀具的走向进行反向以实现加工中顺逆铣的互换。刀具轨迹的反向方式有：

（1）按行反向　将刀具轨迹的某一行顺逆铣颠倒。

（2）整体反向　将整个刀具轨迹的顺逆铣颠倒。整体反向后，刀具轨迹方向相反，刀具的进出刀位点完全互换，如图 6-26 所示。

3. 插入刀位

其功能是在 3 轴刀具轨迹中某刀位点处插入刀位点。有“前”和“后”两种插入方式，可在拾取的前或后插入一个刀位点。

4. 删除刀位

其功能是删除 3 轴刀具轨迹的某一点或一行。

5. 清除抬刀

其功能是清除刀具轨迹中的抬刀点。

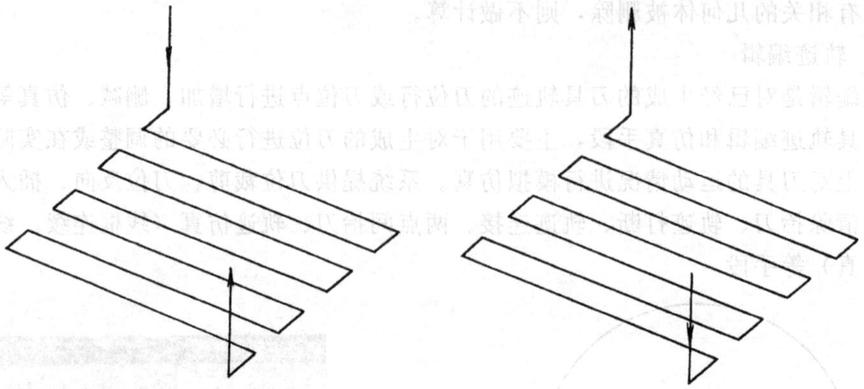

图 6-26　整体反向示意图
a）反向前　b）反向后

6. 轨迹打断

其功能是打断 2 轴或 3 轴刀具轨迹，使其成为两个独立的刀具轨迹。

7. 轨迹连接

将多段独立的 2 轴或 3 轴刀具轨迹连接在一起，但每段刀具必须相同。

8. 两点间抬刀

拾取 3 轴刀具轨迹的两点，则位于这两点间的所有点均抬刀。即刀具在这两点间不切削而作快速移动。

9. 轨迹仿真

其功能是对 2 轴或 3 轴刀位进行真实感的仿真。

（1）操作说明如下

1）选取“轨迹仿真”功能后，用户可选择毛坯定义的方式，系统提供二种定义毛坯的方式：①拾取两点——即拾取两个角点；②自动计算——即计算刀具轨迹的包围盒做为毛坯的大小。

2）刀具有两种显示形式：透明和不透明。

3）仿真方式分为实时仿真和快速仿真两种方式。实时仿真可实时观察到刀具走的路线和仿真的中间结果；快速仿真用户看不到刀具加工的过程，而是经过计算后直接给出仿真的最后结果。当用户希望实时观测仿真的结果时，可选择实时仿真；当用户希望加快仿真速度，只关心最后结果时，可选择快速仿真。

（2）操作过程如下

系统在信息提示区给出提示：拾取刀具轨迹。鼠标右键结束拾取，开始仿真。在仿真途中，按 ESC 键可结束仿真，观察截面。仿真结束后不刷新屏幕，仍显示仿真的结果，系统重画时屏幕被刷新。

（六）后置处理

本模块针对不同的机床，设置不同的机床参数和特定的数控代码程序格式，生成与机床相适应的数控代码程序，同时还可以对生成的机床代码的正确性进行校核。包括后置设置、生成 G 代码、校核 G 代码功能。

1. 后置设置

后置设置功能包括两方面的功能：增加机床和后置处理设置。

(1) 增加机床　增加机床就是针对不同的机床，不同的数控系统，设置特定的数控代码、数控程序格式及参数，并生成配置文件。生成数控程序时，系统根据该配置文件的定义生成用户所需要的特定代码格式的加工指令。增加机床参数表如图 6-27 所示：

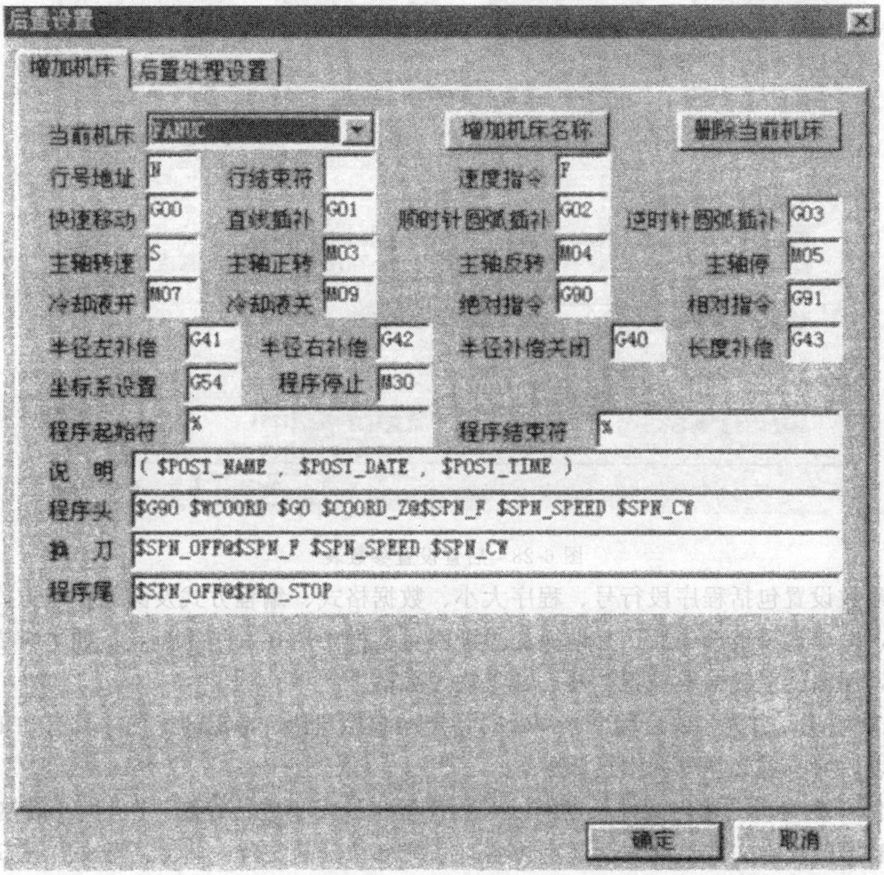

图 6-27　增加机床参数表

机床配置给用户提供了一种灵活方便的设置系统配置的方法。对不同的机床进行适当的配置，具有重要的实际意义。通过设置系统配置参数，后置处理所生成的数控程序可以直接输入数控机床或加工中心进行加工，而无需进行修改。机床配置主要设置如下参数：①机床控制参数——主轴转速及方向，插补方法，刀具补偿，冷却控制，程序起停以及程序首尾控制符等；②程序格式参数——程序说明，换刀格式，程序行控制等内容。

(2) 后置处理设置

后置设置就是针对特定的机床，结合已经设置好的机床配置，对后置输出的数控程序的格式，如程序段行号，程序大小，数据格式，编程方式，圆弧控制方式等进行设置。

后置处理设置对话框如图 6-28 所示。

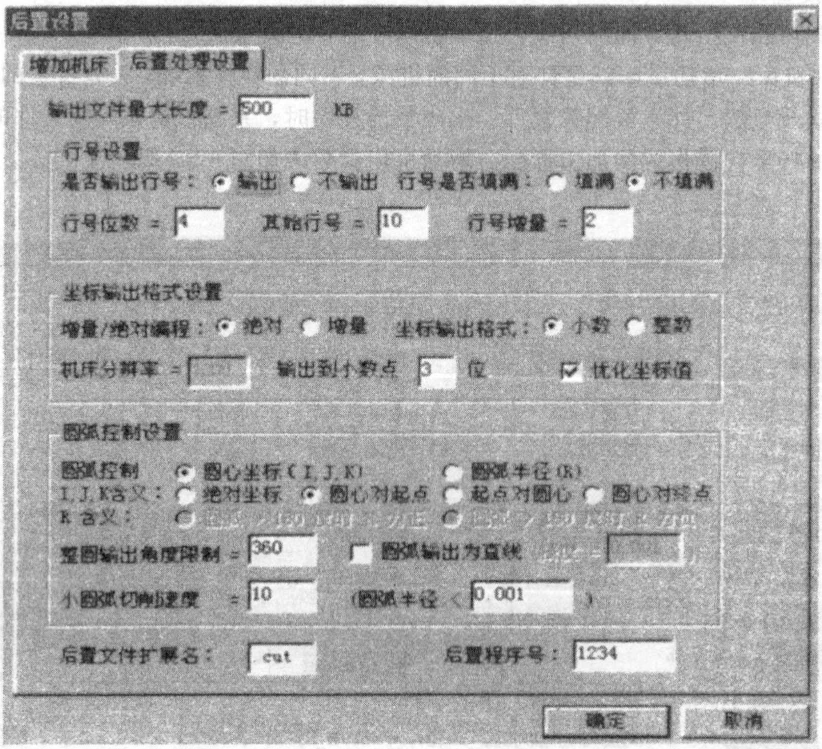

图 6-28 后置设置参数表

后置参数设置包括程序段行号、程序大小、数据格式、编程方式及圆弧控制方式等。在选择项中，对应选项被选中后，其前面的小圆圈对话框中出现一个小黑点。如果需要填写具体数值的，用鼠标左键拾取该项，然后键盘输入数值。

1）机床系统 首先，数控程序必须针对特定的数控机床。特定的配置才具有加工的实际意义，所以后置设置必须先调用机床配置。

2）文件长度控制 输出文件长度可以对数控程序的大小进行控制，文件大小控制以 K 为单位。当输出的代码文件长度大于规定长度时系统自动分割文件。例如：当输出的 G 代码文件 post.t 超过规定的长度时，就会自动分割为 post0001.t，post0002.t，post0003.t，post0004.t 等。

3）行号设置 程序段行号设置包括行号的位数，行号是否输出，行号是否填满，起始行号以及行号递增数值等。

4）编程方式设置 有绝对编程 G90 和相对编程 G91 两种方式。

5）坐标输出格式设置 决定数控程序中数值的格式为小数输出还是整数输出；机床分辨率就是机床的加工精度，如果机床精度为 0.001mm，则分辨率设置为 1000，以此类推；输出小数位数可以控制加工精度。但不能超过机床精度，否则是没有实际意义的。“优化坐标值”指输出的 G 代码中，若坐标值的某分量与上一次相同，则此分量在 G 代码中不出现。

6）圆弧控制设置 主要设置控制圆弧的编程方式。即是采用圆心编程方式还是采用半径编程方式。

7）扩展名控制和后置设置编号　后置文件扩展名是控制所生成的数控程序文件名的扩展名。有些机床对数控程序要求有扩展名，有些机床没有这个要求，应视不同的机床而定。后置程序号是记录后置设置的程序号，不同的机床其后置设置不同，所以采用程序号来记录这些设置，以便于用户日后使用。

2. 生成G代码

后置生成的数控程序是三维造型的最终结果，有了数控程序就可以直接输入机床进行数控加工。

（1）输入数控加工程序文件名　在“后置处理”模块子菜单区中选取“生成G代码”功能项，则弹出一个需要用户输入文件名的对话框，要求用户填写或选择后置程序文件名。

（2）拾取刀具轨迹　输入文件名后拾取确认键，系统提示：“拾取刀具轨迹”，当拾取到刀具轨迹后，该刀具轨迹变为红色的虚线。可以拾取多个刀具轨迹，鼠标右键结束拾取，系统即生成数控程序。

3. 校核G代码

校核G代码就是把生成的G代码文件反读进来，生成刀具轨迹，以检查生成的G代码的正确性。如果反读的刀位文件中包含圆弧插补，需用户指定相应的圆弧插补格式。否则可能得到错误的结果。若后置文件中的坐标输出格式为整数，且机床分辨率不为1时，反读的结果是不对的。亦即系统不能读取坐标格式为整数且分辨率为非1的情况。

操作方法是，在“后置处理”模块子菜单区中选取“校核G代码”功能项，则弹出一个需要用户选取数控程序的对话框。系统要求用户选取需要校对的G代码程序。拾取到要校对的数控程序后，系统根据程序G代码立即生成刀具轨迹。

需要注意的是：刀位校核只用来进行对G代码的正确性进行检验，由于精度等方面的原因，用户应避免将反读出的刀位重新输出，因为系统无法保证其精度。校对刀具轨迹时，如果存在圆弧插补，则系统要求选择圆心的坐标编程方式。用户应正确选择对应的形式，否则会导致错误。

习题与思考题

6-1　自动编程分为哪两大类？图形交互式自动编程有哪些特点？

6-2　简述图形交互式自动编程的步骤？

6-3　ME2000V2提供了哪两种几何造型方法？

6-4　说明轮廓、岛、区域的含义？

6-5　ME2000V2可定义哪几种刀具？它们分别适用于何种场合？

6-6　平面轮廓加工主要用于加工什么形状对象？不封闭单根曲线可作为轮廓处理吗？

6-7　什么是起止高度、安全高度、慢速下刀高度？结合进给速度说明三者的联系。

6-8　平面区域加工可否处理中间没有岛的情况？

6-9　粗加工毛坯类型有哪些？钻孔加工有哪些孔加工模式？

6-10　轨迹生成批处理可解决什么问题？有什么意义？

6-11　后置处理包括哪几方面内容？

6-12　用ME2000V2完成图6-2所示轴承支架的三维几何造型。

6-13　应用ME2000V2的拉伸增料和过渡功能，完成图6-29的实体几何造型。

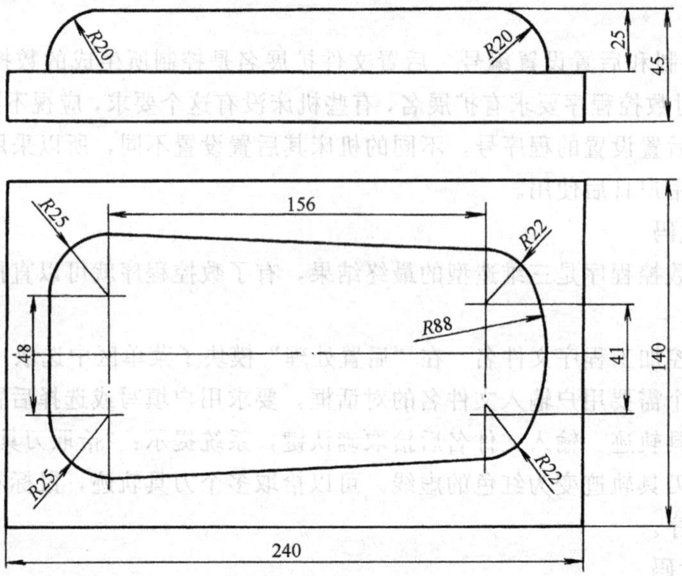

图 6-29 拉伸增料和过渡

第七章　数控设备的应用、维护

第一节　数控设备的选用

近年来，随着现代制造业的迅速发展，数控设备的品种不断增多、性能日趋完善，但其价格仍然较为昂贵。对于数控设备的使用单位来讲，如何正确、合理的选用数控设备是较为关心的问题。以下介绍数控设备的选用方法、原则及选用前的准备工作。

一、选用方法和原则

选用数控设备时，首先应根据生产对象或新建企业的投产规划，确定设备的种类和数量。如生产对象、环境没有特殊要求，只要选用一般的数控设备就够了，例如数控车床、数控铣床、加工中心等；如果生产对象极为复杂，对环境也特殊的要求，就应考虑选用一些特种数控设备或自动化程度更高的数控设备，如电加工机床、柔性单元、工业机器人等。下面仅对数控加工机床的选择方法和原则进行介绍。

1．数控机床类型选择

虽然数控机床的功能越来越全面，尤其是数控加工中心，能够满足多种加工方法，但每种机床的性能都有一定的适用范围，只有符合数控机床最佳使用条件，加工一定的工件才能达到最佳的效果，因此选用数控机床必须确定用户所要加工的典型零件。

每一种数控机床都有其最适合加工的典型零件。如卧式加工中心适用于加工箱体类零件—箱体、泵体、阀体和壳体等；立式加工中心适用于加工板类零件——箱盖、盖板、壳体和平面凸轮等单面加工零件。若卧式加工中心的典型零件在立式加工中心上加工，零件的多面加工则需要工件重新装夹和改变工艺基准，这就会降低生产效率和加工精度；若立式加工中心的典型零件在卧式加工中心上加工，则需要增加弯板夹具，这会降低工艺系统刚性和工效。同类规格的机床，一般卧式机床的价格比立式机床贵80％～100％，所需加工费用也高，所以这样加工是不经济的。然而，卧式加工中心的工艺性比较广泛，根据国外资料介绍，在工厂车间设备配置中，卧式机床占60％～70％，而立式机床只占30％～40％。

确定典型加工的顺序是，先根据工厂或车间的要求，确定哪些零件的哪些工序准备在数控机床上完成，然后将零件进行归类。当然，这时会遇到零件规格相差很多的问题，因此，要进一步选择、确定比较满意的典型加工工件，再来挑选适合工件加工的数控机床。

2．数控机床规格的选择

数控机床的规格应根据所确定的典型加工工件进行。数控机床最主要的规格就是几个坐标方向的加工行程和主轴电动机功率。

机床的三个基本坐标（X、Y、Z）行程反映机床允许的加工空间。一般情况下，加工件的轮廓尺寸应在机床的加工空间范围之内，如典型零件是450mm×450mm×450mm的箱体，那么应选工作台面尺寸为500mm×500mm的加工中心。选用工作台面比零件稍大一些是考虑到安装夹具所需的空间。加工中心的工作台面尺寸和三个基本坐标行程都有一定比例关系，如上述工作台为 500mm×500mm 的机床，X 轴行程一般为 700～800mm、Y 轴为 550～700mm，Z 轴为 500～600mm。因此，工作台的大小基本上确定了加工空间的大小。个别情况下，也允许工件尺寸大于机床加工行程，这时必须要求工件上的加工区处在机床的行程范围之内，而且要考虑机床工作台的承载能力，以及工件是否与机床换刀空间干涉及其在工作台上回转时是否干涉等问题。

主轴电动机功率反映了数控机床的切削能力，这里指切削效率和刚性。加工中心一般都配置功率较大的直流或交流调速电动机，可用于高速切削，但在低速切削时由于电动机输出功率下降，转矩受到限制。因此，当需加工大直径和余量很大的工件时，必须对低速转矩进行校核。

对少量特殊工件加工如需另外增加回转坐标（A、B、C）或附加坐标（U、V、W），则需要向机床制造厂特殊定货，但机床价格会相应增加。

3. 数控机床精度的选择

选择机床的精度等级，应根据典型加工工件关键部位加工精度的要求来确定。国产加工中心精度可分为普通型和精密型两种。加工中心的精度项目很多，关键项目见表 7-1。

表 7-1　机床精度主要项目

精度项目	普通型	精密型
单轴定位精度/mm	±0.01/300 或全长	0.005/全长
单轴重复定位精度/mm	±0.006	±0.003
铣圆精度/mm	0.03～0.04	0.02

数控机床的其它精度与表中所列的数据都有一定的对应关系。定位精度和重复定位精度综合反映了该轴各运动部件的综合精度。尤其是重复定位精度，它反映了该控制轴在行程内任意定位点的定位稳定性，是衡量该控制轴能否稳定可靠工作的基本指标。目前的数控系统软件功能比较丰富，一般都有控制轴的螺距误差补偿功能和反向间隙补偿功能，能对进给传动链上各环节系统误差进行稳定的补偿。如丝杠的螺距误差和螺距累积误差可以用螺距补偿功能来补偿；进给传动链的反向死区可用反向间隙补偿来消除。但这是一种理想的做法，实际造成这反向运动量损失的原因是存在驱动元部件的反向死区、传动链各环节的间隙、弹性变形和接触刚度变化等因素。

铣圆精度是综合评价数控机床有关数控坐标轴的伺服随动特性和数控系统插补功能的指标。测定每台机床的铣圆精度的方法是用一把精加工立铣刀铣削一个标准圆柱试件，中小型机床圆柱试件的直径一般为 200～300mm 左右。将标准圆柱试件放在圆度仪上，测出加工圆柱的轮廓线，取其最大包络圆和最小包络圆，两者间的半径差即为其精度。

总之，力求提高每个数控坐标轴的重复定位精度和铣圆精度是机床制造厂和用户的共同愿望。但要想获得合格的加工零件，除了必须选择好精度适用的机床设备，还必须采取好的工艺措施，切不可一味依赖机床的精度。

4. 数控系统的选择

数控系统与所需机床要相匹配，一般来说，需要考虑以下几点。

（1）要有针对性的根据数控机床类型选择相应的数控系统　一般机床制造厂提供的原配数控系统均能满足要求。

(2) 要根据数控机床的设计性能指标选择数控系统　此时要考虑机床整机的机械、电气性能，不能片面追求高水平、新系统，以免造成系统资源浪费，而应该对性能和价格等做一个综合分析，选用合适的系统。

(3) 要合理选择数控系统功能　一个数控系统具有基本功能和选择功能两部分，前者价格便宜，后者只有当用户选择后才能提供并且价格较贵，用户应根据实际需要来选择。

(4) 订购系统时要考虑周全　订购时把需要的系统功能一次定全，以免造成损失和留下遗憾。

另外，在选择数控系统时，应尽量考虑企业内已有数控机床中相同型号的数控系统，这将给今后的操作、编程、维修带来较大的方便。

5. 进给驱动伺服电动机的选择

原则上应根据负载条件来选择伺服电动机。在电动机轴上所加的负载有两种，即阻尼转矩和惯量负载，其值应满足下述条件。

当机床作空载运行时，在整个速度范围内，加在伺服电动机轴上的负载转矩应在电动机连续额定转矩范围以内，即在转矩—速度特性曲线的连续工作区。最大负载转矩、加载周期以及过载时间都应在提供的特性曲线的允许范围以内。电动机在加速或减速过程中的转矩应在加减速区（或间断工作区）之内。对要求频繁启动、制动以及周期变化的负载，必须检查它在一个周期中的转矩均方根值，并应小于电动机的连续额定转矩。加在电动机轴上的负载惯量大小对电动机的灵敏度和整个伺服系统精度将产生影响，负载惯量应小于电动机惯量。

6. 选择功能及附件的选择

在选购数控机床时，除了认真考虑它应具备的基本功能和基本件外，还应选择一些选择件、选择功能及附件。选择的基本原则是：全面配套，长远综合考虑。对一些价格增加不多，但会给使用带来很多方便的附件，应尽可能配置齐全，保证机床到厂能立即投入使用。切忌将几十万元购来的一台机床，因缺少一个几十元或几百元的附件而长期不能使用。当然也可以多台机床合用附件，以减少投资。一些功能的选择应进行综合比较，以经济、实用为目的。例如数控系统的动态图形显示、随机程序编制、人机对话程序编制功能，可根据费用情况决定是否选择。近年来，在质量保证措施上也发展了许多附件，如自动测量装置、接触式测头、刀具磨损和破损检测附件等。这些附件的选用原则是要求保证其性能可靠，不追求新颖。此外，要选择与生产能力相适应的冷却、润滑及排屑装置。

7. 技术服务

数控机床要得到合理使用，并发挥经济效益，仅有一台好的机床是不够的，还必须有良好的技术服务。对一些新的用户来说，最缺乏的是技术上的支持。当前，机床制造厂普遍重视产品的售前、售后服务，协助用户对典型工件作工艺分析，进行加工可行性试验以及承担成套技术服务，包括工艺装备设计、程序编制、安装调试、试切工件，直到全面投入生产。最普遍的做法是为用户举办技术培训班，对维修人员、编程人员、操作人员进行培训，帮助用户掌握设备使用方法。总之，只有重视技术队伍建设、重视职工素质的提高，数控机床才能得到合理的使用。

二、数控设备订购前的准备工作

当选定机床的规格、型号后，在向数控机床生产厂家订购时，要及时作好相关的准备工作。可以说，准备工作进行得是否充分合理，直接影响到该机床能否较快、较好的发挥效益。

数控机床最初投入使用后，由于操作、编程熟练程度等原因，一般故障率较高，以后逐渐进入长时间的稳定期，最后又进入衰老期。图 7-1 是其故障率曲线，因其类似于盆底较宽的浴盆，故称为故障率浴盆曲线。

针对这一情况，用户一定要在保修期（一般为一年）内充分使用机床，以争取早日进入稳定期。因此，如果因为有关部门准备工作的不完善，使机床过了保修期后还未进入稳定期，对用户来讲是非常遗憾的。等过了保修期后，机床还时有各种故障发生，如再叫机床厂派员来维修，费用往往很高。这样将给企业带来不必要的损失，因此，订购数控机床的前期准备工作是十分重要的。以下是关于准备工作的主要事项。

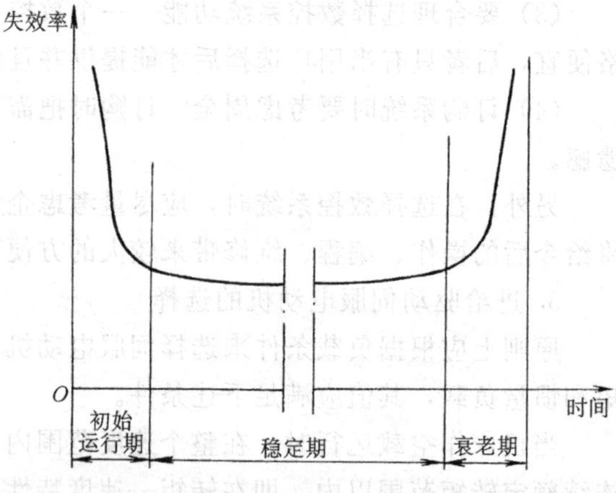

图 7-1　数控机床故障率浴盆曲线

1. 准备相关的技术资料

主要包括收集、翻译、管理等工作。对进口或较复杂的机床，要在机床到货前完成资料的翻译和阅读，使相关技术人员事先了解或掌握相关内容。对技术资料的管理，不要因任何原因而丢失和丧失连续性，应由管理人员建立技术资料清单。一台数控机床的技术资料包括：

（1）数控系统技术规格说明书　介绍系统主要参数，功能及特点。

（2）数控机床安装与连接说明书　介绍 CNC 系统与进给伺服系统、主轴驱动系统、机床操作面板及强电控制柜的连接，并说明 CNC 系统与外部的信号连接与定义，是数控机床安装、调试及维修时不可缺少的资料；

（3）操作、编程说明书　操作部分介绍数控系统功能和操作方法，编程部分介绍编程格式与指令定义，并还附有编程出错报警号的含义，是操作、编程不可缺少的资料；

（4）可编程控制器 PLC 说明书　介绍 PLC 的操作、编程、指令系统及 I/O 接口的详细说明和机床控制梯形图等，是分析故障时重要的资料；

（5）数控机床维修说明书　介绍有关电气控制线路板上的短路棒设置、系统参数、故障报警号定义，以及故障分析，机床维护等；

（6）强电控制线路图等　包括原理图、接线图和位置图。

2. 人员安排和技术准备

人员安排主要包括机床操作、编程和维修人员的安排，特别是编程和维修人员，要求有较高的专业知识，工作相对稳定。对编程人员要求熟悉数控加工工艺，有一定的工艺设计经验。对维修人员要求全面熟悉机械、电气等各类知识，并且对操作、编程也要有所掌握，以便于对综合性故障的分析排除。

企业要在数控机床定货时，就把需培训人员定下来，以便与供货单位制定培训计划，在发货前完成操作、编程和维修人员培训工作。

总之，为了保证数控机床到货后，安装调试能顺利进行，并尽快正常使用，使数控机床尽早发挥经济效益，要充分做好一切准备工作。

第二节 数控设备的安装、调试与验收

数控机床的安装、调试和验收是数控机床前期管理的重要工作环节，工作完成的好坏直接影响到将来设备的使用，因此必须严格按机床制造厂提供的说明书及相关标准进行。

一、数控设备的安装

1. 机床就位

用户在机床到达之前应按机床厂提供的机床基础图做好机床基础，在安装地脚螺栓的部位做好预留孔。通常昂贵的数控机床其安装、调试应由机床制造厂派人员来完成，用户予以配合。按合同规定，用户依有关标准验收。用户厂有较强的技术力量时，也可派培训人员在对方厂验收，装箱、启运。到达用户厂后，应立即开始以下工作，如发现问题，应在索赔期内与制造厂联系。机床拆箱后首先找到文件资料，找出机床装箱单，按照装箱单清点各包装箱内零部件、电缆、资料等是否齐全。然后，按照机床说明书中介绍把组成机床的各大部件分别在地基上就位。就位时，垫铁、调整垫板和地脚螺栓等也应相应对号入座。

2. 机床连接

组装机床之前，首先去除安装连接面、导轨和各运动面上的防锈涂料，做好各部件外表清洁工作。然后把机床各部件组装成整机，如将立柱、数控柜、电气柜装在床身上，刀库机械手装在立柱上，在床身上装上接长床身等等。部件组装完成后进行电缆，油管和气管的连接，之后做好机床各管线的就位固定，防护罩壳的安装，以保证整齐的外观。

3. 各控制单元间的电缆连接

这主要是数控装置、强电控制柜与机床操作台、MDI/CRT 单元、进给伺服电动机和主轴电动机动力线、反馈信号线的连线与各辅助装置之间的连接，最后还包括数控柜电源变压器输入电缆的连接。这些连接必须符合随机提供的连接手册的规定，将各插头和各插座一一插紧。最后还应进行地线连接，地线要采用一点接地型，即辐射式接地法，即将数控柜中的信号地、强电地、机床地等连接到公共接地点上，见图 7-2。

二、数控设备的调试

1. 机床调试前的准备工作

(1) 确认输入电压、频率及相序　由于各国供电制式不同，如日本，交流三相线电压为 200V、频率为 60Hz；而我国交流三相线电压为 380V、频率为 50Hz。因此，这在订货时就必须予以确认，对进口机床需确认与当地供电制式一致，按规定连接。用相序表或示波器检查通电相序。

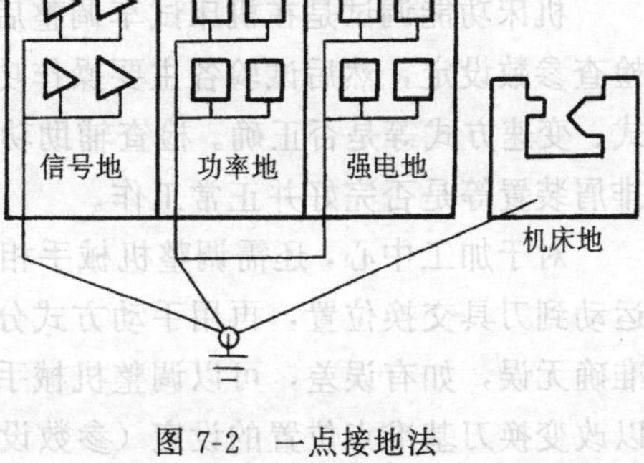

图 7-2　一点接地法

(2) 确认直流电源输出端是否对地短路　数控系统直流稳压电源提供系统所需的±5V，±15V，±24V 直流电压，通电前应当用万用表检查其输出端有否对地短路现象，如果有，要排除后方可通电。

(3) 确认油、气正常　检查机床液压系统的油箱、润滑用油箱、润滑点是否灌注规定的油液或油脂，有关过滤器是否完好。另外，对采用气压系统的机床，还要检查气源气压、所

含杂质、水分是否符合要求。

（4）确认各部件相对位置　通电前需逐一检查机床工作台、主轴、滚珠丝杠副及各辅助装置等各部件的相对位置是否合适，以防通电时发生干涉与碰撞，必要时应作适当调整。

2．通电试车

进行完调试前的准备工作后，即可进行通电试车，但也要按步骤进行，可先对各部件分别通电试验，正确无误后，再进行整机总体通电。

1）通电后粗略检查机床主要部件，功能是否齐全、正常。首先观察有无报警故障，然后用手动方式陆续起动各部件。检查安全装置能否正常工作，能否达到额定的工作指标。例如起动液压系统时先判断液压泵电动机转向是否正确，工作后管路中是否形成油压，各液压元件是否正常工作，有无异常噪声，各接头有无渗漏，液压系统冷却装置能否正常工作等；

2）调整机床床身水平，粗调机床的主要几何精度，再调整重新组装的主要运动部件与主机的相对位置。这些工作完成后，用水泥固定主机及各附件的地脚螺栓；

3）数控系统与机床联机通电试车时，为了预防万一，应在接通电源的同时，作好按压急停按钮的准备。例如数控系统反馈信号线接反或断线，均会出现机床“飞车”现象，这时需立即切断电源，检查接线是否正确；

4）检查机床各轴的运转情况，应用手动连续进给移动各轴，通过CRT显示器显示值检查机床部件移动方向是否正确。如相反，将电动机动力线及检测信号线反接。然后检查各轴移动距离是否与移动指令相符。如不符，检查有关指令、反馈参数以及位置控制环增益等参数设定是否正确。随后，再用手动进给，低速移动各轴至碰到行程开关，检查超程限位是否有效，数控系统是否发生报警。最后，进行一次返回基准点动作，检查有无基准点功能及每次返回基准点的位置是否一致。

3．机床精度和功能的调试

机床精度调整主要包括精调机床床身的水平和机床几何精度。当机床地基固化后，在地基上用地脚螺栓和垫铁精调机床主床身的水平，找正水平后移动床身上各运动部件，观察各坐标全行程内机床的水平变化情况，并使用精密水平仪、标准方尺、平尺等相应调整机床几何精度，使之在允差范围之内。调整时，以调整垫铁为主，必要时可调整导轨上的镶条等。

机床功能调试是在机床试车调整后，对机床的各项功能进行检查和调试的过程。调试前，检查参数设定，然后试验各主要操作功能、安全措施、常用指令执行情况等，如各种运动方式、变速方式等是否正确。检查辅助功能和附件能否正常工作，如照明、冷却、润滑、防护、排屑装置等是否完好并正常工作。

对于加工中心，还需调整机械手相对主轴、刀库的位置，用指令（如G28 Y0 Z0）使机床运动到刀具交换位置，再用手动方式分步进行刀具交换，检查抓刀、装刀、拔刀等动作是否准确无误，如有误差，可以调整机械手的行程或移动机械手支座和刀库位置等，必要时还可以改变换刀基准点位置的设定（参数设定）。调整好后，紧固各调整螺钉，然后进行多次换刀动作，反复试验直至准确无误，不撞击，不掉刀。对于带交换工作台的数控设备，要调整托板与交换工作台的相对位置，以保证工作台自动交换时平稳可靠。调整好后，紧固各有关螺钉。

4．机床试运行

数控机床安装调试后，应在一定负载条件下进行一段较长时间的自动运行考验，以便全面检查设备功能和工作可靠性。根据国家标准规定，自动运动时间：数控车床为16h，加工中心为32h，并要求连续运转。自动运行考验使用的程序叫考机程序，可以使用机床生产厂家的考机程序，也可由用户自行编制。

通过考机程序主要是考核机床的可靠性，接下来要进行负载试验，如进行承载工件最大质量的运转实验、主传动系统最大转矩试验、最大切削抗力实验、主传动系统最大功率试验等。

三、数控设备的验收

数控设备的检测验收是一项复杂的工作，对试验检测手段要求很高。对一般的数控机床，用户的验收工作主要是根据机床出厂检验合格证上规定的验收条件及实际提供的检测手段来部分或全部地测定机床合格证上各项技术指标。进口设备还须有进口代理商、海关商检人员参加。机床验收一般可分为以下几个环节：开箱检验、外观检查，机床性能及数控功能验证、精度检查等。

开箱检验主要是按装箱单逐项验收，如发现有缺件或型号规格不符记录在案，并及时同供货方或商检部门联系。外观检查主要看外观油漆质量，设备是否有损伤、变形、受潮及锈蚀等明显缺陷。机床性能及数控功能验证此前已有描述，这里不再说明。机床精度检查主要分为几何精度检查、定位精度检查和切削精度检查三项。

1．数控机床的几何精度检查

数控机床的几何精度检查和普通机床类似，但检测要求更高。一台立式加工中心的检测内容主要有：①工作台的平面度；②各坐标方向移动的相互垂直度；③X坐标方向移动时工作台面的平行度；④Y坐标方向移动时工作台面的平行度；⑤X坐标方向移动时工作台面T形槽侧面的平行度；⑥主轴的轴向窜动；⑦主轴孔的径向跳动；⑧主轴沿Z坐标方向移动时主轴轴心线的平行度；⑨主轴回转轴心线对工作台面的垂直度；⑩主轴箱在Z坐标方向移动的直线度。

上述十项精度分为两类，第一类精度要求是对机床各大运动部件如床身、立柱、溜板、主轴等运动的直线度、平行度、垂直度要求；第二类是对主轴回转精度及直线度的要求。这些几何精度综合反映了该机床的机械坐标系的几何精度和代表切削运动的主轴部件在机械坐标系的几何精度。工作台面及T形槽是工件或夹具定位的定位基准，其精度要求反映数控加工中工件坐标系对机械坐标系的几何关系。

目前国内检测机床几何精度常用的检测工具有：精密水平仪、直角尺、精密方箱、平尺、平行光管、千分表、测微仪、高精度主轴心棒等。各项几何精度的检测方法见各机床的检测条件规定，但检测工具的精度等级必须比所测的几何精度高一级。

在几何精度检测中，要求必须在垫铁处于垫紧的状态进行。精调时要把机床的主床身调到较精密的水平，然后再精调其它几何精度。对数控机床的各项几何精度检测工作应在精调后一气呵成，不允许检测一项调整一项，否则会造成由于调整后一项几何精度而把已检测合格的前一项精度调成不合格。在检测工作中应注意尽可能消除检测工具和检测方法的误差，如检测主轴回转振摆时，检验心棒自身的振摆和弯曲误差，千分表架刚性误差，重力、读数造成的误差等。

几何精度的检测项目因机床种类不同也略有区别，应分别加以对待。

2．数控机床定位精度的检查

数控机床定位精度，是指机床各坐标轴在数控装置控制下所能达到的精度。其主要检测内容有：①直线运动定位精度和重复定位精度；②直线运动轴机械原点的返回精度；③直线运动各轴的反向误差；④回转运动的定位精度和重复定位精度；⑤回转运动机械原点的返回精度；⑥回转运动的反向误差。

直线运动检测工具有：测微仪和成组块规、标准长度刻线尺和光学读数显微镜及双频激光干涉仪等。标准长度测量以双频激光干涉仪为准。回转检测工具有：360 齿精确分度的标准转台或角度多面体、高精度圆光栅及平行光管等。

(1) 直线运动定位精度　直线运动定位精度，按国际标准应以激光测量为准，见图 7-3a。如没有激光干涉仪，也可以用标准刻度尺，配以光学读数显微镜进行比较测量，见图 7-3b，要求测量仪器的精度必须比被测的精度高 1～2 个等级。实测过程中，在全行程上每隔 200mm 或 250mm 左右选取一个测量点，作为测量的目标位置进行测量。

(2) 直线运动重复定位精度　反映轴运动稳定性的一个基本指标。对于一般用户来说，选择行程的中间和两端任意三个点作为目标位置就行了，每个位置用快速定位，在相同条件下重复作七次定位，测出停止位置读数并求出读数最大差值。以三个位置差值中最大的一个的二分之一，附上正负符号，作为该坐标方向的重复定位精度。

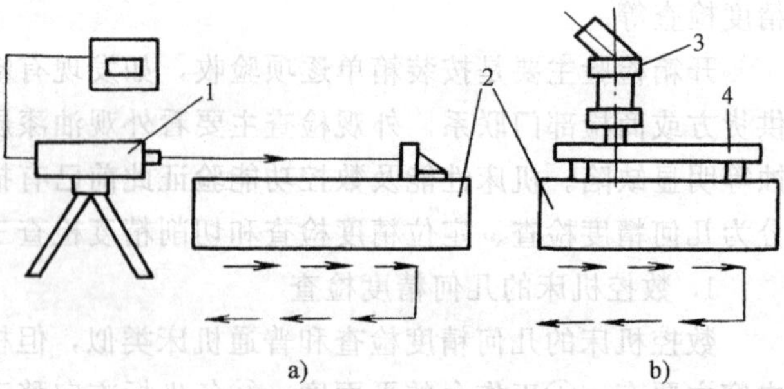

图 7-3　直线运动定位精度检测方法

a) 激光测量　b) 标准尺比较测量

1—激光测距仪　2—工作台　3—光学读数显微镜　4—标准刻度尺

(3) 直线运动轴机械原点的返回精度　直线运动轴机械原点的返回精度，实质上是该坐标方向上一个特殊点的重复定位精度，因此测定方法与重复定位精度相同。

(4) 直线运动各轴的反向误差　包括传动链的反向死区、反向间隙以及弹性变形产生的误差。测量方法是在所测量坐标轴的行程内，预先向正向或反向移动一个距离并以此停止位置为基准，再在同一方向给予一定移动指令值，使之移动一段距离，然后再往反方向移动相同的距离，测量停止位置与基准位置之差。选择行程的中间和两端三个位置进行七次测定，求出各个位置的平均值，其中最大值为反向误差。

(5) 回转运动的定位精度　回转运动的定位精度测定方法是，使工作台正向或反向转一个角度并停止、锁紧、定位，以此位置为基准，然后向同方向快速转动工作台，每隔 30°锁紧定位、测量一次。各定位位置的实际转角与指令值之差的最大值为分度误差。生产中，0°、90°、180°、270°几个位置使用频繁，要求这些点的精度较其它位置高一个等级。

(6) 回转运动的重复定位精度　测量方法是在回转工作台的一周内任选三个位置重复定位三次，分别在正、反方向转动下检测。所有读数中与相应位置指令值之差的最大值为重复定位精度。

(7) 回转运动机械原点的返回精度　测定方法是从七个任意位置分别进行一次原点返回，测定其停止位置，以读出的最大差值作为原点返回精度。

（8）回转运动的反向误差　测定方法与回转运动的定位精度测量方法一样，对于各目标位置，从正向达到目标位置的平均位置偏差减去从负向达到目标位置的平均位置偏差的最大值，作为工作台回转运动的反向误差。

3．数控机床切削精度的检查

数控机床切削精度不仅反映了机床的几何精度和定位精度，还包括了试件材料、环境温度、刀具性能以及切削条件等因素造成的误差，所以在切削试件和计量时，都应尽量减小这些非机床因素的影响。由于尚未制订有关的国际标准和国家标准，可参考行业标准和公认的试切标准工件由合同规定后执行。表 7-2 为一台卧式加工中心切削精度检验的主要项目和内容。

表 7-2　加工中心切削精度检测验收内容

序号	检测内容		检测方法	允许误差/mm	实测误差
1	镗孔精度	圆度	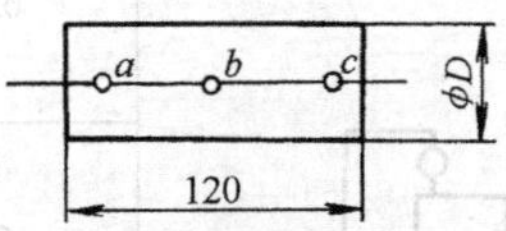	0.01	
		圆柱度	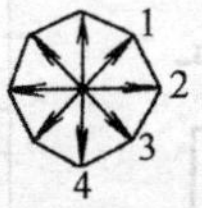	0.01/100	
2	面铣刀铣平面精度	平面度	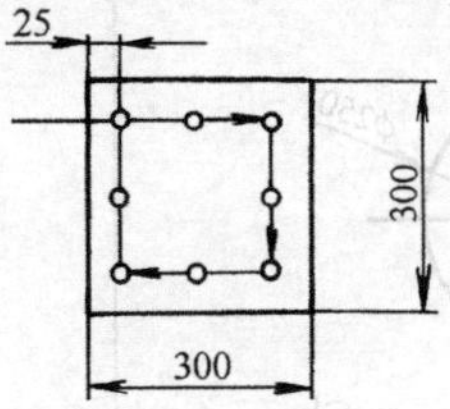	0.01	
		阶梯差		0.01	
3	面铣刀铣平面精度	垂直度	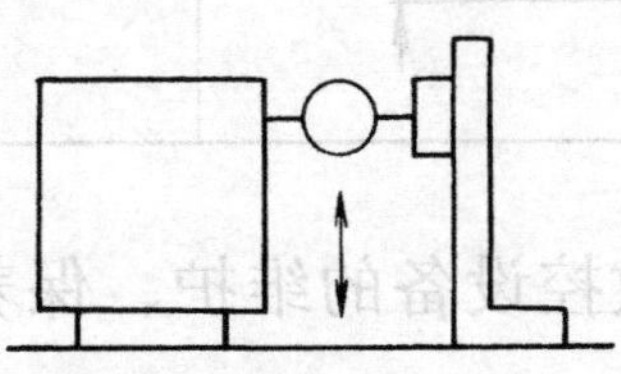	0.02/300	
		平行度		0.02/300	
4	镗孔孔距精度	X 轴方向	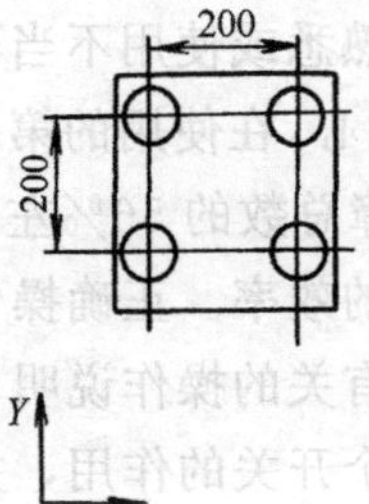	0.02	
		Y 轴方向			
		对角线方向		0.03	
		孔径偏差		0.01	

(续)

序号	检测内容		检测方法	允许误差/mm	实测误差
5	立铣刀铣削四周面精度	直线度	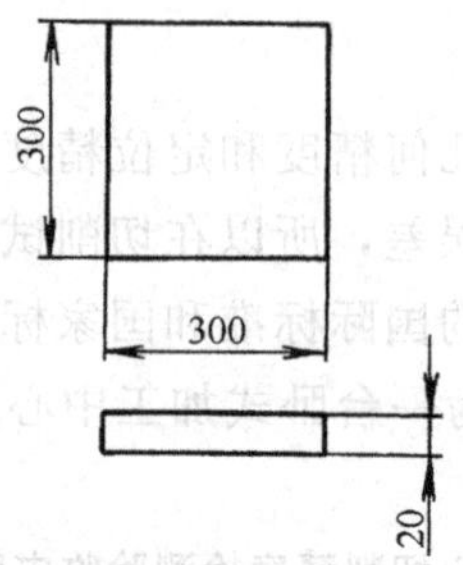	0.01/300	
		平行度		0.02/300	
		厚度差		0.03	
		垂直度		0.02/300	
6	两轴联动铣削直线精度	直线度	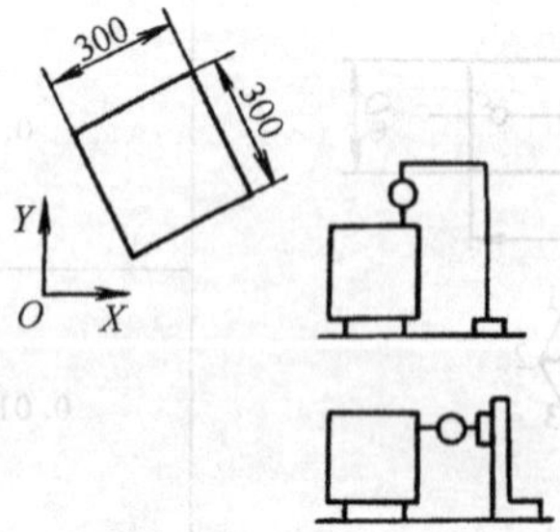	0.015/300	
		平行度		0.03/300	
		垂直度		0.03/300	
7	立铣刀铣削圆弧精度	圆度	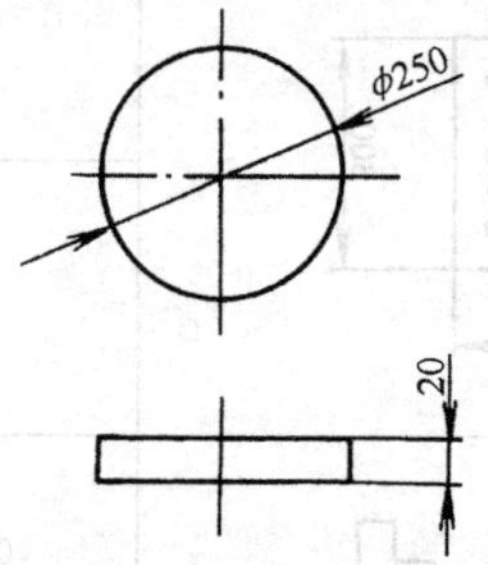	0.02	

第三节 数控设备的维护、保养

一、数控设备的正确操作和使用

当初次使用数控设备时，由于操作者不熟悉或使用不当而引起的数控系统故障，造成数控设备停机的情况较多，如某厂有一台加工中心，在使用的第一年内共发生了16次停机故障。因操作、保养、调整不当的共有9次，占故障总数的56%左右，由此可见，正确操作和使用数控设备，可以有效地减少故障，提高设备的效率。正确操作和使用数控设备的要求是：操作人员在操作、使用数控设备前，详细阅读有关的操作说明，对数控设备的性能进行充分了解，并熟练掌握数控设备和设备面板上的各个开关的作用，并严格按照数控设备的使用说明书要求进行操作。此外，在操作和使用时，还应注意以下问题：

1. 数控设备的使用环境

一般来说，数控设备的使用环境没有什么特殊要求，但是，要避免阳光直接照射和其他辐射，要避免太潮湿及粉尘过多的场所，尤其要避免有腐蚀气体的场所，以免使电子元件受到腐蚀造成接触不良或元件短路，影响设备的正常运行。

另外，由于电子元件的技术性能受到温度影响较大，当温度过高或过低时，会使电子元件的工作不稳定或不可靠而增加故障的发生，因此，在有空调的环境中使用数控设备，会明显地减少设备的故障率。

2. 数控设备的操作规程

操作规程是保证数控设备运行的重要措施之一。操作规程中要明确规定开机、关机的顺序和注意事项，操作者一定要按照操作规程操作。当发生电气报警时要及时通知电修人员，非电修人员，包括操作者不能随便动电器，不得自行更换，不得随意修改参数，设备在正常运行时不允许开或关电气柜的门，禁止按动“急停”和“复位”（RESET）按钮等。

3. 数控设备发生故障时的处理

数控设备发生故障时，设备的操作者要注意保留现场。为了查找出故障的原因，排除故障，减少停机时间，操作者要向维修人员如实说明故障的前后情况。

4. 数控设备不宜长期封存不用

数控设备购买后要充分地利用起来，以尽量提高机床的利用率。特别是在使用的第一年，更要充分使用，使故障的隐患尽可能在保修期内得以排除。如果有了数控设备舍不得用，这并不是对设备的爱护，反而会由于受潮等原因加快电子元器件的变质或损坏。如果数控设备较长时间不用，要定期通电，以利用机床本身的发热量来降低机内的湿度，使电器元件不致受潮，同时，也能及时发现有无电气报警发生，以防止系统软件、参数的丢失。

二、数控设备的日常维护、保养

各类数控设备因结构、系统和功能特性的不同，其维护、保养的内容和规则也各具特色。具体应根据设备种类、型号、及实际使用情况，并参照该设备说明书要求，制定和建立必要的定期、定级保养制度。以下是一些常见、通用的日常维护保养要点：

1）定期检查清洗自动润滑系统，添加或更换润滑油脂、油液，使丝杠、导轨等运动部件始终保持良好的润滑状态，降低机械磨损速度；

2）定期对液压系统进行油质化验检查或更换液压油，并定期对各润滑、液压、气压系统的过滤器或过滤网进行清洗或更换；

3）定期对直流电动机进行电刷和换向器的检查、清洗、更换；

4）适时对各坐标轴进行超程限位检查，尤其是硬件限位开关，如果因切削液等原因产生锈蚀，关键时刻不起作用将会产生碰撞，甚至损坏滚珠丝杠副、影响精度。试验时，可用手按一下限位开关看是否出现超程报警；

5）定期检查各插头、插座、电缆、继电器的触点是否接触良好，检查各印制电路板是否干净。平时尽量少开电气柜门，以保持电气柜内清洁。定期对有关电器的风扇进行清扫，更换其空气过滤网。电路板上太脏或潮湿，可能发生短路现象，必须对各个电路板、元器件采用吸尘法进行清扫；

6）定期更换存储器用电池，一般情况下电池应每年更换一次，以确保系统能正常工作。电池的更换应在CNC通电状态下进行，以防更换时RAM内信息丢失。加工中心日常维护、保养的部位和要求见表7-3。

表 7-3 加工中心日常维护、保养的部位和要求

序号	检查周期	检 查 部 位	检 查 要 求
1	每天	导轨润滑油箱	检查油标、油量，及时添加润滑油
2	每天	X、Y、Z 轴导轨面	清除切屑、脏物，润滑导轨面
3	每天	压缩空气气源压力	检查气动控制系统压力，应在正常范围
4	每天	气源自动分水滤气器 自动空气干燥器	即时清理分水器中滤出的水分，保证自动空气干燥器工作正常
5	每天	气液转换器和增压器油面	油量不够时，及时补足
6	每天	主轴润滑恒温油箱	工作是否正常、油量充足，调节温度范围
7	每天	机床液压系统	油箱，液压泵无异常噪声，压力表指示及各接头是否正常，工作油面高度正常
8	每天	CNC 的输入/输出单元	光电阅读机清洁等
9	每天	各种电气柜散热通风装置	冷却风扇工作正常，风道过滤网无堵塞
10	每天	各种防护装置	无松动、漏水
11	每周	各电器柜过滤网	清洗尘土
12	半年	滚珠丝杠	更换或补充油脂
13	半年	液压油路	清洗溢流阀、减压阀、滤油器，更换或过滤液压油
14	半年	主轴润滑恒温油箱	清洗过滤器，更换润滑油
15	一年	润滑油泵、滤油器	清理润滑油池底，更换滤油器
16	一年	电动机碳刷	检查换向器表面，去除毛刺，吹净碳粉，更换磨损过短的碳棒
17	不定期	导轨镶条、压紧滚轮	按机床说明书调整
18	不定期	废油池	及时清理以免溢出
19	不定期	冷却水箱	检查液面高度，太脏时更换，清理过滤器
20	不定期	排屑器	经常清理切屑，检查有无卡住现象
21	不定期	主轴驱动带	按机床说明书调整

三、数控设备的故障维修

(一) 机械故障诊断方法

数控机床在运行过程中，机械零件部件长期受到冲击、磨损、高温和腐蚀的作用，且运行状态不断发生变化，一旦发生故障，往往会导致不良后果。因此，必须在机床的运行过程中或不拆卸全部设备的情况下，能够判断机床的异常情况及故障的部位和原因，从而提高机床运行的可靠性。

数控机床机械故障诊断包括对机床运行状态的监视、识别和预测三方面内容。通过对振动、温度、噪声等进行测定分析，将测定结果与规定值进行比较，以判断机械装置的工作状态是否正常。当然，要做到这一点，需要具备丰富的经验和必要的测试设备。

实际上，数控机床机械故障的诊断技术和方法十分复杂，表 7-4 列出一些主要的诊断方法供参考。

表 7-4 数控机床机械故障的诊断方法

类型	诊断方法	原理及特征	应用
简易诊断技术	听、摸、看、问、嗅	借用简单工具、仪器，如百分表、水准仪、光学仪等检测。通过人的感官，直接观察形貌、声音、温度、颜色和气味的变化，根据经验来判断	需要有丰富的实践经验，目前被广泛用于现场诊断
精密诊断技术	温度监测	接触型：采用温度计、热电偶、测温贴片、热敏涂料直接接触轴承、电动机、齿轮箱等装置的表面进行测量 非接触型：采用先进的红外测温仪、红外热像仪、红外扫描仪等遥测不宜接近的物体 具有快速、正确、方便的特点	用于机床运行中发热异常检测
	振动监测	通过安装在机床上的传感器，利用振动计巡回检测，测定机床上特定测量处的总振级大小，如位移、速度、加速度和幅频特性等，对故障进行预测和监测	振动和噪声是应用最多的诊断信息。首先是强度测定，确定有异常时，再做定量分析
	噪声监测	用噪声测量计、声波计对机床齿轮、轴承在运行中的噪声信号频谱中的变化规律进行分析，识别和判断齿轮、轴承磨损失效故障状态	
	油液分析	通过原子吸收光谱仪，对进入润滑油或液压油中磨损的各种金属微粒和外来杂质等残余物形状、大小、成分、浓度的分析，判断磨损状态、机理和严重程度，有效掌握零件磨损情况	用于监测零件磨损
	裂纹监测	通过磁性探伤法、超声波法、电阻法、声发射法等观察零件内部机体的裂纹缺陷	疲劳裂纹可导致事故，不同性质材料应采用不同方法测量

（二）数控机床故障分类

数控机床大部分故障以综合形式出现，但根据其发生的部位，基本可分为以下几类：①机械部分故障；②CNC 装置故障；③进给伺服系统故障；④主轴控制单元故障。而由编程引起的故障，一般只需按报警提示进行修改就能解决。

1．机械部分故障

由于数控机床机械结构大为简化，所以机械故障率大大降低，且修理与普通机床有许多共同点，这里不作说明，仅介绍一些带共性的部件故障。

（1）进给传动链故障　由于数控机床普遍采用了滚动摩擦副，所以进给传动链故障大部分是以运动品质下降表现出来的。如定位精度下降，反向间隙过大，机械爬行，轴承噪声过大等。这些故障的处理与运动副预紧力、松动环节和补偿环节调整有关。

（2）主轴部件故障　数控机床主轴箱内部结构简单，可能出现故障的部分有自动拉紧刀柄装置、自动变档装置及主轴运动精度的保持性等。

（3）自动换刀装置故障　加工中心自动换刀装置故障主要表现在刀库运动故障、定位误差过大，机械手夹持刀柄不稳定、运动误差过大等。

（4）行程开关压合故障　数控机床长期工作中，压合行程开关的机械装置可靠性及行程开关本身的质量是造成故障的重要原因。

（5）配套附件的故障　配套附件的可靠性是造成故障的重要原因。

2．CNC 装置故障

1）数控系统电源接通后，CRT 无灰度或无任何画面。原因和处理办法主要有：①与 CRT 单元有关的电缆连接不良，应对其检查或重新连接；②检查 CRT 单元的输入电压是否正常；③CRT 单元本身故障也可能造成 CRT 无灰度或无任何画面；④数控系统主控制印制线路板或 CRT 线路板故障等。

2）数控系统接通电源显示“NOT READY”，几秒后自动切断电源，有时接通电源后显示正常，但在运行程序过程中突然在 CRT 上显示“NOT READY”，随之电源被切断。造成这类故障的一个原因是 PC 故障，可通过检查 PC 的参数梯形图来发现。

3）数控系统的 MDI 方式、MEMORY 方式无效，但在 CRT 上却无报警发生。这类故障可能是操作面板和数控柜之间发生故障断线造成的。

4）机床不能正常返回基准点，且报警。发生此故障的原因一般是由脉冲编码器的一转信号没有输入到主控制印制线路板造成的。如脉冲编码器断线，连接电缆和插头断线等均能引起此故障。另外，返回基准点位置距离基准点太近也会产生报警。

5）手摇脉冲发生器不能正常工作。有两种情况，一是转动手摇脉冲发生器时 CRT 的显示位置发生变化但机床不动，此时可先通过诊断功能检查系统是否处于机床锁定状态。如未锁定，再由诊断功能确认伺服断开信号是否已被输入到数控系统中。二是转动手摇脉冲发生器时 CRT 画面位置无变化，机床也不动，此时可检查是否选择了手摇脉冲发生器操作方式。手摇脉冲发生器或其接口板不良也可能造成此类故障。

3．进给伺服系统故障

进给伺服系统故障约占整个数控系统故障的三分之一，以下分三种情况介绍：

（1）软件报警形式　现代数控系统都可对进给驱动监视、报警。在 CRT 上报警信号大致可分为三类：①伺服进给系统出错报警，大多为速度控制单元方面的故障引起的；②检测出错报警，它是检测元件或检测信号方面引起的故障；③过热报警，由伺服单元、变压器、伺服电动机过热造成。

（2）硬件报警形式　包括速度单元上的报警指示灯和熔断器熔断以及各种保护用的开关跳开报警。报警指示灯的含义随速度控制单元设计上的差异也有所不同，一般有：大电流报警；高电压报警；电压过低报警；速度反馈断线报警；保护开关动作；过载报警；速度控制单元上的熔断丝熔断或断路器跳闸。

（3）无报警显示的故障　多以机床处于不正常运动状态的形式出现，常见的有：①机床失控，由伺服电动机内检测元件的反馈信号接反或元件本身故障造成；②机床振动，主要由机床、电动机、检测器不良、与位置控制有关的系统参数设定错误等造成；③机床过冲，主要由系统参数设定不当，电动机和进给丝杠间的刚性太差、间隙太大、传动带张力调整不当造成；④机床电动机噪声过大，可能的原因有，电动机换向器表面的粗糙度大或有损伤，油、液、灰尘等侵入电刷槽或换向器、电动机轴向窜动；⑤机床快速移动时发生振动，甚至大的冲击，原因是伺服系统内的测速发电机电刷接触不良。

4．主轴控制单元故障

主轴驱动分为直流和交流两种，以下按这两种方式介绍：

（1）直流主轴控制系统　主要有：①主轴不转，造成这类故障的原因有印制线路板太脏、触发脉冲电路故障、机床未给出主轴旋转信号、电动机动力线或主轴控制单元与电动机连接不良；②主轴速度不正常，造成这类故障的原因有装在主轴尾部的测速发电机故障、速度指令错误、D/A 变换器故障；③主轴电动机振动或噪声过大，造成这类故障的原因有系统电源或相序不对、电流反馈回路调整不好、电动机轴承故障、主轴电动机和主轴之间离合器故障、主轴负荷过大等；④发生过流报警，造成这类故障的原因有电流极限设定错误、同步脉冲紊乱、主轴电动机电枢线圈层间短路；⑤速度偏差过大，造成这类故障的原因有负荷过大、主轴被制动、电流零信号没有输出。

(2) 交流主轴控制系统　①电动机过热，可能的原因有负载过大、冷却系统太脏、冷却风扇损坏、电动机与控制单元之间连接不良；②交流输入电路熔断器熔断，可能的原因有交流电源侧的阻抗太高、电源整流桥损坏、控制单元印制线路板故障；③主轴电动机不转或达不到正常转速，可能的原因有速度指令错误、主轴定向用传感器安装不良或按报警处理；④再生回路用的熔断器熔断多由主轴电动机的加速或减速频率太高引起；⑤主轴电动机有异常噪声和振动，若在减速过程中产生，检查再生回路熔丝是否熔断及晶体管是否损坏；若在恒速下产生，先检查反馈电压是否正常，然后突然切断指令，检查电动机停转过程中是否有噪声，若有为机械故障，否则多在印制电路板上；⑥电动机速度超过额定值，可能的原因有设定错误、印制电路板故障。

习题与思考题

7-1　从数控系统的角度看，选择数控机床时要注意哪些原则？

7-2　企业在订购数控设备前应做好哪些准备工作？

7-3　说明数控机床故障率浴盆曲线的含义？

7-4　数控设备验收要考虑哪些验收项目？

7-5　如何正确操作和使用数控机床？

7-6　一台数控机床要做的日常维护项目有哪些？

参考文献

1　王爱玲主编．现代数控机床结构与设计．北京：兵器工业出版社，1999

2　北京第一机床厂职工技术协会编．数控机床及加工中心编程与操作．北京：机械工业出版社，2000

3　李善术主编．数控机床及其应用．北京：机械工业出版社，1998

4　全国数控培训网络天津分中心编．数控编程．北京：机械工业出版社，1997

5　顾京主编．数控机床加工程序编制．北京：机械工业出版社，1997

6　薛彦成主编．数控原理与编程．北京：机械工业出版社，1994

7　毕毓杰主编．机床数控技术．北京：机械工业出版社，1997

8　北京北航海尔软件公司．CAXA-CAD/CAM 教程，2000

9　北京北航海尔软件公司．CAXA-制造工程师 2000 版用户指南

10　刘跃南主编．机械设备电气与数字控制．北京：机械工业出版社，1999

11　机电一体化技术手册编委会．机电一体化技术手册．北京：机械工业出版社，1994

12　毕承思主编．现代数控机床．北京：机械工业出版社，1991

13　徐元昌主编．工业机器人．北京：中国轻工业出版社，1999

14　实用数控加工技术编委会．实用数控加工技术．北京：兵器工业出版社，1995

15　王贵明编著．数控实用技术．北京：机械工业出版社，2000